U0895080

食品类专业教材系列

食品法律法规与标准

张冬梅　主编

科学出版社

北　京

内 容 简 介

本书全面系统地阐述了食品生产和质量管理中涉及的我国目前最新的食品法律法规与标准，内容涵盖食品法律法规与标准概述、《中华人民共和国食品安全法》、《中华人民共和国产品质量法》及其他法律法规、食品基础标准、食品产品标准、食品安全卫生标准、食品检验方法标准、食品添加剂和食品营养强化剂标准、食品流通标准、国际食品标准与法规基础知识、食品许可制度、良好生产规范（GMP）和危害分析与关键控制点（HACCP）管理体系。每个项目均配有相关法律法规与标准的项目解析及实践训练，并将常用的法律法规与标准等拓展资源以二维码呈现，方便学生自主学习，提高实践技能。

本书对接教育部“1＋X”食品合规管理职业技能等级证书，可供职业教育食品质量与安全、食品检验检测技术、食品智能加工技术、食品营养与健康、食品贮运与营销等食品类专业作为教材使用，也可作为相关专业的教学参考书或职工培训教材，还可供食品生产经营企业的食品检验和质量管理技术人员参考。

图书在版编目（CIP）数据

食品法律法规与标准/张冬梅主编. —北京：科学出版社，2021.11

（“十四五”职业教育国家规划教材・食品类专业教材系列）

ISBN 978-7-03-070474-0

Ⅰ. ①食… Ⅱ. ①张… Ⅲ. ①食品卫生法-中国-职业教育-教材 ②食品标准-中国-职业教育-教材 Ⅳ. ①D922.16 ②TS207.2

中国版本图书馆 CIP 数据核字（2021）第 226037 号

责任编辑：沈力匀 / 责任校对：马英菊

责任印制：吕春珉 / 封面设计：东方人华平面设计部

科学出版社 出版

北京东黄城根北街 16 号

邮政编码：100717

http://www.sciencep.com

三河市骏杰印刷有限公司印刷

科学出版社发行 各地新华书店经销

*

2021 年 11 月第 一 版 开本：787×1092 1/16

2023 年 12 月第四次印刷 印张：14 1/2

字数：344 000

定价：50.00 元

（如有印装质量问题，我社负责调换〈骏杰〉）

销售部电话 010-62136230 编辑部电话 010-62130750

本书编写委员会

主　编　张冬梅　（山东商务职业学院）

副主编　翟玮玮　（江苏食品药品职业技术学院）

姚瑞祺　（杨凌职业技术学院）

于中玉　（吉林省经济管理干部学院）

陈　涛　（日照职业技术学院）

顾晓慧　（威海海洋职业学院）

参　编　周建征　（烟台市食品药品检验检测中心）

杨　潇　（吉林省经济管理干部学院）

袁秋梅　（南通科技职业学院）

范丽霞　（河南工业贸易职业学院）

赵现峰　（河南轻工职业学院）

朱春芃　（山东药品食品职业学院）

何　强　（眉山职业技术学院）

韩　双　（黑龙江职业学院）

申立玉　（烟台帝斯曼安德利果胶股份有限公司）

前　言

食品法律法规与标准是政府监督管理的依据，是食品生产者、经营者的行为准则，是消费者保护自身权益的合法武器，是国际贸易的共同准则。我们要坚持走中国特色社会主义法治道路，建设中国特色社会主义法治体系、建设社会主义法治国家，围绕保障和促进社会公平正义，坚持依法治国、依法执政、依法行政共同推进，坚持法治国家、法治政府、法治社会一体建设，全面推进科学立法、严格执法、公正司法、全民守法，全面推进国家各方面工作法治化。“食品法律法规与标准”课程是研究食品在生产、加工、贮存、运输与销售全过程的法律法规、标准的一门综合性学科，是高等职业教育食品类专业的一门专业核心课程。

本书在现代高等职业教育“工学结合”教学理念的指导下，充分体现职业岗位要求与职业行为。本书的优势体现在以下几个方面。

（1）围绕企业对检验工、化验员、品控员、质检员、食品安全内审员等岗位需要的食品法律法规与标准相关的知识、能力和素质要求，构建课程教学内容，使教学内容与实际工作岗位任务一致。全书内容涵盖食品法律法规与标准概述、《中华人民共和国食品安全法》（简称《食品安全法》）、《中华人民共和国产品质量法》（简称《产品质量法》）及其他法律法规、食品基础标准、食品产品标准、食品安全卫生标准、食品检验方法标准、食品添加剂和食品营养强化剂标准、食品流通标准、国际食品标准与法规基础知识、食品许可制度、良好生产规范（GMP）和危害分析与关键控制点（HACCP）管理体系，使学生熟悉食品生产与质量管理中涉及的我国目前最新的食品法律法规与标准，提高运用食品法律法规与标准进行食品生产过程和质量安全的监督管理能力。

（2）全书将企业生产中实际发生的问题作为案例引入课堂教学，以运用食品法律法规与标准进行食品生产过程和质量安全的监督管理为任务，实现课堂案例教学和任务导向教学相结合，通过项目导入→基础知识→项目解析→复习巩固→实践训练→拓展资源六个环节，使授课内容与工作实际紧密结合。将常用的法律法规与标准等拓展资源以二维码呈现，培养学生积极主动、勇于探索的自主学习能力，提高实践技能。

（3）根据不同的教学任务，针对性地融入相应的思政教学点来提高学生的职业素养。将课程思政巧妙融于教学中，使学生增强食品质量与安全的观念，增强用法律法规与标准指导生产的意识，形成严谨求实的科学态度，养成爱岗敬业的职业道德，保持互助合作的团队精神，具有可持续发展的创新能力。

（4）本书对接教育部“1＋X”食品合规管理职业技能等级证书，将食品法律法规体系建立、食品标准体系建立、食品生产经营资质合规管理、食品生产经营合规要求、食品检验合规管理、食品产品合规管理等证书相关内容有机融入教材，使学生在课程学习中提升证书相关知识与技能水平，实现书证融通、课证融通。

（5）本书为国家级食品检验检测技术专业“食品标准与法规”课程配套教材，课程网址为 https://www.icve.com.cn/portal_new/courseinfo/courseinfo.html？courseid＝x7swajknzlbowkgil5hlq。教材编写与课程建设融合深入，充分发挥信息技术在教学中的应用，有效促进了课堂向课前和课后的延伸，目前建设有学习思维导图、教学课件、微课视频、实训指导、在线测试、企业案例等优质资源456条，实现了“教师主导、学生主体”的线上线下混合式教学。

本书根据高等职业教育的教学特点，充分利用信息技术，配有教学课件、实践训练解析和相关重要标准等拓展资源，学习者可通过扫描书中二维码反复观看学习，提升学习效果。

本书编写过程中参考了部分相关书籍及资料，在此对这些作者表示感谢。如有疏漏之处，敬请读者不吝指出，以便再版时修订。

编　者

2021年6月

学习思维导图

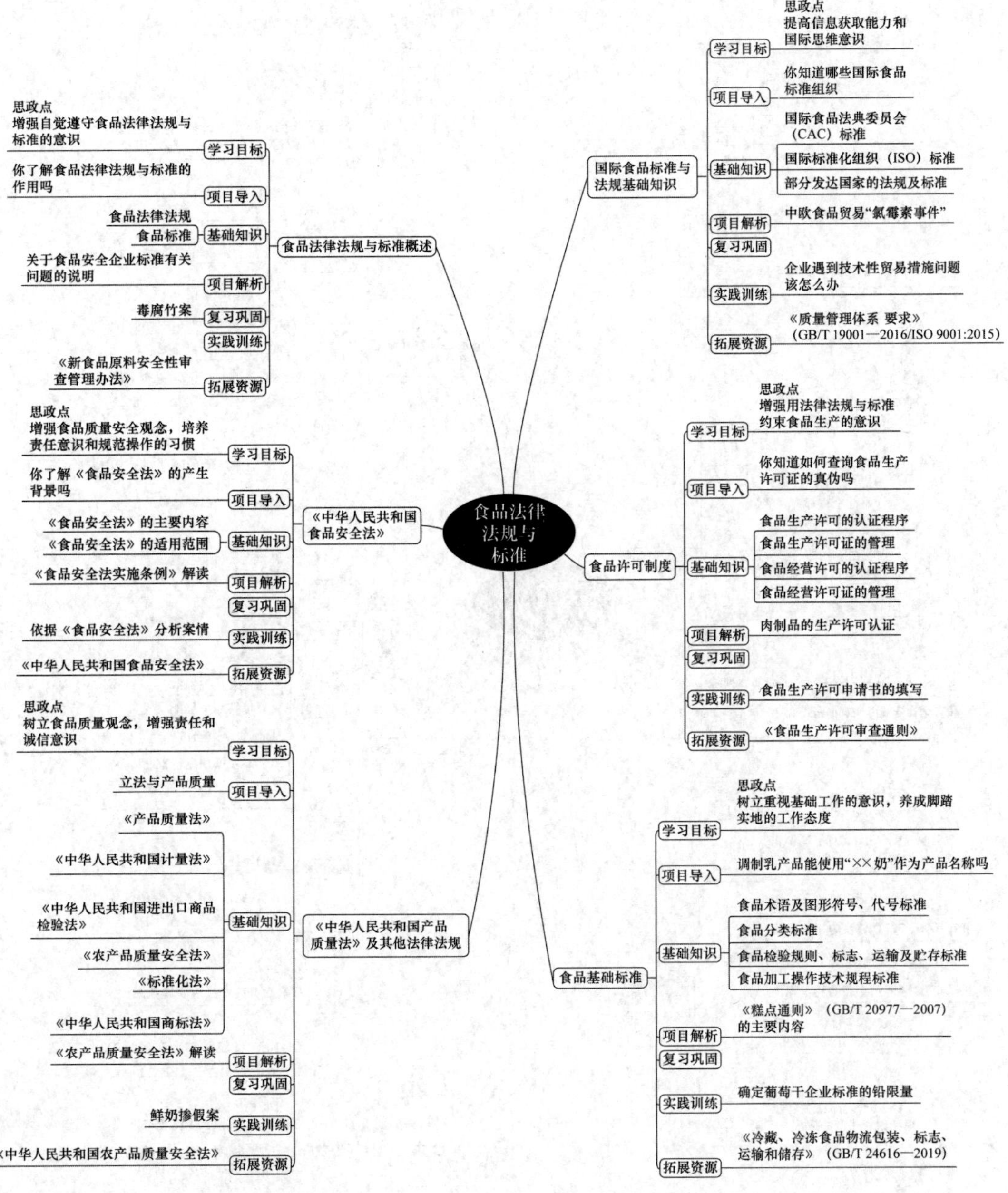

食品法律法规与标准
食品法律法规与标准概述
学习目标
思政点
增强自觉遵守食品法律法规与标准的意识
项目导入
你了解食品法律法规与标准的作用吗
基础知识
食品法律法规
食品标准
项目解析
关于食品安全企业标准有关问题的说明
复习巩固
毒腐竹案
实践训练
拓展资源
《新食品原料安全性审查管理办法》
《中华人民共和国食品安全法》
学习目标
思政点
增强食品质量安全观念，培养责任意识和规范操作的习惯
项目导入
你了解《食品安全法》的产生背景吗
基础知识
《食品安全法》的主要内容
《食品安全法》的适用范围
项目解析
《食品安全法实施条例》解读
复习巩固
实践训练
依据《食品安全法》分析案情
拓展资源
《中华人民共和国食品安全法》
《中华人民共和国产品质量法》及其他法律法规
学习目标
思政点
树立食品质量观念，增强责任和诚信意识
项目导入
立法与产品质量
基础知识
《产品质量法》
《中华人民共和国计量法》
《中华人民共和国进出口商品检验法》
《农产品质量安全法》
《标准化法》
《中华人民共和国商标法》
项目解析
《农产品质量安全法》解读
复习巩固
实践训练
鲜奶掺假案
拓展资源
《中华人民共和国农产品质量安全法》
国际食品标准与法规基础知识
学习目标
思政点
提高信息获取能力和国际思维意识
项目导入
你知道哪些国际食品标准组织
基础知识
国际食品法典委员会（CAC）标准
国际标准化组织（ISO）标准
部分发达国家的法规及标准
项目解析
中欧食品贸易“氯霉素事件”
复习巩固
实践训练
企业遇到技术性贸易措施问题该怎么办
拓展资源
《质量管理体系 要求》（GB/T 19001—2016/ISO 9001:2015）
食品许可制度
学习目标
思政点
增强用法律法规与标准约束食品生产的意识
项目导入
你知道如何查询食品生产许可证的真伪吗
基础知识
食品生产许可的认证程序
食品生产许可证的管理
食品经营许可的认证程序
食品经营许可证的管理
项目解析
肉制品的生产许可认证
复习巩固
实践训练
食品生产许可申请书的填写
拓展资源
《食品生产许可审查通则》
食品基础标准
学习目标
思政点
树立重视基础工作的意识，养成脚踏实地的工作态度
项目导入
调制乳产品能使用“××奶”作为产品名称吗
基础知识
食品术语及图形符号、代号标准
食品分类标准
食品检验规则、标志、运输及贮存标准
食品加工操作技术规程标准
项目解析
《糕点通则》（GB/T 20977—2007）的主要内容
复习巩固
实践训练
确定葡萄干企业标准的铅限量
拓展资源
《冷藏、冷冻食品物流包装、标志、运输和储存》（GB/T 24616—2019）

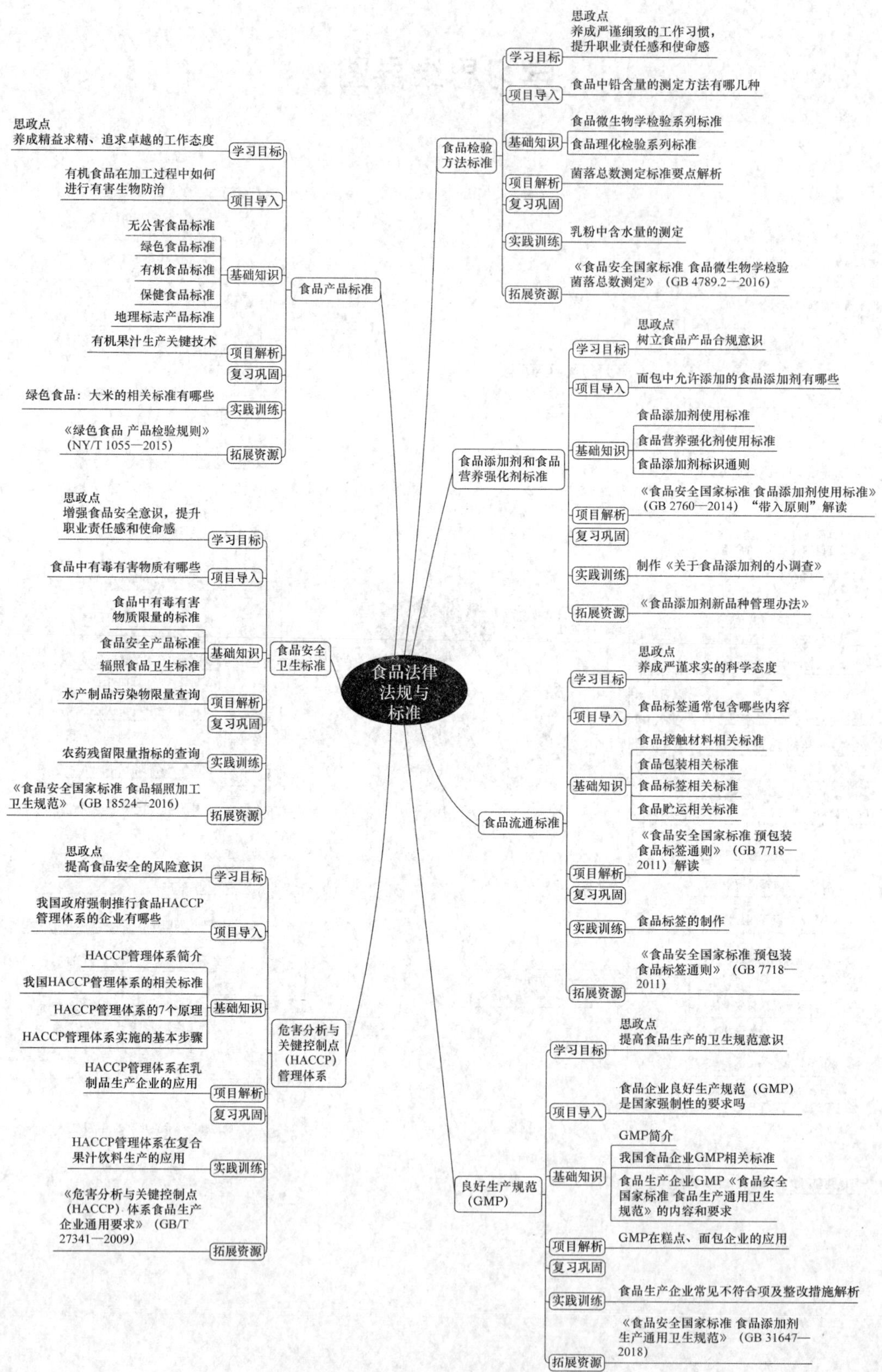
食品法律法规与标准
食品检验方法标准
学习目标
思政点
养成严谨细致的工作习惯，提升职业责任感和使命感
项目导入
食品中铅含量的测定方法有哪几种
基础知识
食品微生物学检验系列标准
食品理化检验系列标准
项目解析
菌落总数测定标准要点解析
复习巩固
实践训练
乳粉中含水量的测定
拓展资源
《食品安全国家标准 食品微生物学检验 菌落总数测定》（GB 4789.2—2016）
食品添加剂和食品营养强化剂标准
学习目标
思政点
树立食品产品合规意识
项目导入
面包中允许添加的食品添加剂有哪些
基础知识
食品添加剂使用标准
食品营养强化剂使用标准
食品添加剂标识通则
项目解析
《食品安全国家标准 食品添加剂使用标准》（GB 2760—2014）“带入原则”解读
复习巩固
实践训练
制作《关于食品添加剂的小调查》
拓展资源
《食品添加剂新品种管理办法》
食品流通标准
学习目标
思政点
养成严谨求实的科学态度
项目导入
食品标签通常包含哪些内容
基础知识
食品接触材料相关标准
食品包装相关标准
食品标签相关标准
食品贮运相关标准
项目解析
《食品安全国家标准 预包装食品标签通则》（GB 7718—2011）解读
复习巩固
实践训练
食品标签的制作
拓展资源
《食品安全国家标准 预包装食品标签通则》（GB 7718—2011）
良好生产规范（GMP）
学习目标
思政点
提高食品生产的卫生规范意识
项目导入
食品企业良好生产规范（GMP）是国家强制性的要求吗
基础知识
GMP简介
我国食品企业GMP相关标准
食品生产企业GMP《食品安全国家标准 食品生产通用卫生规范》的内容和要求
项目解析
GMP在糕点、面包企业的应用
复习巩固
实践训练
食品生产企业常见不符合项及整改措施解析
拓展资源
《食品安全国家标准 食品添加剂生产通用卫生规范》（GB 31647—2018）
食品产品标准
学习目标
思政点
养成精益求精、追求卓越的工作态度
项目导入
有机食品在加工过程中如何进行有害生物防治
基础知识
无公害食品标准
绿色食品标准
有机食品标准
保健食品标准
地理标志产品标准
项目解析
有机果汁生产关键技术
复习巩固
实践训练
绿色食品：大米的相关标准有哪些
拓展资源
《绿色食品 产品检验规则》（NY/T 1055—2015）
食品安全卫生标准
学习目标
思政点
增强食品安全意识，提升职业责任感和使命感
项目导入
食品中有毒有害物质有哪些
基础知识
食品中有毒有害物质限量的标准
食品安全产品标准
辐照食品卫生标准
项目解析
水产制品污染物限量查询
复习巩固
实践训练
农药残留限量指标的查询
拓展资源
《食品安全国家标准 食品辐照加工卫生规范》（GB 18524—2016）
危害分析与关键控制点（HACCP）管理体系
学习目标
思政点
提高食品安全的风险意识
项目导入
我国政府强制推行食品HACCP管理体系的企业有哪些
基础知识
HACCP管理体系简介
我国HACCP管理体系的相关标准
HACCP管理体系的7个原理
HACCP管理体系实施的基本步骤
项目解析
HACCP管理体系在乳制品生产企业的应用
复习巩固
实践训练
HACCP管理体系在复合果汁饮料生产的应用
拓展资源
《危害分析与关键控制点（HACCP）体系食品生产企业通用要求》（GB/T 27341—2009）

目　录

项目一　食品法律法规与标准概述

☞ 学习目标

1. 了解食品法律法规的渊源。
2. 熟悉食品法律法规的效力范围。
3. 掌握食品标准的分类。
4. 增强自觉遵守食品法律法规与标准的意识。

食品法律法规与标准概述

项目导入

你了解食品法律法规与标准的作用吗

“国以民为本，民以食为天，食以安为先。”食品标准与法规是从事食品生产、营销和贮存及食品资源开发与利用必须遵守的行为准则，也是食品工业持续健康快速发展的根本保障。在市场经济的法规体系中，食品标准与法规占有十分重要的地位，它是规范市场经济秩序，实施政府对食品质量安全与卫生的管理与监督，确保消费者合法权益，维护社会长治久安和可持续发展的重要依据，要对食品质量和安全性做出评价和判定，其主要依据就是相关国际组织和政府标准化部门制定的食品标准与法规。

基础知识

一、食品法律法规

（一）食品法律法规的概念

食品法律法规是指由国家制定的适用于食品从农田到餐桌各个环节的一整套法律规定，从事食品生产经营、检验及进出口的相关单位必须执行。食品法律法规是国家对食品进行有效监督管理的基础。我国目前已基本形成了由国家基本法律、行政法规和部门规章构成的食品法律法规体系。

自20世纪80年代以来，我国以宪法为依据，制定了一系列与食品质量和安全有关的法规以及国际条约，目前已形成了以《中华人民共和国食品安全法》（简称《食品安全法》）、《中华人民共和国产品质量法》（简称《产品质量法》）、《中华人民共和国农产品质量安全法》（简称《农产品质量安全法》）、《中华人民共和国标准化法》（简称《标准化法》）等法律为基础，以《食品生产加工企业质量安全监督管理办法》、《食品添加剂卫生管理办法》、《保健食品管理办法》及涉及食品质量与安全要求的大量技术标准等法规为主体，以各省及地方政府关于食品质量与安全的规章为补充的食品质量与安全法律法规体系。

（二）食品法律法规的渊源

食品法律法规的渊源主要有宪法、食品法律、食品行政法规、地方性食品法规、食品自治条例和单行条例、食品规章、食品标准、与食品有关的国际条约。

1. 宪法

《中华人民共和国宪法》（简称《宪法》）是我国的根本大法，是国家最高权力机关通过法定程序制定的具有最高法律效力的规范性法律文件。它规定了国家的社会制度和国家制度、公民的基本权利和义务等最根本的全局性问题，是制定食品法律、法规的来源和基本依据。

2. 食品法律

食品法律是由全国人民代表大会及其常务委员会经过特定的立法程序制定的规范性法律文件。它的地位和效力仅次于宪法。它有两种：一是由全国人民代表大会制定的食品法律，称为基本法；二是由全国人民代表大会常务委员会制定的食品基本法律以外的食品法律。

3. 食品行政法规

食品行政法规是国务院根据宪法和法律的规定，在其职权范围内制定的有关国家食品行政管理活动的规范性文件。它的法律效力仅次于法律。行政法规的名称为条例、规定和办法。对某一方面的行政工作做出比较全面、系统的规定，称为“条例”，如《保健食品监督管理条例》对某一方面的行政工作做出部分的规定，称为“规定”，如《食品添加剂生产监督管理规定》；对某一项行政工作做出比较具体的规定，称为“办法”，如《餐饮业食品卫生管理办法》。

4. 地方性食品法规

地方性食品法规是指各省、自治区、直辖市和较大的市人民代表大会及其常务委员会，根据本行政区域的具体情况和实际需要制定的适用于本地方的有关食品行政管理活动的规范文件的总称。地方性食品法规仅在本地区内有效，且不得与宪法、法律和行政法规等相抵触，并报全国人民代表大会常务委员会备案，才可生效。如《广东省食品安全条例》《山东省食品安全地方标准管理实施细则》等。

5. 食品自治条例和单行条例

食品自治条例和单行条例是民族自治区、自治州、自治县的人民代表大会依照当地民族的政治、经济和文化的特点制定的食品规范性文件的总称。自治条例和单行条例可以依照当地民族的特点，对法律和行政法规的规定做出变通规定，但不得违背法律或者行政法规的基本原则，不得对宪法和民族区域自治法的规定以及其他有关法律、行政法规专门就民族自治地方所做的规定做出变通规定。

6. 食品规章

食品规章有两类：一是由国务院行政部门依法在其职权范围内制定的食品行政管理规章制度文件，在全国范围内具有法律效力；二是由各省、自治区、直辖市和较大的市的人民政府，根据食品法律、食品行政法规和本省、自治区的地方性法规制定和发布的有关本地方食品管理方面的规范性文件的总称，仅在本地区内有效。

7. 食品标准

由于食品法律法规具有技术控制和法律控制的双重性，食品标准、食品技术规范和食品操作规程也成为食品法律渊源的重要组成部分。食品标准、食品技术规范和食品操作规程可分为国家和地方两级，其法律效力虽不及法律法规，但在具体的执法过程中具有相当重要的地位，是对某种行为的具体控制。

8. 与食品有关的国际条约

与食品有关的国际条约，是指我国与外国缔结的，或者我国加入并生效的国际法规规范性文件，它可由国务院按职权范围同外国缔结相应的条约和协定。这种与食品有关的国际条约，虽然不属于我国国内法的范畴，但其一旦生效，除国家声明保留的条款外，就与我国国内法一样对我国国家机关和公民具有约束力。

（三）食品法律法规的效力范围

食品法律法规的效力范围是指食品法律法规的生效范围或适用范围，即食品法律法规在什么时间、什么地方和对什么人适用，包括食品法律法规的时间、空间和对人的效力三个方面。

1. 食品法律法规的时间效力

食品法律法规的时间效力是指食品法律法规何时生效、何时失效，以及对食品法律法规生效前所发生的行为和事件是否具有溯及力的问题。

1）生效时间

食品法律法规的生效时间通常有下列情况。

（1）在食品法律法规文件中明确规定从法律法规文件颁布之日起施行。

（2）在食品法律法规文件中明确规定颁布后的某一具体时间生效。

（3）食品法律法规公布后先予以试行或者暂行，而后由立法机关加以补充修改，再通过为正式法律法规，公布施行，在试行期间也具有法律效力。

（4）在食品法律法规中没有规定其生效时间，但实践中均以该法律法规公布的时间为其生效的时间。例如，《农产品质量安全法》于2006年4月29日由第十届全国人民代表大会常务委员会第二十一次会议通过，自2006年11月1日起施行。

2）失效时间

食品法律法规的失效时间通常有下列情况。

（1）从新法颁布施行之日起，相应的旧法即自行废止。

（2）新法代替内容基本相同的旧法，在新法中明文宣布旧法废止。例如，2009年2月28日第十一届全国人民代表大会常务委员会第七次会议通过的《食品安全法》自2009年6月1日起施行，《中华人民共和国食品卫生法》同时废止。

（3）由于形势发展变化，原来的某项法律法规已因调整的社会关系不复存在或完成了历史任务而失去了存在的条件自行失效。

（4）有的法律法规规定了生效期限，期满即终止效力。

（5）有关国家机关发布专门的决议、命令，宣布废止其制定的某些法律法规，而导致该法律法规失效。

3）溯及力

溯及力，是指新的法律法规颁布施行后，对它生效以前所发生的事件和行为是否适用的问题。如果适用，该法律法规就有溯及力，如果不适用，该法律法规就不具有溯及力。我国食品法律法规一般不溯及既往，但为了更好地保护公民、法人和其他组织的权利和利益而做的特别规定除外。

2. 食品法律法规的空间效力

食品法律法规的空间效力是指食品法律法规生效的地域范围，即食品法律法规在哪些地方具有约束力。

食品法律法规的空间效力有以下几种情况。

（1）全国人民代表大会及其常务委员会制定的食品法律，国务院及其各部门发布的食品行政法规、规章等规范性文件，在全国范围内有效。

（2）地方人民代表大会及其常务委员会、民族自治机关颁布的地方性食品法规、自治条例、单行条例，以及地方人民政府制定的政府食品规章，只在其行政管辖区域范围内有效。

（3）中央国家机关制定的食品法规，明确规定了特定的适用范围的，即在其规定的范围内有效；某些食品法律、法规还有域外效力。

例如，《食品安全法》第二条规定，“在中华人民共和国境内从事下列活动，应当遵守本法：①食品生产和加工（以下称食品生产），食品销售和餐饮服务（以下称食品经营）；②食品添加剂的生产经营；③用于食品的包装材料、容器、洗涤剂、消毒剂和用于食品生产经营的工具、设备（以下称食品相关产品）的生产经营；④食品生产经营者使用食品添加剂、食品相关产品；⑤食品的贮存和运输；⑥对食品、食品添加剂、食品相关产品的安全管理”。

3. 食品法律法规对人的效力

食品法律法规对人的效力有以下几种情况。

（1）我国公民在我国领域内，一律适用我国食品法律法规。

（2）外国人、无国籍人在我国领域内，也都适用我国食品法律法规，一律不享有食品特权或豁免权。

（3）我国公民在我国领域以外，原则上适用我国食品法律法规；法律有特别规定的按法律规定。

（4）外国人、无国籍人在我国领域外，如果侵害了我国国家或公民、法人的权益，或者与我国公民、法人发生食品法律关系，也可以适用我国食品法律法规。

（四）食品法律法规的制定

1. 食品法律法规制定的基本内容

食品立法应包括以下内容。

（1）应能提供高水平的健康保护。

（2）应具有清晰的概念，以确保一致性和法律的严谨性。

（3）应在风险评估、风险管理和风险交流的基础上，基于高质量的、透明的和独立的科学结论来实施立法。

（4）应包括预防性的条款，当确认危及健康的水平达到一个不可接受的程度或全面的风险评估不能被实施时，可采取临时性的紧急措施。

（5）应包括消费者权益的条款，消费者有权获得准确而充分的相关信息。

（6）当发生问题时，对食品有追溯和召回的规定。

（7）应明文规定，食品生产者和制造商对食品质量与安全问题负有责任。

（8）应规定义务，确保只有安全和公平的食品方能上市流通。

（9）应承担国际义务，特别是与贸易有关的义务。

（10）应确保食品安全法律制定过程的透明性，并可以不断获取新的信息。

除了立法以外，政府还需不断升级和更新食品标准。在制定国家食品规章和标准的过程中，应充分吸收国际食品法典的优点，并学习其他国家在食品安全控制上的做法，做到既能满足本国需要，又能符合《实施动植物卫生检疫措施的协议》（Agreement on the Application of Sanitary and Phytosanitary Measures，SPS 协议）和贸易伙伴的需要。

2. 食品法律法规制定的程序

食品法律法规制定的程序是指立法主体依照宪法和法律制定、修改和废止行政法规所必须遵循的法定步骤、顺序、方式和时限等。根据《中华人民共和国立法法》（简称《立法法》）和国务院《行政法规制定程序条例》的规定，食品法律法规制定一般需遵循立项、起草、审查、决定公布、解释等基本程序。

1）立项

作为食品法律法规创制程序的“立项”，是指立法主体将需要制定的食品法律法规项目列入国家立法工作计划以内，以克服食品法律法规立法中的盲目性，是食品法律法规制定程序中的第一个环节。

2）起草

起草是提出食品法律法规初期方案和草稿的程序。它是接下来一系列程序的基础。为了确保食品法律法规的质量，起草食品法律法规除了要遵循《立法法》确定的立法原则，并符合宪法和法律的规定外，还应当深入调查研究，总结实践经验，广泛听取有关机关、组织和公民的意见。听取意见可以采取召开座谈会、论证会、听证会等多种形式。起草部门应当就涉及其他部门的职责或者与其他部门关系紧密的规定与有关部门协商力求达成一致意见。经过充分协商不能取得一致意见的，应当在上报食品法律法规草案送审稿时说明情况和理由。食品法律法规草案送审稿应当对立法的必要性、确立的主要制度，各方面对送审稿主要问题的不同意见，征求有关机关、组织和公民意见的情况等做出说明。

3）审查

食品法律法规起草工作结束后，起草部门要将食品法律法规草案送审稿报送相应的法制机构审查。审查内容主要包括：是否符合《宪法》、《立法法》以及其他法律的规定和国家的方针政策；是否正确处理有关机关组织和公民对送审稿主要问题的意见。如果是食品行政法规，则要审查是否符合《行政法规制定程序条例》规定，是否与有关行政法规协调、衔接，审查工作中应当广泛地征求各方意见，召开由有关单位、专家参加的座谈会或论证会，听取意见，研究论证。法制机构应当依据食品法律法规草案送审稿涉及的主要问题，深入基层进行实地调查研究，听取基层有关机关组织和公民的意见。

4）决定与公布

食品法律法规签署公布后，要及时在国务院公报和在全国范围内发行的报纸上刊登，国务院法制机构应及时汇编出版行政法规的国家正式版本，在国务院公报上刊登行政法规文本，才能成为标准文本。食品行政法规一般应当自公布之日起30日后施行，公布后的30日内还需由国务院办公厅报全国人民代表大会常务委员会备案。

二、食品标准

（一）标准与标准化的概念

1. 标准

《标准化工作指南　第1部分：标准化和相关活动的通用术语》（GB/T 20000.1—2014）对“标准（standard）”的定义是：“通过标准化活动，按照规定的程序经协商一致制定，为各种活动或其结果提供规则、指南或特性，供共同使用和重复使用的文件”。它以科学、技术和经验的综合成果为基础，经有关方面协商一致，由主管机构批准，以特定形式发布，作为共同遵守的准则和依据，从本质上属于技术规范的范畴。

食品标准是企业科学管理的基础，是国家管理食品行业的依据。

2. 标准化

《标准化工作指南 第1部分：标准化和相关活动的通用术语》（GB/T 20000.1—2014）对“标准化（standardization）”的定义是：“为了在既定范围内获得最佳秩序，促进共同效益，对现实问题或潜在问题确立共同使用和重复使用的条款以及编制、发布和应用文件的活动”。标准化的主要效益在于为了产品、过程或服务的预期目的改进它们的适用性，促进贸易、交流以及技术合作。

标准是文件或实物，而标准化是制定、发布、实施标准的活动。

3. 企业标准化

企业标准化是以实现企业生产经营为目标，以提高经济效益为中心，以企业生产技术、经营活动管理的全过程为主要内容，通过制定标准和贯彻实施标准，使企业全部生产技术、经营管理活动达到规范化、程序化、科学化和文明化的过程。

企业标准化的对象主要是企业活动，如产品设计、工艺过程、原料的投入、工人的操作、质量检验、生产经营、文件编制等过程中重复发生的实物或现象。

企业标准化的具体任务有：贯彻执行国家有关标准化的方针政策；修订企业标准；贯彻执行有关的国家标准、行业标准、地方标准；承担上级指定标准的制定和修订工作。

（二）标准的分类

1. 根据适用范围分类

根据《标准化法》，我国标准分为国家标准、行业标准、地方标准、团体标准和企业标准5级。这5级标准主要是适用范围不同，不是标准技术水平高低的分级。从全球化的角度来看，除了各国制定的国家标准外，还有国际组织制定的标准和地区间制定的标准。

1）国家标准

我国的国家标准是由国务院标准化行政主管部门编制计划、组织草拟，统一审批、编号、发布的。国家标准的年限一般为5年，过了年限后，国家标准就要被修订或重新制定。此外，随着社会的发展，国家需要制定新的标准来满足人们生产、生活的需要。国家标准编号由国家标准代号 GB（或 GB/T）、发布顺序号和发布年号三部分组成，如《食品安全国家标准 预包装食品标签通则》（GB 7718—2011）。

2）行业标准

对没有国家标准而又需要在全国某个行业范围内统一的技术要求，可以制定行业标准。制定行业标准的项目由国务院有关行政主管部门确定。行业标准由国务院有关行政主管部门编制计划、组织草拟，统一审批、编号、发布，并报国务院标准化行政主管部门备案。行业标准是对国家标准的补充，不得与有关国家标准相抵触。有关行业标准之间应保持协调、统一，不得重复。行业标准在相应国家标准实施后，应自行废止。

行业标准代号由国务院标准化行政主管部门规定，如轻工行业标准代号为“QB”、农业行业标准代号为“NY”、卫生行业标准代号为“WS”、进出口商品检验行业代号为“SN”。

3）地方标准

对没有国家标准和行业标准而又需要在省（自治区、直辖市）范围内统一的工业产品的安全要求，可以制定地方标准。地方标准由省（自治区、直辖市）标准化行政主管部门统一编制计划、组织制定、审批、编号和发布，还需报国务院标准化行政主管部门和国务院有关行业行政主管部门备案。地方标准的代号，由汉语拼音字母“DB”加上省（自治区、直辖市）行政区域代码前两位数字。

地方标准在相应的国家标准或行业标准实施后，该项标准应自行废止。

4）团体标准

团体是指具有法人资格，且具备相应专业技术能力、标准化工作能力和组织管理能力的学会、协会、商会、联合会和产业技术联盟等社会团体。团体标准是由团体按照团体确定的标准制定程序自主制定、发布，由社会自愿采用的标准。团体标准是国家标准、行业标准、地方标准的补充，鼓励实施效果良好的团体标准转化为国家标准及行业标准。

《团体标准化 第1部分：良好行为指南》（GB/T 20004.1—2016）提供了团体开展标准化活动的一般原则，以及团体标准化的组织管理、团体标准的制定程序和编写规则等方面的良好行为指南。

5）企业标准

企业标准是对企业范围内需要协调、统一的技术要求、管理要求和工作要求所制定的标准。企业标准是企业组织生产、经营活动的依据。通常以下两种情况需制定企业标准。

（1）企业生产的产品在没有相应的国家标准、行业标准和地方标准时，应当制定企业标准，作为组织生产的依据。

（2）已有相应的国家标准、行业标准和地方标准时，国家鼓励企业在不违反相应强制性标准的前提下，制定充分反映市场、用户和消费者要求的企业标准，在企业内部适用。企业标准代号用“Q”表示。

从标准的法律级别上来讲，国家标准高于行业标准，行业标准高于地方标准，地方标准高于企业标准。但从标准的内容上讲，却不一定与级别一致，一般来讲，企业标准的某些技术指标应严于地方标准、行业标准和国家标准。

2. 根据法律的约束性分类

根据法律的约束性，标准可分为强制性标准、推荐性标准和指导性技术文件三大类。

1）强制性标准

强制性标准是国家技术法规的重要组成部分，其范围限制在国家安全、防止欺诈行为、保护人身健康与安全、保护动植物的生命和健康及保护环境等5个方面。

强制性标准又分为全文强制和条文强制。标准的全部内容需要强制时，为全文强制形式；标准中部分技术内容需要强制时，为条文强制形式。

强制性标准必须执行，具有法律属性。对不符合强制标准的产品，禁止生产、销售和进口，根据《标准化法》规定，企业和有关部门对涉及其经营、生产、服务、管理有关的，都必须严格执行强制性标准，任何单位和个人不得擅自更改或降低标准，对按规定执行强制性标准而造成不良后果的，重大事故者由法律、行政法规规定的行政主管部门依法根据情节轻重给予行政处罚，直至由司法机关追究刑事责任。

国家强制性标准的代号是“GB”，是国标两字拼音首字母大写，如《食品安全国家标准 食品添加剂使用标准》（GB 2760—2014）。

2）推荐性标准

推荐性标准也称指导性标准、自愿性标准，是非强制执行的标准，是指生产、交换、使用等方面，通过经济手段或市场调节而自愿采用的一类标准。

对推荐性标准，各方有选择的自由，但在下列条件下，推荐性标准可以转化成强制性标准，具有强制性标准的作用：①被行政法规、规章所引用；②被合同、协议所引用；③被使用者声明其产品符合某项标准。

推荐性标准不受政府和社会团体的利益干预，能更科学地规定特性或指导生产。《标准化法》鼓励企业积极采用推荐性标准，为了防止企业利用标准欺诈消费者，要求采用低于推荐性标准的企业标准组织生产的企业向消费者明示其产品标准水平。

推荐性标准常用大写字母T表示“推荐”。

3）指导性技术文件

指导性技术文件是一种推荐性标准化文件，是为给处于技术发展过程中的标准化工作提供指南或信息，供科研、设计、生产、使用和管理等有关人员参考使用而制定的标准文件。

符合下列情况可判定为指导性技术文件。

（1）技术尚在发展中，需要有相应的标准文件引导其发展或具有标准价值，尚不能制定为标准的。

（2）采用国际标准化组织、国际电工委员会及其他国际组织的技术报告。

指导性技术文件由国务院标准化行政主管部门统一管理，由指导性技术文件代号“GB/Z”、顺序号和年号构成，如《食品营养成分基本术语》（GB/Z 21922—2008）。

3. 根据标准的性质分类

根据标准的性质，标准可分为技术标准、管理标准和工作标准三大类。

1）技术标准

技术标准是指对标准化领域中需要协调统一的技术事项所制定的标准。它是从事生产、建设及商品流通的一种共同遵守的技术依据。

技术标准的分类方法很多，按标准化对象特征和作用，可分为食品工业基础及相关标准中涉及技术的部分、食品产品标准、食品安全标准、食品添加剂使用标准、食品包装材料及容器标准、食品检验方法标准、食品流通标准等，我国食品标准基本上是按照标准化的对象和作用进行分类并编辑出版的。

2）管理标准

管理标准是指对标准化领域中需要协调统一的管理事项所制定的标准。它主要规定人们在生产活动和社会生活中的组织结构、职责权限、过程方法、程序文件以及资源分配等事宜，是合理组织国民经济、正确处理各种生产关系、正确实现合理分配、提高生产效率和效益的依据。

管理标准包括技术管理标准、生产管理标准、经营管理标准、劳动管理标准等。例如，《质量管理体系 要求》（GB/T 19001—2016）、《食品安全管理体系食品链中各类组织的要求》（GB/T 22000—2006）等都属于管理标准。

3）工作标准

工作标准也称工作质量标准，是对标准化领域中需要协调统一的工作事项所制定的标准。它的对象是人的工作、作业、操作或服务程序和方法。由于工作标准是人的行为准则的基本依据，目前主要由企业自行制定，它包括管理、操作和服务岗位的岗位职责、工作程序、工作内容与要求、工作质量考核等方面的标准，是衡量工作质量的依据和准则。

此外，标准按照其形态分类，有标准文件和实物标准。标准文件即用文字表达的标准；实物标准包括各类计量器具、标准物质、标准样品（如农产品、面粉质量等）的实物标准等。

（三）我国食品标准发展的进展

标准是人类文明进步的成果，也是人类改造社会的工具。中国重视标准化工作，大力实施标准化战略，发挥标准化在促进科技进步、支持经济发展、规范社会治理、服务国际贸易中的作用。

当前我国食品标准存在的主要问题如下。①体系不完善：随着新技术的发展，新标准没有建立起来，现行的标准很多是多年不变的老标准。②标准缺失：产业发展急需的标准缺失。③标龄长：自标准实施之日起，至标准复审重新确认、修订或废止的时间较长。④水平低：技术含量少，需要提升食品安全水准，有的食品标准甚至还沿用着十几年、几十年前的标准。

为解决食品标准中存在的问题，近年来我国相继出台了一系列政策法规，如《深化标准化工作改革方案》、《贯彻实施〈深化标准化工作改革方案〉行动计划（2015—2016年）》、《国家标准化体系建设发展规划（2016—2020年）》、《强制性标准整合精简工作方案》、《2016年全国标准化工作要点》和《关于培育和发展团体标准的指导意见》等，加快制定急需、缺失的食品安全标准；通过不断深化标准化改革，加强国际交流合作，加快完善标准体系，有效地提升标准的先进性、有效性和适用性，发挥标准的引领作用，助推经济社会创新、协调、绿色、开放、共享和发展。

项目解析

关于食品安全企业标准有关问题的说明

（一）企业需要制定标准的情形

《企业标准化管理办法》第六条规定，企业标准有以下几种。

（1）企业生产的产品，没有国家标准、行业标准和地方标准的，制定的企业产品标准。

（2）为提高产品质量和技术进步，制定的严于国家标准、行业标准或地方标准的企业产品标准。

（3）对国家标准、行业标准的选择或补充的标准。

（4）工艺、工装、半成品和方法标准。

（5）生产、经营活动中的管理标准和工作标准。

（二）食品生产企业制定的标准需要备案的情形

《食品安全企业标准备案办法》第二条的规定，下面两种情形需要备案。

（1）没有食品安全国家标准或者地方标准的企业标准。

（2）严于食品安全国家标准或者地方标准的企业标准。

按照《国家卫生计生委关于加强食品安全标准工作的指导意见》（国卫食品发〔2013〕18 号）要求，强调以下两点内容。

（1）企业制定严于国家标准或地方标准的食品安全企业标准，应当如实提交必要的依据和验证材料。

（2）对已有食品安全国家标准或者地方标准的，或者国家另有相关规定的，不再备案相关的企业标准。

（三）食品安全企业标准的备案管理部门

食品安全企业标准是食品安全标准体系中不可缺少的组成部分，是企业组织生产、经营活动的依据。

根据《食品安全法》第三十条的规定，省级卫生行政部门是食品安全企业标准的备案部门，其他部门没有职权和义务审查食品安全企业标准。

（四）企业制定标准的程序

《企业标准化管理办法》第八条规定，制定企业标准的一般程序是：编制计划，调查研究，起草标准草案、征求意见，对标准草案进行必要的验证，审查、批准、编号、发布。

《企业标准化管理办法》第十三条规定，企业标准应定期复审，复审周期一般不超过三年。当有相应国家标准、行业标准和地方标准发布实施后，应及时复审，并确定其继续有效、修订或废止。

（五）食品安全企业标准的内容

卫生部《食品安全企业标准备案办法》第六条规定：企业标准应当包括食品原料（包括主料、配料和使用的食品添加剂）、生产工艺以及与食品安全相关的指标、限量、技术要求。

企业标准的编写应当符合《标准化工作导则第 1 部分：标准化文件的结构和起草规则》（GB/T 1.1—2020）的要求。

（六）企业标准专家审查的规定

（1）《企业产品标准管理规定》第八条规定，企业在批准、发布企业产品标准前应当组织专家进行审查。审查内容包括：①企业产品标准与国家法律法规和强制性标准规定的符合性；②技术内容的先进性、合理性和完整性；③试验方法的科学性；④检验规则的可操作性；⑤标准编写与 GB/T 1《标准化工作导则第 1 部分：标准化文件的结构和起草规则》（GB/T 1.1—2020）等系列国家标准的符合性。

（2）《企业产品标准管理规定》第十三条规定，标准审查必须经专家组全体人员 2/3 以上同意方可通过，专家组应当根据审查意见填写审查单（会议纪要）。

审查情况应当包括：审查日期、地点、起草单位、组织审查机构、参加审查人员名单。审查结论主要涉及：评价意见、主要修改意见和采纳情况；所审查的企业产品标准送审稿是否符合法律、法规和强制性标准的规定；低于推荐性国家标准、行业标准和地方标准的，应当具有相应的理由和相关影响的说明；是否予以通过审查等内容。

审查结论可以作为企业批准发布企业产品标准的技术依据。

（七）食品安全企业标准制定的责任主体

按照《国家卫生计生委关于加强食品安全标准工作的指导意见》（国卫食品发〔2013〕18 号）要求，企业是食品安全第一责任人。食品生产企业依法制定发布食品安全企业标准后，应当按照规定进行备案；对其制定的企业标准内容真实性、合法性负责，并对备案后的企业标准的实施后果依法承担责任。

复习巩固

1. 标准、标准化、法律法规和技术法规的概念是什么？
2. 食品标准是如何分类的？
3. 食品法律法规的渊源是什么？
4. 简述标准与法规的区别和联系。

实践训练

毒腐竹案

2014 年 1 月 7 日，济宁市任城区人民检察院向济宁市任城区人民法院提起公诉，指控被告人王某等犯生产、销售有毒有害食品罪。济宁市任城区人民法院经审理查明：2012 年 2 月至 2013 年 9 月，在济宁市任城区长沟镇鲁屯水泥厂东南角出租厂房内，被告王某、孙某夫妇在没有取得相关手续的情况下，雇佣关某十几名工人非法生产腐竹，在生产过程中非法添加“增筋剂”等有毒、有害非食品原料，并进行销售活动，销售金额为 337.8367 万元。

毒腐竹案的案情解析

试分析案件产生的原因，应承担的法律责任和应采取的预防措施是什么？

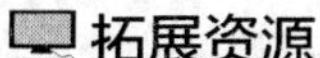

拓展资源

《新食品原料安全性审查管理办法》

项目二 《中华人民共和国食品安全法》

☞ 学习目标

1. 掌握《食品安全法》的基本内容。
2. 熟悉《食品安全法》的适用范围。
3. 会正确运用《食品安全法》分析食品违法案例。
4. 增强食品质量安全观念，培养责任意识和规范操作的习惯。

《中华人民共和国食品安全法》课件

项目导入

你了解《食品安全法》的产生背景吗

民以食为天，食以安为先。食品安全直接关系广大人民群众的身体健康和生命安全，关系国家的健康发展、社会的和谐稳定。

《中华人民共和国食品卫生法》对保证食品安全、预防和控制食源性疾病、保障人民群众身体健康都发挥了积极的作用，也使我国的食品安全总体状况不断改善，但是危害人民生命和健康的食品安全事件仍频频发生，食品安全事件的数量和危害程度呈日益上升的趋势。先后出现2001年广西食品生产加工厂把“吊白块”添加到食物中进行增白，造成400多名学生中毒；2004年安徽阜阳“大头娃娃”事件致100多名儿童患上营养不良症；2006年“红心鸭蛋”事件让社会“闻蛋色变”；2008年9月，全国各地陆续发生了在乳粉中大量添加三聚氰胺导致婴幼儿患肾结石的事件，造成多名患儿死亡。消费者对食品质量的信心大受打击，食品安全问题成为社会的热点问题。

针对不断发生的一系列食品安全事件，我国立法机关对涉及民生的食品安全问题尽快进行立法。为了进一步完善《中华人民共和国食品卫生法》，2007年10月31日，国务院总理温家宝主持召开国务院常务会议，讨论并原则通过《食品安全法》（草案）。2007年12月26日，《食品安全法》（草案）首次提请十届全国人大常委会第三十一次会议审议。2008年4月20日，全国人大常委会办公厅向社会全文公布《食品安全法》（草案），广泛征求各方面意见和建议。2008年8月26日，《食品安全法》（草案）进入二审；2008年10月23日，《食品安全法》（草案）第三次提交全国人大常委会审议；2009年2月28日，《食品安全法》（草案）经过了十一届全国人大常委会第七次会议的第四次审议，并顺利通过。

基础知识

《食品安全法》于2009年2月28日第十一届全国人民代表大会常务委员会第七次会议通过，自2009年6月1日起施行，取代之前的《中华人民共和国食品卫生法》。

2015年4月24日，第十二届全国人民代表大会常务委员会第十四次会议对《食品安全法》进行了修订，于2015年10月1日起施行。这是该法2009年颁布施行以来的第一次修订，对于贯彻党的十八届三中全会确立的完善统一权威的食品安全监管机构，建立覆盖全过程的最严格的食品安全监管制度的要求，进一步依法保障食品安全，保护人民群众的身体健康和生命安全具有重要意义。此次修订《食品安全法》，采用的是全面修订的方式，修订的力度比较大，修订后《食品安全法》从原来的104条，增加到154条，共增加了50条。

2018年12月29日，第十三届全国人民代表大会常务委员会第七次会议通过了《关于修改〈产品质量法〉等五部法律的决定》，对《食品安全法》进行了第一次修正。

2021年4月29日，第十三届全国人民代表大会常务委员会第二十八次会议通过了《关于修改〈道路交通安全法〉第八部法律的决定》对《食品安全法》进行了第二次修正。

一、《食品安全法》的主要内容

（一）食品安全风险监测和评估

国家建立食品安全风险监测制度，对食源性疾病、食品污染及食品中的有害因素进行监测。承担食品安全风险监测工作的技术机构应当根据食品安全风险监测计划和监测方案开展监测工作，保证监测数据真实、准确，并按照食品安全风险监测计划和监测方案的要求报送监测数据和分析结果。国家建立食品安全风险评估制度，运用科学方法，根据食品安全风险监测信息、科学数据，以及有关信息，对食品、食品添加剂、食品相关产品中生物性、化学性和物理性危害因素进行风险评估。国务院卫生行政部门负责组织食品安全风险评估工作，成立由医学、农业、食品、营养、生物、环境等方面的专家组成的食品安全风险评估专家委员会进行食品安全风险评估。

有下列情形之一的，应当进行食品安全风险评估：①通过食品安全风险监测或者接到举报发现食品、食品添加剂、食品相关产品可能存在安全隐患的；②为制定或者修订食品安全国家标准提供科学依据需要进行风险评估的；③为确定监督管理的重点领域、重点品种需要进行风险评估的；④发现新的可能危害食品安全因素的；⑤需要判断某一因素是否构成食品安全隐患的；⑥国务院卫生行政部门认为需要进行风险评估的其他情形。

经食品安全风险评估，得出食品、食品添加剂、食品相关产品不安全结论的，国务院食品安全监督管理等部门应当依据各自职责立即向社会公告，告知消费者停止食用或者使用，并采取相应措施，确保该食品、食品添加剂、食品相关产品停止生产经营；需要制定、修订相关食品安全国家标准的，国务院卫生行政部门应当会同国务院食品安全监督管理部门立即制定、修订。国务院食品安全监督管理部门应当会同国务院有关部门，根据食品安全风险评估结果、食品安全监督管理信息，对食品安全状况进行综合分析。对经综合分析表明可能具有较高程度安全风险的食品，国务院食品安全监督管理部门应当及时提出食品安全风险警示，并向社会公布。

（二）食品安全标准的制定

制定食品安全标准，应当以保障公众身体健康为宗旨，做到科学合理、安全可靠。食品安全标准是强制执行的标准。除食品安全标准外，不得制定其他的食品强制性标准。食品安全标准应当包括下列内容：①食品、食品添加剂、食品相关产品中的致病性微生物，农药残留、兽药残留、生物毒素、重金属等污染物质，以及其他危害人体健康物质的限量规定；②食品添加剂的品种、使用范围、用量；③专供婴幼儿和其他特定人群的主辅食品的营养成分要求；④对与卫生、营养等食品安全要求有关的标签、标志、说明书的要求；⑤食品生产经营过程的卫生要求；⑥与食品安全有关的质量要求；⑦与食品安全有关的食品检验方法与规程；⑧其他需要制定为食品安全标准的内容。

食品安全国家标准由国务院卫生行政部门会同国务院食品安全监督管理部门制定、公布。国务院标准化行政部门提供国家标准编号。

（三）食品生产经营

1. 一般规定

（1）食品生产经营应当符合食品安全标准，并符合《食品安全法》第三十三条的规定。

（2）禁止生产经营下列食品、食品添加剂、食品相关产品：①用非食品原料生产的食品或者添加食品添加剂以外的化学物质和其他可能危害人体健康物质的食品，或者用回收食品作为原料生产的食品；②致病性微生物，农药残留、兽药残留、生物毒素、重金属等污染物质以及其他危害人体健康的物质含量超过食品安全标准限量的食品、食品添加剂、食品相关产品；③用超过保质期的食品原料、食品添加剂生产的食品、食品添加剂；④超范围、超限量使用食品添加剂的食品；⑤营养成分不符合食品安全标准的专供婴幼儿和其他特定人群的主辅食品；⑥腐败变质、油脂酸败、霉变生虫、污秽不洁、混有异物、掺假掺杂或者感官性状异常的食品、食品添加剂；⑦病死、毒死或者死因不明的禽、畜、兽、水产动物肉类及其制品；⑧未按规定进行检疫或者检疫不合格的肉类，或者未经检验或者检验不合格的肉类制品；⑨被包装材料、容器、运输工具等污染的食品、食品添加剂；⑩标注虚假生产日期、保质期或者超过保质期的食品、食品添加剂；⑪无标签的预包装食品、食品添加剂；⑫国家为防病等特殊需要明令禁止生产经营的食品；⑬其他不符合法律、法规或者食品安全标准的食品、食品添加剂、食品相关产品。

（3）国家对食品生产经营实行许可制度。从事食品生产、食品销售、餐饮服务，应当依法取得许可，但是，销售食用农产品和仅销售预包装食品的，不需要取得许可。国家对食品添加剂生产实行许可制度。从事食品添加剂生产，应当具有与所生产食品添加剂品种相适应的场所、生产设备或者设施、专业技术人员和管理制度，并依照《食品安全法》规定的程序，取得食品添加剂生产许可。生产食品添加剂应当符合法律、法规和食品安全国家标准。

（4）利用新的食品原料生产食品，或者生产食品添加剂新品种、食品相关产品新品种，应当向国务院卫生行政部门提交相关产品的安全性评估材料。食品添加剂应当在技术上确有必要且经过风险评估证明安全可靠，方可列入允许使用的范围。食品生产经营者应当按照食品安全国家标准使用食品添加剂。

（5）国家建立食品安全全程追溯制度。食品生产经营者应当依照《食品安全法》的规定，建立食品安全追溯体系，保证食品可追溯。国家鼓励食品生产经营者采用信息化手段采集、留存生产经营信息，建立食品安全追溯体系。国家鼓励食品生产经营企业参加食品安全责任保险。

2. 生产经营过程控制

（1）食品生产经营企业应当建立全食品安全管理制度，对职工进行食品安全知识培训，加强食品检验工作，依法从事生产经营活动。食品生产经营企业的主要负责人应当落实企业食品安全管理制度，对本企业的食品安全工作全面负责，食品生产经营企业应当配备食品安全管理人员，加强对其培训和考核。经考核不具备食品安全管理能力的，不得上岗。

（2）国家鼓励食品生产经营企业符合良好生产规范要求，实施危害分析与关键控制点体系，提高食品安全管理水平。

（3）食品生产经营者应当建立并执行从业人员健康管理制度。患有国务院卫生行政部门规定的有碍食品安全疾病的人员，不得从事接触直接入口食品的工作。食品生产企业应当建立食品原料、食品添加剂、食品相关产品进货查验记录制度；应当建立食品出厂检验记录制度。食品、食品添加剂、食品相关产品的生产者，应当按照食品安全标准对所生产的食品、食品添加剂、食品相关产品进行检验，检验合格后方可出厂或者销售。

（4）食用农产品生产者应当按照食品安全标准和国家有关规定使用农药、肥料、兽药、饲料和饲料添加剂等农业投入品。食用农产品的生产企业和农民专业合作经济组织应当建立农业投入品使用记录制度。

（5）食品生产者采购食品原料、食品添加剂、食品相关产品，应当查验供货者的许可证和产品合格证明；对无法提供合格证明的食品原料，应当依照食品安全标准进行检验；不得采购或者使用不符合食品安全标准的食品原料、食品添加剂、食品相关产品。

（6）学校、托幼机构、养老机构、建筑工地等集中用餐单位的食堂应当严格遵守法律、法规和食品安全标准；从供餐单位订餐的，应当从取得食品生产经营许可的企业订购，并按照要求对订购的食品进行查验。餐饮服务提供者应当制定并实施原料控制要求，不得采购不符合食品安全标准的食品原料；应当定期维护食品加工、贮存、陈列等设施、设备，定期清洗、校验保温设施及冷藏、冷冻设施。餐具、饮具集中消毒服务单位应当具备相应的作业场所、清洗消毒设备或者设施，用水和使用的洗涤剂、消毒剂应当符合相关食品安全国家标准和其他国家标准、卫生规范。

（7）集中交易市场的开办者、柜台出租者和展销会举办者，应当依法审查入场食品经营者的许可证，明确其食品安全管理责任，定期对其经营环境和条件进行检查，发现其有违反《食品安全法》规定行为的，应当及时制止并立即报告所在地县级人民政府食品安全监督管理部门。网络食品交易第三方平台提供者应当对入网食品经营者进行实名登记，明确其食品安全管理责任；依法应当取得许可证的，还应当审查其许可证。

（8）国家建立食品召回制度。食品生产者发现其生产的食品不符合食品安全标准或者有证据证明可能危害人体健康的，应当立即停止生产，召回已经上市销售的食品，通知相关生产经营者和消费者，并记录召回和通知情况。食品经营者发现其经营的食品有上述规定情形的，应当立即停止经营，通知相关生产经营者和消费者，并记录停止经营和通知情况。食品生产者认为应当召回的，应当立即召回。若是食品经营者的原因造成的由食品经营者召回，食品生产经营者应当对召回的食品采取无害化处理、销毁等措施，防止其再次流入市场。

3. 标签、说明书和广告

（1）预包装食品的包装上应当有标签。食品添加剂应当有标签、说明书和包装。食品和食品添加剂的标签、说明书，不得含有虚假内容，不得涉及疾病预防、治疗功能。生产经营者对其提供的标签、说明书的内容负责。

（2）食品广告的内容应当真实合法，不得含有虚假内容，不得涉及疾病预防、治疗功能。

4. 特殊食品

（1）国家对保健食品、特殊医学用途配方食品和婴幼儿配方食品等特殊食品实行严格监督管理。

（2）保健食品原料目录和允许保健食品声称的保健功能目录，由国务院食品安全监督管理部门会同国务院卫生行政部门、国家中医药管理部门制定、调整并公布。

（3）保健食品的标签、说明书不得涉及疾病预防、治疗功能，内容应当真实，与注册或者备案的内容相一致，载明适宜人群、不适宜人群、功效成分或者标志性成分及其含量等，并声明“本品不能代替药物”。保健食品的功能和成分应当与标签、说明书相一致。

（4）特殊医学用途配方食品、婴幼儿配方乳粉的产品配方应当经国务院食品安全监督管理部门注册。

（5）生产保健食品，特殊医学用途配方食品、婴幼儿配方食品和其他专供特定人群的主辅食品的企业，应当按照良好生产规范的要求建立与所生产食品相适应的生产质量管理体系，定期对该体系的运行情况进行自查，保证其有效运行，并向所在地县级人民政府食品安全监督管理部门提交自查报告。

（四）食品检验

食品检验机构按照国家有关认证认可的规定取得资质认定后，方可从事食品检验活动。但是，法律另有规定的除外。食品检验由食品检验机构指定的检验人独立进行。县级以上人民政府食品安全监督管理部门应当对食品进行定期或者不定期的抽样检验，并依据有关规定公布检验结果，不得免检。食品生产经营企业可以自行对所生产的食品进行检验，也可以委托符合《食品安全法》规定的食品检验机构进行检验。

（五）食品进出口

进口的食品、食品添加剂、食品相关产品应当符合我国食品安全国家标准。进口尚无食品安全国家标准的食品，由境外出口商、境外生产企业或者其委托的进口商向国务院卫生行政部门提交所执行的相关国家（地区）标准或者国际标准。国务院卫生行政部门对相关标准进行审查，认为符合食品安全要求的，决定暂予适用，并及时制定相应的食品安全国家标准。进口利用新的食品原料生产的食品，或者进口食品添加剂新品种、食品相关产品新品种，应依照《食品安全法》第三十七条的规定办理。境外发生的食品安全事件可能对我国境内造成影响，或者在进口食品、食品添加剂、食品相关产品中发现严重食品安全问题的，国家出入境检验检疫部门应当及时采取风险预警或者控制措施，并向国务院食品安全监督管理、卫生行政、农业行政部门通报。接到通报的部门应当及时采取相应措施。

进口的预包装食品、食品添加剂应当有中文标签；依法应当有说明书的，还应当有中文说明书。进口商应当建立食品、食品添加剂进口和销售记录制度，如实记录食品、食品添加剂的名称、规格、数量、生产日期、生产或者进口批号、保质期、境外出口商和购货者名称、地址及联系方式、交货日期等内容，并保存相关凭证。

出口食品生产企业应当保证其出口食品符合进口国（地区）的标准或者合同要求。出口食品生产企业和出口食品原料种植、养殖场应当向国家出入境检验检疫部门备案。

（六）食品安全事故处置

县级以上地方人民政府应根据有关法律、法规的规定和上级人民政府的食品安全事故应急预案，以及本行政区域的实际情况，制定本行政区域的食品安全事故应急预案，并报上一级人民政府备案。县级以上人民政府农业行政等部门在日常监督管理中发现食品安全事故或者接到事故举报，应当立即向同级食品安全监督管理部门通报。发生食品安全事故，接到报告的县级人民政府食品安全监督管理部门应当按照应急预案的规定向本级人民政府和上级人民政府食品安全监督管理部门报告。县级人民政府和上级人民政府食品安全监督管理部门应当按照应急预案的规定上报。

（七）监督管理

食品安全年度监督管理计划应当将下列事项作为监督管理的重点：①专供婴幼儿和其

他特定人群的主辅食品；②保健食品生产过程中的添加行为和按照注册或者备案的技术要求组织生产的情况，保健食品标签、说明书及宣传材料中有关功能宣传的情况；③发生食品安全事故风险较高的食品生产经营者；④食品安全风险监测结果表明可能存在食品安全隐患的事项。

县级以上地方人民政府组织本级食品安全监督管理、农业行政等部门制定本行政区域的食品安全年度监督管理计划，向社会公布并组织实施。县级以上人民政府食品安全监督管理部门应当建立食品生产经营者食品安全信用档案，记录许可颁发、日常监督检查结果、违法行为查处等情况，依法向社会公布并实时更新；对有不良信用记录的食品生产经营者增加监督检查频次，对违法行为情节严重的食品生产经营者，可以通报投资主管部门、证券监督管理机构和有关的金融机构。

国家建立统一的食品安全信息平台，实行食品安全信息统一公布制度。国家食品安全总体情况、食品安全风险警示信息、重大食品安全事故及其调查处理信息和国务院确定需要统一公布的其他信息由国务院食品安全监督管理部门统一公布。县级以上人民政府食品安全监督管理、农业行政部门依据各自职责公布食品安全日常监督管理信息。

（八）法律责任

违反《食品安全法》规定，未取得食品生产经营许可从事食品生产经营活动，或者未取得食品添加剂生产许可从事食品添加剂生产活动的，由县级以上人民政府食品安全监督管理部门没收违法所得和违法生产经营的食品、食品添加剂，以及用于违法生产经营的工具、设备、原料等物品；违法生产经营的食品、食品添加剂货值金额不足 1 万元的，并处 5 万元以上 10 万元以下罚款；货值金额 1 万元以上的，并处货值金额 10 倍以上 20 倍以下罚款。

违反《食品安全法》规定，食品检验机构、食品检验人员出具虚假检验报告的，由授予其资质的主管部门或者机构撤销该食品检验机构的检验资质，没收所收取的检验费用，并处检验费用 5 倍以上 10 倍以下罚款，检验费用不足 1 万元的，并处 5 万元以上 10 万元以下罚款；依法对食品检验机构直接负责的主管人员和食品检验人员给予撤职或者开除处分；导致发生重大食品安全事故的，对直接负责的主管人员和食品检验人员给予开除处分。

违反《食品安全法》规定，县级以上人民政府食品安全监督管理、卫生行政、农业行政等部门有下列行为之一，造成不良后果的，对直接负责的主管人员和其他直接责任人员给予警告、记过或者记大过处分；情节较重的，给予降级或者撤职处分；情节严重的，给予开除处分：①在获知有关食品安全信息后，未按规定向上级主管部门和本级人民政府报告，或者未按规定相互通报；②未按规定公布食品安全信息；③不履行法定职责，对查处食品安全违法行为不配合，或者滥用职权、玩忽职守、徇私舞弊。

二、《食品安全法》的适用范围

在中华人民共和国境内从事下列活动，应当遵守《食品安全法》。

（1）食品生产和加工（以下称食品生产），食品销售和餐饮服务（以下称食品经营）。

食品，指各种供人食用或者饮用的成品和原料以及按照传统既是食品又是中药材的物品，但是不包括以治疗为目的的物品。

（2）食品添加剂的生产经营。

食品添加剂，指为改善食品品质和色、香、味以及为防腐、保鲜和加工工艺的需要而加入食品中的人工合成或者天然物质，包括营养强化剂。

（3）用于食品的包装材料、容器、洗涤剂、消毒剂和用于食品生产经营的工具、设备（以下称食品相关产品）的生产经营。

用于食品的包装材料和容器，指包装、盛放食品或者食品添加剂用的纸、竹、木、金属、搪瓷、陶瓷、塑料、橡胶、天然纤维、化学纤维、玻璃等制品和直接接触食品或者食品添加剂的涂料。

用于食品的洗涤剂、消毒剂，指直接用于洗涤或者消毒食品、餐具、饮具，以及直接接触食品的工具、设备或者食品包装材料和容器的物质。

用于食品生产经营的工具、设备，指在食品或者食品添加剂生产、销售、使用过程中直接接触食品或者食品添加剂的机械、管道、传送带、容器、用具、餐具等。

（4）食品生产经营者使用食品添加剂、食品相关产品。

（5）食品的贮存和运输。

（6）对食品、食品添加剂和食品相关产品的安全管理。

供食用的源于农业的初级产品（以下称食用农产品）的质量安全管理，遵守《农产品质量安全法》的规定。但是，食用农产品的市场销售、有关质量安全标准的制定、有关安全信息的公布和《食品安全法》对农业投入品做出规定的，应当遵守《食品安全法》的规定。

项目解析

《食品安全法实施条例》解读

《中华人民共和国食品安全法实施条例》（简称《条例》）是根据《食品安全法》制定的，由中华人民共和国国务院于 2009 年 7 月 20 日发布。2019 年 3 月 26 日国务院第 42 次常务会议修订通过，由国务院于 2019 年 10 月 11 日修订发布，自 2019 年 12 月 1 日起施行。

《条例》全面贯彻新时期党中央、国务院有关加强食品安全工作的新思想、新论断和新要求，严格落实“四个最严”，坚持问题导向，制度创新，全面落实新《食品安全法》的各项规定，明晰食品生产经营者法律义务和责任，强化食品安全监督管理，细化自由裁量权，增强了法律的可操作性。

（一）进一步明确制定食品安全地方标准的范围

《条例》第十一条和第十二条在《食品安全法》第二十九条的基础上，进一步明确制定了食品安全地方标准的范围，即食品安全地方标准主要针对地方特色食品制定，且主要在本地范围内适用。

保健食品、特殊医学用途配方食品、婴幼儿配方食品等特殊食品不属于地方特色食品，不得对其制定食品安全地方标准。

（二）明确企业标准备案相关问题

《条例》第十四条明确了食品生产企业标准备案相关问题。第一，食品生产企业不得制定低于食品安全国家标准或者地方标准要求的企业标准，重申了食品生产企业标准的备案范围必须是严于食品安全国家标准和地方标准；第二，继续明确企业标准应当报省、自治区、直辖市人民政府卫生行政部门备案，表明食品行业的企业标准必须经过备案才可以使用，其他的声明方式不能代替备案；第三，强调食品生产企业制定的企业标准应当公开，供公众免费查阅。

但是，对于食品生产企业产品符合食品安全国家标准但不符合企业标准这种情形的定性及其相应的法律责任，《条例》依然没有做出规定。

（三）明确规定非食品生产经营者从事某些食品贮运业务应备案

《条例》第二十五条明确规定非食品生产经营者从事对温度、湿度等有特殊要求的食品贮存业务的，应当自取得营业执照之日起 30 个工作日内向所在地县级人民政府食品安全监督管理部门备案。这是对《食品安全法》第三十三条做出的进一步规定，体现了对全产业链食品安全监管的要求。

（四）明确回收食品定义并规定相应处置方式

《食品安全法》第三十四条规定禁止使用回收食品作为原料生产食品，第一百二十三条则规定了相应的法律责任。

《条例》第二十九条明确了回收食品定义并规定相应处置方式。在《条例》发布之前，关于回收食品的定义主要出自国家质量监督检验检疫总局（简称“国家质检总局”）于 2006 年发布的《关于严禁在食品生产加工中使用回收食品作为生产原料等有关问题的通知》（国质检食监〔2006〕619 号）。除了明确定义外，《条例》还规定对于回收食品等应进行显著标示或者单独存放在有明确标志的场所，及时采取无害化处理、销毁等措施并如实记录。

（五）进一步明确易非法添加的非食用物质的相关规定

早在 2009 年，卫生部就开始陆续公布了六批次易滥用的食品添加剂和易非法添加的非食用物质名单及名单中部分物质的检测方法。

《条例》第六十三条规定，国务院食品安全监督管理部门应当会同国务院卫生行政等部门对发现的添加或者可能添加到食品中的非食品用化学物质和其他可能危害人体健康的物质，制定名录及检测方法并予以公布。第二十二条规定，食品生产经营者不得在食品生产、加工场所贮存该名录中的物质，并且，第六十八条规定了相应的处罚措施。

（六）明确规定特殊食品的特殊监管要求

《条例》对于特殊食品规定了特殊的监管要求，以保障特殊食品的安全性。包括：

第三十五条对保健食品生产企业原料前处理能力的规定；

第三十六条对特殊医学用途配方食品按照标准逐批出厂检验的规定；

第三十七条对特定全营养配方食品广告的规定及第三十八条对于婴幼儿配方食品命名的规定；

第三十八条对保健食品之外的其他食品，不得声称具有保健功能；

第三十九条特殊食品的标签、说明书内容应与注册或者备案的标签、说明书一致。特殊食品不得与普通食品或者药品混放销售。

（七）明确食品安全信息发布相关法律责任

《条例》第四十三条规定，任何单位和个人不得发布未依法取得资质认定的食品检验机构出具的食品检验信息，不得利用上述检验信息对食品、食品生产经营者进行等级评定，欺骗、误导消费者，第八十条则专门针对这种行为规定了相应的处罚措施，包括责令改正、罚款和治安管理处罚等。

（八）明确利用会议讲座等形式对食品进行虚假宣传的处罚措施

《条例》第三十四条规定禁止利用包括会议、讲座、健康咨询在内的任何方式对食品进行虚假宣传。第七十三条则规定了对于此类违法行为的处罚措施。

生产经营的保健食品之外的食品的标签、说明书声称具有保健功能的，依照《食品安全法》第一百二十五条第一款、《条例》第七十五条的规定给予处罚。

2019 年，十三部委联合组织开展了整治保健市场乱象的百日行动，对此类违法行为开展打击。这也是今后打击的工作重点。

（九）明确重点监督的行业

《条例》第十七条规定，食品安全监督管理等部门应当将婴幼儿配方食品等针对特定人群的食品以及其他食品安全风险较高或者销售量大的食品的追溯体系建设作为监督检查的重点。

这一规定明确了食品追溯体系建设监督检查的重点行业，同时也为其他方面的食品安全监管重点行业的选择提供了参考依据。

（十）明确违法企业负责人员的处罚措施

《条例》第七十五条针对《食品安全法》规定的违法情形，对单位的法定代表人、主要负责人、直接负责的主管人员和其他直接责任人员处以其上年度从本单位取得收入的1倍以上10倍以下罚款。

直接负责的主管人员是在违法行为中起决定、批准、授意、纵容、指挥作用的主管人员。其他直接责任人员是具体实施违法行为并起较大作用的人员，既可以是单位的生产经营管理人员，也可以是单位的职工。

这是我国法规首次明确对于违法食品企业的责任人员做出的处罚规定，体现了对于食品企业主体责任的要求。

（十一）依法从严从重处罚情节严重的食品安全违法行为

《条例》第六十七条第一款列举了“情节严重”的六种具体情形：①违法行为涉及的产品货值金额2万元以上或者违法行为持续时间3个月以上；②造成食源性疾病并出现死亡病例，或者造成30人以上食源性疾病但未出现死亡病例；③故意提供虚假信息或者隐瞒真实情况；④拒绝、逃避监督检查；⑤因违反食品安全法律、法规受到行政处罚后1年内又实施同一性质的食品安全违法行为，或者因违反食品安全法律、法规受到刑事处罚后又实施食品安全违法行为；⑥其他情节严重的情形。

复习巩固

1. 简述《食品安全法》的调整范围。
2. 《食品安全法》的主要内容是什么？
3. 食用农产品如何监督管理？

实践训练

依据《食品安全法》分析案情

（一）销售无中文标签及标示食品

销售无中文标签及标示食品的案情解析

2017年7月5日，原告邹某在被告徐某商贸公司处购买了14瓶进口红酒及3瓶进口蜂蜜，共计7796元。当日晚原告邹某饮用红酒一瓶，次日凌晨发生头疼、恶心呕吐、腹泻等现象。后经查看该食品没有任何中文标签且无任何中文标示，无法获取该食品的配料表、原产地以及境内代理商的名称、地址、联系方式等任何相关信息。原告邹某认为被告销售的食品不符合《食品安全法》相关法律规定，属于不合格产品，遂将徐州某商贸公司告上法院，要求其退货退款，并支付10倍的赔偿。

此案应如何判决？

（二）销售已超过标明保质期的食品

2018年10月22日，李某在某购物广场购买“哈面馒头”一袋，该商品外包装载明食品保质期至2018年10月20日。李某购买后发现该食品为过期食品。李某认为该购物广场的销售行为违反《食品安全法》第三十四条中关于“禁止生产经营下列食品、食品添加剂、食品相关产品:(十)标注虚假生产日期、保质期或者超过保质期的食品、食品添加剂”的规定,遂提起诉讼,请求判令被告退还货款并给予原告赔偿金1000元。

销售已超过标明保质期的食品案情解析

此案应如何判决?

拓展资源

《中华人民共和国食品安全法》

项目三 《中华人民共和国产品质量法》及其他法律法规

☞ 学习目标

1. 熟悉《产品质量法》的主要内容。
2. 熟悉我国其他的食品法律法规。
3. 会正确运用相关法律分析食品违法案例。
4. 树立食品质量观念，增强责任和诚信意识。

项目导入

立法与产品质量

"质量第一"是我国经济建设的长期战略方针。发展社会主义商品经济，不断提高产品质量，保护用户、消费者的合法权益，是我国的一项基本政策。

产品质量立法应当从我国实际出发，体现经济体制改革的方向，把握社会主义商品经济的规律，实行宏观调控与市场引导相结合的方针，有利于激励企业不断增强提高产品质量的内在动力。同时，要借鉴国外的有益经验，吸取现代的、科学的管理思想。

（1）产品质量法主要调整产品的生产、储运、销售及对产品质量的监督管理等活动中发生的法律关系，重点解决产品质量宏观调控和产品质量责任两个范畴的问题。

（2）国家对产品质量实行统一立法、区别管理的原则。对可能危及人身健康和生命、财产安全方面的产品实行强制管理；其他产品主要是通过市场竞争和企业自我约束的机制去解决。

（3）对产品质量的监督管理，采取事先保证和事后监督相结合的原则。国家对可能危及人体健康和人身、财产安全的产品实行生产许可证制度，采取国际通行的企业质量体系认证、产品质量认证等引导方法。同时，要加强对市场商品质量的监督。

（4）产品质量的执行监督按照行政区划统一管理、组织协调的原则。在加强国家监督的同时，发挥行业监督、社会监督的作用。

（5）贯彻奖优罚劣的原则，一方面奖励优质产品和质量管理的先进企业和个人；另一方面严厉制裁假冒伪劣产品的生产者和经销者，遏制假冒伪劣产品的生产和流通。

基础知识

一、《产品质量法》

1993 年 2 月 22 日，第七届全国人民代表大会常务委员会第三十次会议通过了《产品质量法》。2000 年 7 月 8 日第九届全国人民代表大会常务委员会第十六次会议《关于修改〈产品质量法〉的决定》进行了第一次修正，2009 年 8 月 27 日第十一届全国人民代表大会常务委员会第十次会议《关于修改部分法律的决定》进行第二次修正，2018 年 12 月 29 日第十三届全国人民代表大会常务委员会第七次会议《关于修改〈产品质量法〉等五部法律的决定》进行了第三次修正。

（一）立法目的

为了加强对产品质量的监督管理，提高产品质量水平，明确产品质量责任，保护消费者的合法权益，维护社会经济秩序，故制定《产品质量法》。

（二）适用范围

在中华人民共和国境内从事产品生产、销售活动，必须遵守《产品质量法》。《产品质量法》所称产品是指经过加工、制作，用于销售的产品，建设工程不适用《产品质量法》规定；但是，建设工程使用的建筑材料、建筑构配件和设备，属于前款规定的产品范围的，适用《产品质量法》规定。

生产者、销售者应当建立健全内部产品质量管理制度，严格实施岗位质量规范、质量责任以及相应的考核办法。

生产者、销售者依照《产品质量法》规定承担产品质量责任。

（三）主要内容

1. 总则

《产品质量法》“总则”一章中，对若干重大问题做了原则规定：①立法目的；②适用范围；③对生产者、销售者内部产品质量管理的基本要求；④产品质量责任的责任主体及产品质量责任的法律适用；⑤对产品质量欺诈行为的禁止性规定；⑥国家鼓励提高产品质量的主要措施；⑦各级人民政府在产品质量问题上的主要职责；⑧产品质量的监督体制；⑨对政府及其他国家机关工作人员包庇、放纵产品生产、销售中违反规定行为的禁止性规定；⑩对违反的行为的检举及对检举的奖励；⑪禁止在产品质量问题上搞地方保护和部门保护。

2. 产品质量的监督

明确提出了对产品质量都应经检验合格的要求，并以法律形式确立了国家对产品质量实施监督的基本制度。

（1）对涉及保障人体健康和人身、财产安全的产品实行严格的强制监督管理的制度。

（2）产品质量监督部门依法对产品质量实行监督抽查并对抽查结果进行公告的制度。

（3）推行企业质量体系认证和产品质量认证的制度。

（4）产品质量监督部门和工商行政管理部门对涉嫌在产品生产、销售活动中从事违反《产品质量法》的行为可以依法实施强制检查和采取必要的查封、扣押等强制措施的制度等。

这些法定的基本制度，既为加强对产品质量的监督管理提供了法律依据，又为产品质量监督部门的产品质量监督行政执法活动提供了必须遵守的行为规范。此外，《产品质量法》还对产品质量检验机构的资格、产品质量检验机构、认证机构执业的基本要求，以及消费者及保护消费者权益的社会组织在产品质量问题上的权利等问题做了规定。

3. 生产者、销售者的产品质量责任和义务

1）生产者的产品质量责任和义务

生产者应当对其生产的产品质量负责。产品质量应当符合下列要求：①不存在危及人身、财产安全的不合理的危险，有保障人体健康和人身、财产安全的国家标准、行业标准的，应符合该标准；②具备产品应具备的使用性能，但是，对产品存在使用性能的瑕疵做出说明的除外；③符合在产品或者其包装上注明采用的产品标准，符合以产品说明、实物样品等方式表明的质量状况。

产品或者其包装上的标识必须真实，并符合下列要求：①有产品质量检验合格证明。②有中文标明的产品名称、生产厂厂名和厂址。③根据产品的特点和使用要求，需要标明产品规格、等级、所含主要成分的名称和含量的，用中文相应予以标明；需要事先让消费者知晓的，应在外包装上标明，或者预先向消费者提供有关资料。④限期使用的产品，应在显著位置清晰地标明生产日期和安全使用期或者失效日期。⑤使用不当，容易造成产品本身损坏或者可能危及人身、财产安全的产品，应有警示标识或者中文警示说明。裸装的食品和其他根据产品的特点难以附加标志的裸装产品，可以不附加产品标识。

易碎、易燃、易爆、有毒、有腐蚀性、有放射性等危险物品以及储运中不能倒置和其他有特殊要求的产品，其包装质量必须符合相应要求，依照国家有关规定作出警示标识或者中文警示说明，标明储运注意事项。

生产者不得生产国家明令淘汰的产品。生产者不得伪造产地，不得伪造或者冒用他人的厂名、厂址。生产者不得伪造或者冒用认证标识等质量标识。生产者生产产品，不得掺杂、掺假，不得以假充真、以次充好，不得以不合格产品冒充合格产品。

2）销售者的产品质量责任和义务

销售者应建立并执行进货检查验收制度，验明产品合格证明和其他标识。销售者应采取措施，保持销售产品的质量。销售者不得销售国家明令淘汰并停止销售的产品和失

效、变质的产品。销售者销售的产品的标识应当符合《产品质量法》第二十七条的规定。销售者不得伪造产地，不得伪造或者冒用他人的厂名、厂址。销售者不得伪造或者冒用认证标识等质量标识。销售者销售产品，不得掺杂、掺假，不得以假充真、以次充好，不得以不合格产品冒充合格产品。

4. 损害赔偿

关于因产品质量问题引起的损害赔偿的规定，共9条。

（1）关于销售者对其出售产品的质量问题应承担的民事责任（第四十条）。

（2）关于产品质量存在缺陷造成他人损害的民事责任即产品责任的规定（第四十一条至四十五条）。

（3）产品缺陷的定义（第四十六条）。

（4）产品质量纠纷的解决途径（第四十七条）。

（5）仲裁机构或者人民法院的委托检验（第四十八条）。

5. 罚则

罚则共24条，对违反《产品质量法》规定的行为的处罚做了规定。

6. 附则

附则共两条，分别对军工产品的监督管理以及因核设施、核产品造成损害的赔偿责任（第七十三条）、《产品质量法》的施行日期（第七十四条）做了规定。

二、《中华人民共和国计量法》

1985年9月6日第六届全国人民代表大会常务委员会第十二次会议通过《中华人民共和国计量法》（简称《计量法》），2009年8月27日第十一届全国人民代表大会常务委员会第十次会议《关于修改部分法律的决定》进行第一次修正，2013年12月28日第十二届全国人民代表大会常务委员会第六次会议《关于修改〈中华人民共和国海洋环境保护法〉等七部法律的决定》进行第二次修正，2015年4月24日第十二届全国人民代表大会常务委员会第十四次会议《关于修改〈中华人民共和国计量法〉等五部法律的决定》进行第三次修正，2017年12月27日第十二届全国人民代表大会常务委员会第三十一次会议《关于修改〈中华人民共和国招标投标法〉、〈中华人民共和国计量法〉的决定》进行第四次修正，2018年10月26日第十三届全国人民代表大会常务委员会第六次会议《关于修改〈中华人民共和国野生动物保护法〉等十五部法律的决定》进行第五次修正。

（一）立法目的

为了加强计量监督管理，保障国家计量单位制的统一和量值的准确可靠，有利于生产、贸易和科学技术的发展，适应社会主义现代化建设的需要，维护国家、人民的利益，故制定《计量法》。

（二）适用范围

在中华人民共和国境内，建立计量基准器具、计量标准器具，进行计量检定，制造、修理、销售、使用计量器具，必须遵守《计量法》。

（三）主要内容

1. 计量单位

国家实行法定计量单位制度。国际单位制计量单位和国家选定的其他计量单位，为国家法定计量单位。国家法定计量单位的名称、符号由国务院公布。因特殊需要采用非法定计量单位的管理办法，由国务院计量行政部门另行制定。

2. 计量检定

计量检定必须按照国家计量检定系统表进行。国家计量检定系统表由国务院计量行政部门制定。计量检定必须执行计量检定规程。国家计量检定规程由国务院计量行政部门制定。没有国家计量检定规程的，由国务院有关主管部门和省、自治区、直辖市人民政府计量行政部门分别制定部门计量检定规程和地方计量检定规程。

3. 计量监督

县级以上人民政府计量行政部门应当依法对制造、修理、销售、进口和使用计量器具，以及计量检定等相关计量活动进行监督检查。有关单位和个人不得拒绝、阻挠。县级以上人民政府计量行政部门，根据需要设置计量监督员。计量监督员管理办法，由国务院计量行政部门制定。

县级以上人民政府计量行政部门可以根据需要设置计量检定机构，或者授权其他单位的计量检定机构，执行强制检定和其他检定、测试任务。执行上述规定的检定、测试任务的人员，必须经考核合格。

4. 法律责任

（1）制造、销售未经考核合格的计量器具新产品的，责令停止制造、销售该种新产品，没收违法所得，可以并处罚款。

（2）制造、修理、销售的计量器具不合格的，没收违法所得，可以并处罚款。

（3）属于强制检定范围的计量器具，未按照规定申请检定或者检定不合格继续使用的，责令停止使用，可以并处罚款。

（4）使用不合格的计量器具或者破坏计量器具准确度，给国家和消费者造成损失的，责令赔偿损失，没收计量器具和违法所得，可以并处罚款。

（5）制造、销售、使用以欺骗消费者为目的的计量器具的，没收计量器具和违法所得，处以罚款；情节严重的，并对个人或者单位直接责任人员依照刑法有关规定追究刑事责任。

（6）违反《计量法》规定，制造、修理、销售的计量器具不合格，造成人身伤亡或者重大财产损失的，依照刑法有关规定，对个人或者单位直接责任人员追究刑事责任。

（7）计量监督人员违法失职，情节严重的，依照刑法有关规定追究刑事责任；情节轻微的，给予行政处分。

（8）《计量法》规定的行政处罚，由县级以上地方人民政府计量行政部门决定。

（9）当事人对行政处罚决定不服的，可以在接到处罚通知之日起15日内向人民法院起诉；对罚款、没收违法所得的行政处罚决定期满不起诉又不履行的，由作出行政处罚决定的机关申请人民法院强制执行。

三、《中华人民共和国进出口商品检验法》

1989年2月21日第七届全国人民代表大会常务委员会第六次会议通过《进出口商品检验法》，2002年4月28日第九届全国人民代表大会常务委员会第二十七次会议《关于修改〈中华人民共和国进出口商品检验法〉的决定》进行第一次修正，2013年6月29日第十二届全国人民代表大会常务委员会第三次会议《关于修改〈中华人民共和国文物保护法〉等十二部法律的决定》进行第二次修正，2018年4月27日第十三届全国人民代表大会常务委员会第二次会议《关于修改〈中华人民共和国国境卫生检疫法〉等六部法律的决定》进行第三次修正，2018年12月29日第十三届全国人民代表大会常务委员会第七次会议《关于修改〈产品质量法〉等五部法律的决定》进行第四次修正，2021年4月29日第十三届全国人民代表大会常务委员会第二十八次会议《关于修改〈中华人民共和国道路交通安全法〉等八部法律的决定》进行第五次修正。

（一）立法目的

为了加强进出口商品检验工作，规范进出口商品检验行为，维护社会公共利益和进出口贸易有关各方的合法权益，促进对外经济贸易关系的顺利发展，故制定《中华人民共和国进出口商品检验法》（简称《进出口商品检验法》）。

（二）适用范围

国家商检部门根据保护人类健康和安全、保护动物或者植物的生命和健康、保护环境、防止欺诈行为、维护国家安全的原则，制定、调整并公布必须实施检验的进出口商品目录，列入目录的进出口商品和其他法律、行政法规规定须经商检机构检验的进出口商品，必须遵守《进出口商品检验法》进行检验。

（三）主要内容

1. 进出口商品检验管理机构

国务院设立进出口商品检验部门（简称“国家商检部门”），主管全国进出口商品检验工作。国家商检部门设在各地的进出口商品检验机构（简称“商检机构”）管理所辖地区的进出口商品检验工作。

2. 商品检验管理的内容

1）进口商品检验

《进出口商品检验法》规定必须经商检机构检验的进口商品的收货人或者其代理人，应当向报关地的商检机构报检。

《进出口商品检验法》规定必须经商检机构检验的进口商品的收货人或者其代理人，应当在商检机构规定的地点和期限内，接受商检机构对进口商品的检验。商检机构应当在国家商检部门统一规定的期限内检验完毕，并出具检验证单。

《进出口商品检验法》规定必须经商检机构检验的进口商品以外的进口商品的收货人，发现进口商品质量不合格或者残损短缺，需要由商检机构出证索赔的，应当向商检机构申请检验出证。

重要的进口商品和大型的成套设备，收货人应当依据对外贸易合同约定在出口国装运前进行预检验、监造或者监装，主管部门应加强监督；商检机构根据需要可以派出检验人员参加。

2）出口商品的检验

《进出口商品检验法》规定必须经商检机构检验的出口商品的发货人或者其代理人，应在商检机构规定的地点和期限内，向商检机构报检。商检机构应在国家商检部门统一规定的期限内检验完毕，并出具检验证单。

经商检机构检验合格发给检验证单的出口商品，应在商检机构规定的期限内报关出口；超过期限的，应重新报检。

为出口危险货物生产包装容器的企业，必须申请商检机构进行包装容器的性能鉴定。生产出口危险货物的企业，必须申请商检机构进行包装容器的使用鉴定。使用未经鉴定合格的包装容器的危险货物，不准出口。

对装运出口易腐烂变质食品的船舱和集装箱，承运人或者装箱单位必须在装货前申请检验。未经检验合格的，不准装运。

3）监督管理

商检机构对《进出口商品检验法》规定必须经商检机构检验的进出口商品以外的进出口商品，根据国家规定实施抽查检验。国家商检部门可以公布抽查检验结果，或者向有关部门通报抽查检验情况。

3. 法律责任

将必须经商检机构检验的进口商品未报经检验而擅自销售或者使用的，或者将必须经商检机构检验的出口商品未报经检验合格而擅自出口的，由商检机构没收违法所得，并处货值金额5%～20%的罚款；构成犯罪的，依法追究刑事责任。

四、《农产品质量安全法》

2006年4月29日第十届全国人民代表大会常务委员会第二十一次会议通过《农产品质量安全法》，自2006年11月1日起施行。2018年10月26日第十三届全国人民代表大会常务委员会第六次会议《关于修改〈中华人民共和国野生动物保护法〉等十五部法律的决定》进行了修正。

（一）立法目的

人们每天消费的食物，有相当大的部分直接来源于农业的初级产品，即《农产品质量安全法》所称的农产品。农产品的质量安全状况如何，直接关系着人民群众的身体健康乃至生命安全。为保障农产品质量安全，维护公众健康，促进农业和农村经济发展，故制定《农产品质量安全法》。

（二）适用范围

《农产品质量安全法》涉及农产品调整的范围包括三个方面的内涵。

一是产品范围。《农产品质量安全法》所指农产品是指来源于农业的初级产品，即在农业活动中获得的植物、动物、微生物及其产品。

二是行为主体，既包括农产品的生产者和销售者，也包括农产品质量安全管理者和相应的检测技术机构和人员等。

三是关于调整的管理环节问题，既包括产地环境、农业投入品的科学合理使用、农产品生产和产后处理的标准化管理，也包括农产品的包装、标志和市场准入管理。

（三）主要内容

《农产品质量安全法》内容相当丰富，共分八章56条，涵盖了农产品从产地到市场的全过程。第一章总则，主要对立法目的、调整范围、管理体制、科研与推广、宣传引导等内容进行了规定。第二章农产品质量安全标准，对农产品质量安全标准体系的建立、标准制定、修订及组织实施等内容进行了规定。第三章农产品产地，对农产品产地安全管理、基地建设、产地要求及保护等内容进行了规定。第四章农产品生产，对农产品的生产技术规范进行规定。第五章农产品包装和标识，主要对农产品的包装标识、材料、无公害农产品和优质农产品质量标志等进行了规定。第六章监督检查，对市场准入、质量安全监测、社会监督、事故责任报告、责任追究等进行了规定。第七章法律责任，对各类违法行为应当如何处理与处罚进行了详细规定。第八章附则，对生猪屠宰管理和本法实施日期进行了规定。

五、《标准化法》

《标准化法》由中华人民共和国第七届全国人民代表大会常务委员会第五次会议于1988年12月29日通过，自1989年4月1日起施行。最新版本由中华人民共和国第十二届全国人民代表大会常务委员会第三十次会议于2017年11月4日修订通过，自2018年1月1日起施行。

（一）立法目的

为了加强标准化工作，提升产品和服务质量，促进科学技术进步，保障人身健康和生命财产安全，维护国家安全、生态环境安全，提高经济社会发展水平，故制定《标准化法》。

（二）适用范围

《标准化法》所称标准（含标准样品），是指农业、工业、服务业以及社会事业等领域需要统一的技术要求。标准包括国家标准、行业标准、地方标准和团体标准、企业标准。国家标准分为强制性标准、推荐性标准，行业标准、地方标准是推荐性标准。

（三）主要内容

《标准化法》共六章45条，主要规定了标准的制定、标准的实施、标准的监督管理和不符合强制性标准的法律责任等内容。

六、《中华人民共和国商标法》

《中华人民共和国商标法》（简称《商标法》）于1982年8月23日第五届全国人民代表大会常务委员会第二十四次会议通过，1993年2月22日第七届全国人民代表大会常务委员会第三十次会议《关于修改〈中华人民共和国商标法〉的决定》进行了第一次修正，2001年10月27日第九届全国人民代表大会常务委员会第二十四次会议《关于修改〈中华人民共和国商标法〉的决定》进行了第二次修正，2013年8月30日第十二届全国人民代表大会常务委员会第四次会议《关于修改〈中华人民共和国商标法〉的决定》进行了第三次修正，2019年4月23日第十三届全国人民代表大会常务委员会第十次会议《关于修改〈中华人民共和国建筑法〉等八部法律的决定》进行了第四次修正。

（一）立法目的

为了加强商标管理，保护商标专用权，促使生产、经营者保证商品和服务质量，维护商标信誉，以保障消费者和生产、经营者的利益，促进社会主义市场经济的发展，故制定《商标法》。

（二）适用范围

经商标局核准注册的商标为注册商标，包括商品商标、服务商标和集体商标、证明商标，必须遵守《商标法》。

（三）主要内容

《商标法》共八章 73 条，主要规定了商标注册的申请，商标注册的审查和核准，注册商标的续展、变更、转让和使用许可，注册商标的无效宣告，商标使用的管理和注册商标专用权的保护等内容。

项目解析

《农产品质量安全法》解读

（一）确立了七项基本制度

《农产品质量安全法》从我国农业生产的实际出发，遵循农产品质量安全管理的客观规律，针对保障农产品质量安全的主要环节和关键点，主要确立了七项基本制度。

（1）政府统一领导、农业主管部门依法监管、其他有关部门分工负责的农产品质量安全管理体制。

（2）农产品质量安全标准的强制实施制度。政府有关部门应当按照保障农产品质量安全的要求，依法制定和发布农产品质量安全标准并监督实施；不符合农产品质量安全标准的农产品，禁止销售。

（3）防止因农产品产地污染而危及农产品质量安全的农产品产地管理制度。

（4）农产品的包装和标识管理制度。

（5）农产品质量安全监督检查制度。

（6）农产品质量安全的风险分析、评估制度和农产品质量安全的信息发布制度。

（7）对农产品质量安全违法行为的责任追究制度。

（二）建立了农产品质量安全标准体系

农产品质量安全标准是农产品质量安全评价的重要依据，也是农产品质量安全管理的重要手段，为此《农产品质量安全法》规定国家引导，推广农产品标准化生产，鼓励和支持生产优质农产品，禁止生产、销售不符合国家规定的农产品质量安全标准的农产品。

（三）加强了农产品产地管理

《农产品质量安全法》第十六条规定县级以上人民政府应当采取措施加强农产品基地

建设，改善农产品的生产条件。县级以上人民政府农业行政主管部门应采取措施，推进保障农产品质量安全的标准化生产综合示范区、示范农场、养殖小区和无规定动植物疫病区的建设。《农产品质量安全法》第十七条明确禁止在有毒有害物质超过规定标准的区域生产、捕捞、采集食用农产品和建立农产品生产基地。《农产品质量安全法》第十五条规定县级以上地方人民政府农业行政主管部门按照保障农产品质量安全的要求，根据农产品品种特性和生产区域大气、土壤、水体中有毒有害物质状况等因素，认为不适宜特定农产品生产的，提出禁止生产的区域，报本级人民政府批准后公布。

（四）规范了农产品生产过程

《农产品质量安全法》规定县级以上人民政府农业行政主管部门应当加强对农业投入品使用的管理和指导，建立健全农业投入品的安全使用制度。同时明确农产品生产企业和农产品专业合作经济组织应当建立农产品生产记录，如实记载下列事项：①使用农业投入品的名称、来源、用法、用量和使用、停用日期；②动物疫病、植物病虫草害的发生和防治情况；③收获、屠宰或者捕捞的日期。并规定农产品生产记录应当保存两年，农产品生产者应严格执行农业投入品使用安全间隔或者休药期的规定，禁止在农产品生产过程中使用国家明令禁止使用的农业投入品。农产品生产企业和农民专业合作经济组织应当加强自律管理，自行或者委托检测机构对农产品质量安全状况进行检测，经检测不符合农产品质量安全标准的农产品不得销售。

（五）明确了农产品包装标识要求

《农产品质量安全法》规定农产品生产企业、农民专业合作经济组织以及从事农产品收购的单位或者个人销售的农产品，按照规定应当包装或者附加标识的，须经包装或者附加标识后方可销售。包装物或者标识上应当按照规定标明产品的品名、产地、生产者、生产日期、保质期、产品质量等级等内容；使用添加剂的，还应当按照规定标明添加剂的名称。

（六）完善了农产品质量安全监督抽查制度

《农产品质量安全法》明确规定了禁止进入市场销售五大类农产品范围，规范了农产品质量安全监测制度，明确县级以上人民政府农业行政主管部门应当按照保障农产品质量安全的要求，制订并组织实施农产品质量安全监测计划，对生产中或者市场上销售的农产品进行监督抽查。

复习巩固

1．简述《农产品质量安全法》的主要内容。
2．团体标准应如何管理？
3．《产品质量法》中生产者和销售者的责任和义务是什么？
4．违反《计量法》的法律责任有哪些？

实践训练

鲜奶掺假案

（一）案情直击

2008 年 6 月 6 日，某县质量技术监督局执法人员对辖区内一奶牛养殖场进行检查，该奶牛养殖场饲养奶牛 15 头，每天实际生产鲜奶 350kg。经调查，该养殖场按照 1∶1∶2∶20 在这些鲜奶中掺入乳清粉、植脂末、麦芽糊精和水后，卖到当地的一个鲜奶收购站。执法人员现场检查时，当场查获该养殖场工人往鲜奶里勾兑这些非乳物质，并查获以上添加物各 15kg，勾兑用塑料桶、搅拌棒各一个，过滤布一块。该县质量技术监督局经调查确认，该养殖场一天实际生产鲜奶 350kg，每天却向当地鲜奶收购站销售掺过非乳物质鲜奶 460kg，其鲜奶掺假行为已持续 32d，鲜奶销售价格为 2.2 元/kg。该养殖场在鲜奶中掺入非乳物质的行为，已经违反了强制性标准《无公害食品 生鲜牛乳》（NY 5045—2001）中 4.6 项“不得在生鲜牛乳中掺入碱性物质、淀粉、食盐、蔗糖等非乳物质”的规定。

（二）分歧意见

针对以上违法事实，该县质量技术监督局在讨论对该奶牛养殖场如何进行处罚中，产生了以下 3 种不同意见。

第一种意见认为：该养殖场生产鲜奶所使用的原料不符合强制性标准要求，该行为违反了《国务院关于加强食品等产品安全监督管理的特别规定》第四条第一款“生产者生产产品所使用的原料、辅料、添加剂、农业投入品，应当符合法律、行政法规的规定和国家强制性标准”的规定，应依照《国务院关于加强食品等产品安全监督管理的特别规定》第四条第二款“违反前款规定，违法使用原料、辅料、添加剂、农业投入品的，由农业、卫生、质检、商务、药品等监督管理部门依据各自职责没收违法所得，货值金额不足 5000 元的，并处 2 万元罚款；货值金额在 5000 元以上不足 1 万元的，并处 5 万元罚款；货值金额 1 万元以上的，并处货值金额 5 倍以上 10 倍以下的罚款；造成严重后果的，由原发证部门吊销许可证照；构成生产、销售伪劣商品罪的，依法追究刑事责任”的规定予以处罚。

第二种意见认为：鲜奶来源于农业初级产品，即在农业活动中获得的动物产品，鲜奶掺假行为不属《产品质量法》调整范畴，而应由《农产品质量安全法》调整，因此，本案应移送农业部门处理。

第三种意见认为：该养殖场属于典型的掺假行为，其行为违反了《产品质量法》第三十二条“生产者生产产品，不得掺杂、掺假，不得以假充真、以次充好，不得以不合格产品冒充合格产品”的规定，应依据《产品质量法》第五十条“在产品中掺杂、掺假，以假充真，以次充好，或者以不合格产品冒充合格产品的，责令停止生产、销售，没收违法生产、销售的产品，并处违法生产、销售产品货值金额百分之五十以上三倍以下的罚款；有违法所得的，并处没收违法所得；情节严重的，吊销营业执照；构成犯罪的，依法追究刑事责任”的规定予以处罚。

鲜奶掺假案的案情解析

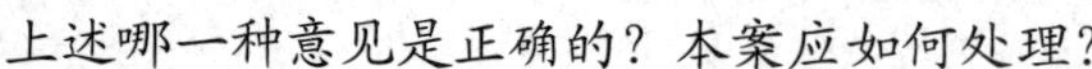
上述哪一种意见是正确的？本案应如何处理？

拓展资源

《中华人民共和国农产品质量安全法》

项目四 食品基础标准

☞ 学习目标

1. 掌握我国食品标准体系与基本内容。
2. 熟悉食品分类标准、食品加工操作技术规程等标准。
3. 能查找食品分类、食品加工技术规程等标准。
4. 树立重视基础工作的意识，养成脚踏实地的工作态度。

食品基础标准

项目导入

调制乳产品能使用“××奶”作为产品名称吗

根据《食品安全国家标准 调制乳》（GB 25191—2010）和《食品安全国家标准 预包装食品标签通则》（GB 7718—2011）规定，调制乳是以不低于80%的生牛（羊）乳或复原乳为主要原料加工制成的液体产品，“调制乳”是该类液态奶产品的类别名称。因此可以根据产品特性使用“××奶”作为产品名称，并在产品标签上标示产品类别“调制乳”。

基础知识

我国食品标准体系的总体框架主要包括食品通用基础标准和食品产品专用标准。通用基础标准是指在一定范围内作为其他标准的基础普遍使用，并具有广泛指导意义的标准。它规定了各种标准中最基本的共同的要求。食品通用基础标准主要包括食品术语及图形符号、代号标准、食品分类标准、食品检验规则、标志、运输及贮存标准、食品加工操作技术规程标准等。

一、食品术语及图形符号、代号标准

（一）术语标准

1. 术语及其标准化

术语是指在某一特定专业领域内表达一个特定科学概念的语词形式，主要包括一般术语、产品术语、工艺术语、质量、营养及卫生术语等。

术语标准化是运用标准化的原理和方法，通过制定术语标准，使之达到一定范围内的术语统一，从而获得最佳秩序和社会效益。

2. 食品术语标准的特点与作用

（1）食品术语标准化，实现术语统一，达到最佳秩序。

（2）食品术语标准与食品分类密不可分，分清专业界限和概念层次，以便正确进行食品分类。

（3）食品术语的制定与编纂及其标准化是当代食品工业发展和国际贸易的需要，也是信息技术兴起的需要。

3. 食品标准中术语的表现形式

食品标准中的术语表现形式有两种。一种是制定成一项单独的术语标准或单独的部分。例如，词汇类型的术语标准，如《挤奶设备词汇》（GB/T 5981—2011）；术语集类型的术语标准，术语集是指由某一主题领域内的一套命名所构成的集合，如《粮油术语 碾米工业》（GB/T 8875—2008）、《罐头食品机械术语》（GB/T 15069—2008）、《肉与肉制品术语》（GB/T 19480—2009）等。另一种是编制在其他内容的标准中，单独列出“术语和定义”一章。例如，在《食品安全国家标准 食品添加剂使用标准》（GB 2760—2014）中的“2 术语和定义”中给出了食品添加剂、最大使用量、最大残留量等 6 个专业术语的定义。

4. 我国重要的食品术语标准

我国先后颁布了多部食品术语集的国家标准和行业标准，包括一部食品工业基本术语国家标准，以及多部食品产品术语的国家和行业标准，部分相关标准见表 4-1。

表 4-1 我国部分重要的食品术语标准

序号	标准编号	标准名称
1	GB/T 15091—1994	食品工业基本术语
2	SB/T 10295—1999	调味品名词术语 综合
3	SB/T 10298—1999	调味品名词术语 酱油
4	SB/T 10299—1999	调味品名词术语 酱类
5	SB/T 10300—1999	调味品名词术语 食醋
6	SB/T 10301—1999	调味品名词术语 酱腌菜
7	SB/T 10302—1999	调味品名词术语 腐乳
8	SB/T 10325—1999	调味品名词术语 豆制品
9	GB/T 12728—2006	食用菌术语
10	GB/T 12140—2007	糕点术语
11	GB/T 12729.1—2008	香辛料和调味品 名称
12	GB/T 15109—2008	白酒工业术语
13	GB/T 22515—2008	粮油名词术语 粮食、油料及其加工产品
14	GB/T 8873—2008	粮油名词术语 油脂工业

续表

序号	标准编号	标准名称
15	GB/T 15069—2008	罐头食品机械术语
16	GB/T 12104—2009	淀粉术语
17	GB/T 18007—2011	咖啡及其制品 术语
18	GB/T 10221—2012	感官分析 术语
19	GB/T 31120—2014	糖果术语
20	GB/T 14487—2017	茶叶感官审评术语
21	GB/T 36193—2018	水产品加工术语

5. 我国食品术语标准发展的方向

我国食品术语标准需要建立与食品概念体系相对应的术语体系，使一定范围内的术语，按其内在联系形成科学的有机整体，即术语集。同时，也应加强食品术语标准的国际化工作，重视国际组织制定的工作方法和经验，积极研究和采纳它们的指导原则、命名规则、术语词汇、通用代号、符号。对国际组织制定的术语标准尽可能予以采纳。应当是既向国际靠拢，又注意适应我国的实际，求异中之同，又求同中之异。

（二）食品图形符号、代号类标准

图形符号是指以图形为主要特征，来传递某种信息的视觉符号。图形符号可以跨越语言和文化的障碍，是自然语言之外的一种人工语言符号，具有直观、简明、易懂、易记的特点。

食品图形符号类标准按应用领域可分为三类：标志用图形符号（公共信息类）、设备用图形符号及技术文件用图形符号。现行部分食品图形符号、代号标准见表 4-2。

表 4-2　我国现行部分食品图形符号、代号标准

序号	标准编号	标准名称
1	GB/T 191—2008	包装贮运图示标志
2	GB/T 13385—2008	包装图样要求
3	GB/T 12529.1—2008	粮油工业用图形符号、代号 第 1 部分：通用部分
4	GB/T 12529.2—2008	粮油工业用图形符号、代号 第 2 部分：碾米工业
5	GB/T 12529.3—2008	粮油工业用图形符号、代号 第 3 部分：制粉工业
6	GB/T 12529.4—2008	粮油工业用图形符号、代号 第 4 部分：油脂工业
7	GB/T 12529.5—2010	粮油工业用图形符号、代号 第 5 部分：仓储工业
8	GB/T 18455—2010	包装回收标志
9	GB/T 24352—2020	饲料加工设备图形符号

二、食品分类标准

食品分类标准是对食品大类产品进行分类规范的标准。

（一）食品分类标准的特点和作用

（1）食品分类标准是规范市场的工具，是食品生产监督管理部门对食品生产企业进行分类管理、行业统计、经济预测和决策分析的重要依据。

（2）食品分类标准是食品安全风险暴露评估的依据，是食品安全标准的标准。

（3）食品分类标准是国家和地区食品成分表的重要组成部分，是进行国家和地区膳食评估比较的依据。

（4）建立食品分类标准并使之与国际接轨是信息化和国际贸易发展的需要。

（二）我国食品分类标准

食品的分类专业性、行业性都很强，它的层次划分、层次数量、各层次自身的称谓等在不同的专业之间差别很大。这些差异是客观存在的，没有必要去统一，也很难统一，因为它们形成的历史非常悠久，而且有相当多的使用者。通常情况下，在食品标准中根据需要往往从食品的品种、用途、工艺、原料、功能、特性、服务等基本属性考虑确定分类的原则和依据。我国现行部分食品分类标准见表 4-3。

表 4-3　我国部分食品分类标准

序号	标准编号	标准名称
1	GB/T 17204—2008	饮料酒分类
2	GB/T 20903—2007	调味品分类
3	GB/T 23823—2009	糖果分类
4	GB/T 8887—2021	淀粉分类
5	GB/T 26604—2011	肉制品分类
6	GB/T 28720—2012	淀粉糖分类通则
7	SB/T 10671—2012	坚果炒货食品 分类
8	GB/T 17320—2013	小麦品种品质分类
9	GB/T 30766—2014	茶叶分类
10	GB/T 30590—2014	冷冻饮品分类
11	GB/T 21725—2017	天然香辛料 分类
12	GB/T 35886—2018	食糖分类
13	GB/T 10784—2020	罐头食品分类

（三）我国食品分类标准的发展方向

我国食品分类复杂，多种分类并存的现象难以在短时间内解决，但是食品分类应是一个开放的体系，并且应借鉴具有代表性的国际分类方法。我国食品分类标准主要的发展方向表现为以下几个方面。

（1）现代化，引领食品行业发展潮流。

（2）规范化，建立具有内在联系的逻辑体系。

（3）社会化，适应市场化需要。

三、食品检验规则、标志、运输及贮存标准

在食品标准中，很多食品标准将检验规则、标志、包装、运输、贮存等内容合并在一起作为单独的标准。如《糕点通则》（GB/T 20977—2007），该标准是在国内贸易行业标准《烘烤类糕点通用技术条件》（SB/T 10222—1994）、《油炸类糕点通用技术条件》（SB/T 10223—1994）、《水蒸类糕点通用技术条件》（SB/T 10224—1994）、《熟粉类糕点通用技术条件》（SB/T 10225—1994）、《月饼类糕点通用技术条件》（SB/T 10226—1994）、《糕点检验规则包装标志运输及贮存》（SB/T 10227—1994）、《蛋糕通用技术条件》（SB/T 10030—1992）、《片糕通用技术条件》（SB/T 10031—1992）、《桃酥通用技术条件》（SB/T 10032—1992）和《中式糕点分类》（SB/T 10033—1992）的基础上制定，标准实施之日起上述标准同时被替代。《糕点通则》（GB/T 20977—2007）标准规定了中式糕点的产品分类、要求、试验方法、检验规则和标签的要求，适用于中式糕点产品的生产、检验和销售。我国部分食品检验规则、标志、运输及贮存标准见表 4-4。

表 4-4　我国部分食品检验规则、标志、运输及贮存标准

序号	标准编号	标准名称
1	SB/T 10008—1992	冷冻饮品的检验规则、标志、包装、运输及贮存
2	DB61/T 366—2005	原产地域产品保护 延安酸枣
3	GB/T 10346—2006	白酒检验规则和标志、包装、运输、贮存
4	GB/T 20977—2007	糕点通则
5	GB/T 20980—2007	饼干
6	QB/T 4631—2014	罐头食品包装、标志、运输和贮存
7	GB/T 10789—2015	饮料通则
8	QB/T 1733.1—2015	花生制品通用技术条件

食品贮藏方面的标准主要有：国家标准如《枣贮藏技术规程》（GB/T 26908—2011），规定了贮藏用鲜枣的采收与质量要求、贮藏前准备、采后处理与入库、贮藏条件与方式、贮藏管理、贮藏期限、出库、包装与运输等的技术要求；行业标准如《番茄 冷藏和冷藏运输指南》（SB/T 10449—2007），规定了番茄冷藏和冷藏运输之前的操作及冷藏和冷藏运输过程中的技术条件；地方标准如《芋头贮藏技术规程》（DB32/T 2992—2016），规定了芋头的采收、分级、包装、运输、入库、库房前期处理与后期管理的技术要求，适用于江苏省生产芋头的保鲜，不适用于 2 年及以上生芋头的保鲜；团体标准如《蓝莓贮藏管理规程》（T/SYWLXH 0013—2019），规定了蓝莓的采收、质量要求、贮前准备、预冷和分级、入库、贮藏、出库等技术要求，适用于沈阳市内蓝莓的贮藏保鲜。我国部分贮藏方面的食品标准见表 4-5。

表 4-5　我国部分贮藏方面的食品标准

序号	标准编号	标准名称
1	GB/T 18518—2001	黄瓜 贮藏和冷藏运输
2	GB/T 25872—2010	马铃薯 通风库贮藏指南
3	GB/T 26908—2011	枣贮藏技术规程
4	SB/T 10449—2007	番茄 冷藏和冷藏运输指南
5	NY/T 2320—2013	干制蔬菜贮藏导则
6	DB32/T 2992—2016	芋头贮藏技术规程
7	DB36/T 126—2018	南丰蜜橘贮藏保鲜
8	DB23/T 2466—2019	番茄贮藏技术规程
9	T/GZWL 006—2018	鲜椒采后贮藏管理规范
10	T/SYWLXH 0013—2019	蓝莓贮藏管理规程
11	T/JXDSLC 001—2020	大蒜冷藏保鲜技术规程

食品运输方面的标准主要有：国家标准如《冷藏、冷冻食品物流包装、标志、运输和储存》（GB/T 24616—2019），规定了冷藏、冷冻食品在物流过程中的包装、标志、运输、贮存和追溯要求，适用于冷藏、冷冻食品的物流作业与管理；行业标准如《茶叶包装、运输和贮藏 通则》（NY/T 1999—2011），规定了茶叶的包装、运输和贮藏的要求；地方标准如《杂粮碾磨加工品包装、运输和储存技术规范》（DB34/T 1906—2013），规定了杂粮碾磨加工品的包装、运输、贮存和记录的技术规范；团体标准如《沾化冬枣采收、贮藏、包装、运输、销售技术规程》（T/ZHDZ 002—2017），规定了沾化冬枣的采收与质量要求、贮藏前准备、采后处理与入库、贮藏条件与方式、贮藏期限、出库、包装与运输、销售等的技术要求。我国部分运输方面的食品标准见表 4-6。

表 4-6　我国部分运输方面的食品标准

序号	标准编号	标准名称
1	GB/T 24616—2019	冷藏、冷冻食品物流包装、标志、运输和储存
2	SB/T 10448—2007	热带水果和蔬菜包装与运输操作规程
3	NY/T 1999—2011	茶叶包装、运输和贮藏通则
4	DB34/T 1906—2013	杂粮碾磨加工品包装、运输和储存技术规范
5	T/ZHDZ 002—2017	沾化冬枣采收、贮藏、包装、运输、销售技术规程

四、食品加工操作技术规程标准

食品加工操作技术规程标准主要分为国家标准、行业标准、地方标准及团体标准等。国家标准，如《熏烧焙烤盐焗肉制品加工技术规范》（GB/T 34264—2017），规定了熏烧焙烤盐焗肉制品的术语和定义、原辅料要求、加工要求、产品要求、检验方法、检验规则、标签与标志、贮存、运输和销售、包装等要求；行业标准，如《腊肉制品加工技术规范》（NY/T 2783—2015），规定了腊肉制品加工的术语和定义、产品分类、加工企业基本条件要求、原辅料要求、加工技术要求、标识与标志、贮存和运输、召回等要求；地方标准，如《榨菜生产技术规范》(DB33/T 2197—2019)，规定了榨菜生产的产地环境、品种选择、播种育苗、定植、大田管理、病虫草害防治、采收、档案管理等要求；团体标准，如《曲奇饼干生产技术规程》(T/AHFIA 022—2019)，规定了曲奇饼干的总则、生产技术、包装、贮存、运输。我国部分食品加工操作技术规程标准见表4-7。

表4-7　我国部分食品加工操作技术规程标准

序号	标准编号	标准名称
1	GB/T 19664—2005	商品肉鸡生产技术规程
2	GB/T 27988—2011	咸鱼加工技术规范
3	GB/T 27636—2011	冻罗非鱼片加工技术规范
4	GB/T 34779—2017	茉莉花茶加工技术规范
5	GB/T 34264—2017	熏烧焙烤盐焗肉制品加工技术规范
6	GB/T 39592—2020	黄茶加工技术规程
7	NY/T 2073—2011	调理肉制品加工技术规范
8	NY/T 2783—2015	腊肉制品加工技术规范
9	NY/T 3523—2019	马铃薯主食复配粉加工技术规范
10	DB3206/T 296—2013	餐饮业即食生食动物性水产品加工操作规范
11	DB45/T 1980—2019	芒果果脯加工技术规程
12	DB33/T 2197—2019	榨菜生产技术规范
13	T /AHFIA 022—2019	曲奇饼干生产技术规程
14	T/CTMA 017—2020	日照绿茶加工技术规程

项目解析

《糕点通则》(GB/T 20977—2007)的主要内容

(一)范围

《糕点通则》规定了中式糕点的产品分类、要求、试验方法、检验规则和标签的要求，适用于中式糕点产品的生产、检验和销售，不适用于裱花蛋糕和月饼。

(二)分类

糕点按热加工和冷加工进行分类。

1. 热加工糕点

1)烘烤糕点

烘烤糕点分为酥类、松酥类、松脆类、酥层类、酥皮类、水油皮类、糖浆皮类、松酥皮类、硬酥皮类、发酵类、烘糕类、烤蛋糕类。

2）油炸糕点

油炸糕点分为酥皮类、水油皮类、松酥类、酥层类、水调类、发酵类、糯糍类。

3）水蒸糕点

水蒸糕点分为蒸蛋糕类、印模糕类、韧糕类、发糕类、松糕类。

4）熟粉糕点

熟粉糕点分为热调软糕类、印模糕类、切片糕类。

5）其他

除烘烤糕点、油炸糕点、水蒸糕点、熟粉糕点外的熟加工糕点。

2. 冷加工糕点

冷加工糕点分为冷调韧糕类、冷调松糕类、蛋糕类、油炸上糖浆类、萨其马类、其他。

（三）要求

1. 原辅料及馅料要求

原辅料应符合相应的产品标准规定；糕点馅料具有该品种应有的色泽、气味、滋味及组织状态，无异味，无杂质。不得使用过保质期和回收的馅料。

2. 感官要求

（1）烘烤类糕点感官要求应符合表 4-8 规定。

表 4-8　烘烤类糕点感官要求

项目	要求
形态	外形整齐，底部平整，无霉变，无变形，具有该品种应有的形态特征
色泽	表面色泽均匀，具有该品种应有的色泽特征
组织	无不规则大空洞。无糖粒，无粉块。带馅类饼皮厚薄均匀，皮馅比例适当，馅料分布均匀，馅料细腻，具有该品种应有的组织特征
滋味与口感	味纯正，无异味，具有该品种应有的风味和口感特征
杂质	无可见杂质

（2）油炸类糕点感官要求应符合表 4-9 规定。

表 4-9　油炸类糕点感官要求

项目	要求
形态	外形整齐，表面油润，挂浆类除特殊要求外不应返砂，炸酥类层次分明，具有该品种应有的形态特征
色泽	颜色均匀，挂浆类有光泽，具有该品种应有的色泽特征
组织	组织疏松，无糖粒，不干心，不夹生，具有该品种应有的组织特征
滋味与口感	味纯正，无异味，具有该品种应有的风味和口感特征
杂质	无可见杂质

（3）水蒸类糕点感官要求应符合表 4-10 规定。

表 4-10　水蒸糕类糕点感官要求

项目	要求
形态	外形整齐，表面细腻，具有该品种应有的形态特征
色泽	颜色均匀，具有该品种应有的色泽特征
组织	粉质细腻，粉油均匀，不粘，不松散，不掉渣，无糖粒，无粉块，组织松软，有弹性，具有该品种应有的组织特征
滋味与口感	味纯正，无异味，具有该品种应有的风味和口感特征
杂质	正常视力无可见杂质

（4）熟粉类糕点感官要求应符合表 4-11 规定。

表 4-11　熟粉类糕点感官要求

项目	要求
形态	外形整齐，具有该品种应有的形态特征
色泽	颜色均匀，具有该品种应有的色泽特征
组织	粉料细腻，紧密不松散，粘结适宜，不粘片，具有该品种应有的组织特征
滋味与口感	味纯正，无异味，具有该品种应有的风味和口感特征
杂质	无可见杂质

（5）冷加工类和其他类糕点感官要求应符合表 4-12 规定。

表 4-12　冷加工类和其他类糕点感官要求

项目	要求
形态	具有该品种应有的形态特征
色泽	具有该品种应有的色泽特征
组织	具有该品种应有的组织特征
滋味与口感	味纯正，无异味，具有该品种应有的风味和口感特征
杂质	无可见杂质

3. 净含量

净含量允许短缺量的要求参见《定量包装商品计量监督管理办法》的规定，采用称量销售的要求参见《零售商品称重计量监督管理办法》的规定。

4. 理化指标

理化指标应符合表 4-13 的规定。

表 4-13　理化指标

项目	烘烤糕点		油炸糕点		水蒸糕点		熟粉糕点	
	蛋糕类	其他	萨其马类	其他	蛋糕类	其他	片糕类	其他
干燥失重/% ≤	42.0		18.0	24.0	35.0	44.0	22.0	25.0
蛋白质含量/% ≥	4.0	—	4.0	—	4.0	—	4.0	—
粗脂肪含量/% ≤	—	34.0	12.0	42.0	—	—	—	—
总糖量/% ≤	42.0	40.0	35.0	42.0	46.0	42.0	50.0	45.0

5. 卫生指标

按 GB 7099 规定执行。铝的残留量按 GB 2762 的规定执行。

6. 食品添加剂和食品营养强化剂要求

食品添加剂和加工助剂的使用应符合 GB 2760 的规定；食品营养强化剂的使用应符合 GB14880 的规定。

（四）试验方法

1. 感官检查

将样品置于清洁、干燥的白瓷盘中，用目测检查形态、色泽；然后用餐刀按四分法切开，观察组织、杂质；品尝滋味与口感，做出评价。

2. 理化指标的检验

1）干燥失重的检验
按 GB/T 5009.3—2003 中第一法测定。
2）蛋白质的检验
按 GB/T 5009. 5—2003 中第一法测定。
3）脂肪的检验
按 GB/T 5009.6—2003 中第一法测定。
4）总糖的检验
按附录 A 中的方法测定。

3. 卫生指标的检验

按 GB 7099 规定的方法测定。

4. 铝的检验

按 GB/T 5009.182 规定的方法测定。

5. 净含量检验

按 JJF 1070 的方法测定。

（五）检验规则

1. 出厂检验/现场检验

（1）产品出厂应经工厂检验部门逐批检验，并签发产品合格证。

（2）出厂/现场检验。预包装产品出厂前应进行逐批抽样检验，出厂检验项目包括感官和净含量允许短缺量。感官检验中的形态、色泽和杂质的检验则需要覆盖到每一个产品。此检验应在包装前进行。

现场制作产品售卖前应进行现场抽样检验，现场检验项目包括感官和净含量允许短缺量。感官检验中的形态、色泽和杂质的检验则需要覆盖到每一个产品。

2. 型式检验

型式检验项目包括本标准中规定的全部项目。正常生产时应每 12 个月进行一次型式检验，菌落总数和大肠菌群应每两周检验一次。此外有下列情况之一时，也应进行型式检验：①新产品试制鉴定；②正式投产后，如原料、生产工艺有较大改变，可能影响产品质量时；③产品停产半年以上，恢复生产时；④检验结果与前一次检验结果有较大差异时；⑤国家质量监督部门提出要求时。

3. 抽样方法和数量

（1）同一班次、同一批投料生产的同一品种的产品为一个批次。

（2）预包装产品应在成品仓库内，现场制作产品（产品应冷却至环境温度）应在售卖区内或成品出货区内随机抽取样品，抽样件数见表 4-14。

表 4-14　抽样件数

每批生产包装件数/kg	抽样件数/kg
＜200（含 200）	3
201～800	4
801～1800	5
1801～3200	6
＞3200	7

（3）微生物抽样检验方法：按 GB/T 4789.24 的规定执行。

（4）理化检验：检样粉碎混合均匀后放置广口瓶内保存在冰箱中。

（5）包馅或夹心产品，对该产品应皮、馅、夹心同时取样。

4. 判定规则

1）出厂检验判定和复检

出厂检验项目全部符合本标准，判为合格品。

感官要求检验中如有异味、污染、霉变、外来杂质或微生物指标有一项不合格时，则判为该批产品不合格，并不得复检。其余指标不合格，可在同批产品中对不合格项目进行复检，复检后如仍有一项不合格，则判为该批产品不合格。

2）型式检验判定和复检

型式检验项目全部符合本标准，判为合格品。

型式检验项目不超过两项不符合本标准，可以加倍抽样复检。复检后仍有一项不符合本标准，则判定该批产品为不合格品。超过两项或微生物检验有一项不符合本标准，则判定该批产品为不合格品。

在检验和判定食品中食品添加剂指标时，应结合配料表各成分中允许使用的食品添加剂范围和使用量综合判定。

（六）标签

预包装产品的标签应符合 GB 7718 的规定。称量销售产品的标签可以不标示净含量。散装销售产品的标签要求参见《散装食品卫生管理规范》。

复习巩固

1. 我国食品分类标准的特点和作用是什么？
2. 食品分类标准有哪些？
3. 食品加工操作技术规程标准有哪些？

实践训练

确定葡萄干企业标准的铅限量

某公司要制定葡萄干企业标准，编写人员认为葡萄干属于水果制品，应按《食品安全国家标准 食品中污染物限量》（GB 2762—2017）标准中的铅的限量要求，葡萄干中铅的限量应为小于等于 1.0mg/kg。标准编写完后，交专家组审核，专家组反馈说，铅的限量指标有误，应按新鲜水果中浆果的要求来写，即小于等于 0.2mg/kg，同时应写上污染物限量均以鲜品计，按失水率折算。编写人员产生了疑惑，问审核企业标准的专家，《食品安全国家标准 食品中污染物限量》（GB 2762—2017）中附录 A 食品分类有一栏水果制品，下面分类有一栏叫水果干类。企业关于葡萄干的标准是否能按这项要求制定，专家反馈此“水果干类”非彼“水果干类”，这是为什么呢？

确定葡萄干企业标准的铅限量解析

拓展资源

《冷藏、冷冻食品物流包装、标志、运输和储存》

（GB/T 24616—2019）

项目五　食品产品标准

☞ 学习目标

1. 熟悉我国无公害食品、绿色食品、有机食品的标准体系。
2. 熟悉保健食品及地理标志产品的相关标准。
3. 能查阅无公害食品、绿色食品、有机食品相关产品标准。
4. 养成精益求精、追求卓越的工作态度。

食品产品标准

项目导入

有机食品在加工过程中如何进行有害生物防治

根据《有机产品 生产、加工、标识与管理体系要求》（GB/T 19630—2019）标准的规定，有机食品有害生物的防治有以下措施。

（1）应优先采取以下管理措施来预防有害生物的发生：①消除有害生物的滋生条件；②防止有害生物接触加工和处理设备；③通过对温度、相对湿度、光照、空气等环境因素的控制，防止有害生物的繁殖。

（2）可使用机械类、信息素类、气味类、黏着性的捕害工具，物理障碍、硅藻土、声光电器具等设施或材料防治有害生物。

（3）可使用蒸汽，必要时使用该标准列出的清洁剂和消毒剂。

（4）在加工或贮藏场所遭受有害生物严重侵袭的紧急情况下，宜使用中草药进行喷雾和熏蒸处理；不应使用硫黄熏蒸。

基础知识

食品产品标准就是为保证食品的实用价值，对食品必须达到的某些或全部要求所做的规定。食品产品标准主要包括无公害食品标准、绿色食品标准、有机食品标准、保健食品标准及地理标志产品标准等。

一、无公害食品标准

（一）无公害食品的概念和标志

无公害食品，也称无公害农产品，是指产地环境、生产过程和产品质量符合国家有关标准和规范的要求，经认证合格获得认证证书并允许使用无公害农产品标志的未经加工或者初加工的食用农产品，包括大田作物产品、蔬菜、水果、食用菌、茶叶、粮油、家禽、生鲜乳、蜂产品、鲜禽蛋、畜禽屠宰和养殖水产品。无公害食品的生产过程中允许使用农药和化肥，但不能使用国家禁止的高毒、高残留农药。

无公害食品（无公害农产品）的标志（图 5-1）图案主要由麦穗、对勾和无公害农产品字样组成。标志整体为绿色，其中麦穗和对勾是金色。绿色象征环保和安全，金色寓意成熟和丰收，麦穗代表农产品，对勾表示及格。

图 5-1 无公害农产品标志

（二）无公害农产品标准体系

无公害食品标准体系主要参考绿色食品标准的框架而制定，由产地环境质量标准、生产技术标准和产品标准等标准构成。

1. 无公害食品产地环境质量标准

产地环境中的污染物通过空气、水体和土壤等环境要素直接或间接地影响产品的质量。因此，无公害食品产地环境质量标准对产地的空气、农用灌溉水质、渔业水质、畜禽养殖用水和土壤等的各项指标以及浓度限值做出规定，一是强调无公害食品必须产自良好的生态环境地域，以保证无公害食品最终产品的无污染、安全性；二是促进对无公害食品产地环境的保护和改善。我国主要的无公害食品产地环境质量标准见表 5-1。

表 5-1 我国主要无公害食品产地环境质量标准

序号	标准编号	标准名称
1	NY/T 5295—2015	无公害农产品 产地环境评价准则
2	NY/T 5010—2016	无公害农产品 种植业产地环境条件
3	NY 5027—2008	无公害食品 畜禽饮用水水质
4	NY 5051—2001	无公害食品 淡水养殖用水水质
5	NY 5052—2001	无公害食品 海水养殖用水水质
6	NY/T 5361—2016	无公害食品 淡水养殖产地环境条件
7	NY 5362—2010	无公害食品 海水养殖产地环境条件
8	NY 5028—2008	无公害食品 畜禽产品加工用水水质
9	NY/T 5335—2006	无公害食品 产地环境质量调查规范
10	NY/T 5341—2017	无公害农产品 认定认证现场检查规范

2. 无公害食品生产技术标准

无公害食品生产过程的控制是无公害食品质量控制的关键环节，从事无公害农产品生产的单位或者个人，应当严格按规定使用农业投入品。禁止使用国家禁用、淘汰的农业投入品。目前我国主要的无公害食品农业投入品使用准则见表 5-2。

表 5-2 我国主要无公害食品农业投入品使用准则标准

序号	标准编号	标准名称
1	NY 5032—2006	无公害食品 畜禽饲料和饲料添加剂使用准则
2	NY 5071—2002	无公害食品 渔用药物使用准则
3	DB44/T 466—2008	无公害茶叶农药使用规程
4	DB513227/T 04—2011	无公害农产品 酿酒葡萄农药使用准则
5	NY/T 5030—2016	无公害农产品 兽药使用准则

无公害食品生产技术操作规程按作物种类、畜禽种类等和不同农业区域的生产特性分别制定的，用于指导无公害食品生产活动，规范无公害食品生产，包括农产品种植、畜禽饲养、水产养殖和食品加工等技术操作规程。我国部分无公害食品生产技术标准见表 5-3。

表 5-3 我国部分无公害食品生产技术标准

序号	标准编号	标准名称
1	NY/T 2798.1—2015	无公害农产品 生产质量安全控制技术规范 第 1 部分：通则
2	NY/T 2798.2—2015	无公害农产品 生产质量安全控制技术规范 第 2 部分：大田作物产品
3	NY/T 2798.3—2015	无公害农产品 生产质量安全控制技术规范 第 3 部分：蔬菜
4	NY/T 2798.4—2015	无公害农产品 生产质量安全控制技术规范 第 4 部分：水果
5	NY/T 2798.5—2015	无公害农产品 生产质量安全控制技术规范 第 5 部分：食用菌
6	NY/T 2798.6—2015	无公害农产品 生产质量安全控制技术规范 第 6 部分：茶叶
7	NY/T 2798.7—2015	无公害农产品 生产质量安全控制技术规范 第 7 部分：家畜
8	NY/T 2798.8—2015	无公害农产品 生产质量安全控制技术规范 第 8 部分：肉禽
9	NY/T 2798.9—2015	无公害农产品 生产质量安全控制技术规范 第 9 部分：生鲜乳
10	NY/T 2798.10—2015	无公害农产品 生产质量安全控制技术规范 第 10 部分：蜂产品
11	NY/T 2798.11—2015	无公害农产品 生产质量安全控制技术规范 第 11 部分：鲜禽蛋
12	NY/T 2798.12—2015	无公害农产品 生产质量安全控制技术规范 第 12 部分：畜禽屠宰
13	NY/T 2798.13—2015	无公害农产品 生产质量安全控制技术规范 第 13 部分：养殖水产品
14	NY/T 5105—2002	无公害食品 草莓生产技术规程
15	NY/T 5117—2002	无公害食品 水稻生产技术规程
16	NY 5099—2002	无公害食品 食用菌栽培基质安全技术要求
17	NY/T 5114—2002	无公害食品 桃生产技术规程
18	NY/T 5222—2004	无公害食品 马铃薯生产技术规程
19	NY/T 5214—2004	无公害食品 普通白菜生产技术规程
20	NY/T 5235—2004	无公害食品 小型萝卜生产技术规程
21	NY/T 5083—2002	无公害食品 萝卜生产技术规程
22	NY/T 5007—2001	无公害食品 番茄保护地生产技术规程
23	NY/T 5363—2010	无公害食品 蔬菜生产管理规范
24	NY/T 5336—2006	无公害食品 粮食生产管理规范
25	NY/T 5038—2006	无公害食品 家禽养殖生产管理规范
26	NY/T 5338—2006	无公害食品 家禽屠宰加工生产管理规范

续表

序号	标准编号	标准名称
27	NY/T 5049—2001	无公害食品 奶牛饲养管理准则
28	NY/T 5033—2001	无公害食品 生猪饲养管理准则
29	NY/T 5337—2006	无公害食品 茶叶生产管理规范
30	NY/T 5128—2002	无公害食品 肉牛饲养管理准则
31	NY/T 5139—2002	无公害食品 蜜蜂饲养管理准则

3. 无公害食品产品标准

无公害食品产品标准是衡量无公害食品终产品质量的指标尺度，它包括无公害蔬菜、水果、畜禽肉和水产品等安全要求。2013 年，农业部对无公害食品标准进行了清理，废止了《无公害食品 脱水蔬菜》（NY 5184—2002）、《无公害食品 食用植物油》（NY 5306—2005）、《无公害食品 液态乳》（NY 5140—2005）等 132 项无公害食品农业行业标准，自 2014 年 1 月 1 日起停止施行。废止的 132 项无公害食品标准中除了 7 项生产技术标准外，其余均为无公害食品产品标准，农业部要求需要用这些标准组织生产的，生产企业应当及时转化为企业标准后，按标准组织生产。我国部分无公害食品产品标准见表 5-4。

表 5-4　我国部分无公害食品产品标准

序号	标准编号	标准名称
1	DB13/T 766—2006	无公害果品 杏鲍菇
2	DB13/T 765—2006	无公害食品 白灵菇
3	DB3205/T 152—2008	无公害农产品 中糯 2 号鲜食玉米
4	DB13/T 779—2006	无公害蔬菜 绿芦笋

4. 无公害食品其他标准

除上述主要标准，无公害食品还有部分关于饲料安全限量、有毒有害物质残留限量标准，及无公害产品认证、产品抽样、检验及防疫方面的标准。我国无公害食品其他标准见表 5-5。

表 5-5　我国无公害食品其他标准

序号	标准编号	标准名称
1	NY 5073—2006	无公害食品 水产品中有毒有害物质限量
2	NY 5072—2002	无公害食品 渔用配合饲料安全限量
3	NY 5070—2002	无公害食品 水产品中渔药残留限量
4	NY/T 5340—2006	无公害食品 产品检验规范
5	NY/T 5342—2006	无公害食品 产品认证准则
6	NY/T 5344.1—2006	无公害食品 产品抽样规范 第 1 部分：通则
7	NY/T 5344.2—2006	无公害食品 产品抽样规范 第 2 部分：粮油
8	NY/T 5344.4—2006	无公害食品 产品抽样规范 第 4 部分：水果

续表

序号	标准编号	标准名称
9	NY/T 5344.6—2006	无公害食品 产品抽样规范 第 6 部分：畜禽产品
10	NY/T 5344.7—2006	无公害食品 产品抽样规范 第 7 部分：水产品
11	NY 5041—2001	无公害食品 蛋鸡饲养兽医防疫准则
12	NY 5031—2001	无公害食品 生猪饲养兽医防疫准则
13	NY 5047—2001	无公害食品 奶牛饲养兽医防疫准则
14	NY 5260—2004	无公害食品 蛋鸭饲养兽医防疫准则
15	NY 5266—2004	无公害食品 鹅饲养兽医防疫准则
16	NY 5263—2004	无公害食品 肉鸭饲养兽医防疫准则

二、绿色食品标准

（一）绿色食品的概念和标志

绿色食品是指遵循可持续发展和有机农业原则，在空气、土壤和水源均无污染的生态环境中，应用无公害生产的操作规程，产出和加工安全优质、富于营养，并经绿色食品发展机构认证，允许使用绿色食品标志的一切食用农副产品的总称，包括蔬菜、水果、粮食、乳品、蛋品、饮料、罐头、肉类、调味料等。

根据质量差别及我国农业、食品工业生产加工及管理水平，我国将绿色食品分为 A 级和 AA 级两个产品等级。A 级绿色食品，是在环境质量符合标准的生产区，限量使用化学合成物质，按照一定的规程生产、加工、包装并经检验符合标准的产品。A 级绿色食品尽管允许有限度地使用某些种类的化学肥料，但仍要以有机肥为主，其用量应占到总用肥量的一半以上，且最后一次施肥应与收获期有一定间隔。AA 级绿色食品，是在环境质量符合标准的生产区，不使用任何有害的化学合成物质，按照一定的规程生产、加工、包装，并经检验合乎标准的产品。AA 级绿色食品允许使用含有磷、钾、钙元素的矿物肥，倡导使用腐熟的有机肥料、绿肥和生物肥，不允许使用城市垃圾作肥料；养殖中不允许使用化学饲料添加剂和抗生素；加工中不允许使用化学食品添加剂和其他有害于环境与健康的物质。

绿色食品标志（图 5-2）由三部分构成，即上方的太阳、下方的叶片和中心的蓓蕾，分别代表了生态环境、植物生长和生命的希望。标志为正圆形，意为保护、安全。为了区分 A 级和 AA 级绿色食品在产品包装上的差异，A 级绿色食品标志与字体为白色，底色为绿色；AA 级绿色食品标志与字体为绿色，底色为白色。

图 5-2　绿色食品标志

（二）绿色食品标准体系

绿色食品标准以全程质量控制为核心，主要包括绿色食品产地环境质量标准、生产技术标准、产品标准、抽样与检验、包装、标签及贮藏、运输标准。

1. 绿色食品产地环境质量标准

绿色食品产地环境质量标准即《绿色食品 产地环境质量》（NY/T 391—2021），规定了绿色食品产地的术语和定义、生态环境要求、空气质量要求、水质要求、土壤质量要求，用来指导生产单位加强对产地环境的保护，提高产品质量；同时又能维护绿色食品的信誉和消费者的利益，是绿色食品管理中非常重要的环节。

《绿色食品 产地环境调查、监测与评价规范》（NY/T 1054—2021）标准，规定了绿色食品产地环境调查、产地环境质量监测和产地环境质量评价的要求。

2. 绿色食品生产技术标准

绿色食品生产过程的控制是绿色食品质量控制的关键环节。绿色食品生产技术标准是绿色食品标准体系的核心，它包括绿色食品生产资料使用准则和绿色食品生产技术操作规程两部分。

1）绿色食品生产资料使用准则

绿色食品生产资料使用准则是对生产绿色食品过程中物质投入的一个原则性规定，它包括农药、肥料、兽药、水产养殖用药、食品添加剂和饲料添加剂的使用准则，全国适用。准则是绿色食品生产、认证、监督检查的主要依据，也是绿色食品质量信誉的保证。在这些准则中对允许、限制和禁止适用的生产资料及其使用方法、使用剂量、使用次数、休药期等做出了明确的规定，从而为截断生产中的污染源，确保产地和产品不受污染提供了保证。目前我国主要的绿色食品生产资料使用准则见表 5-6。

表 5-6　我国主要绿色食品生产资料使用准则

序号	标准编号	标准名称
1	NY/T 394—2021	绿色食品 肥料使用准则
2	NY/T 392—2013	绿色食品 食品添加剂使用准则
3	NY/T 472—2013	绿色食品 兽药使用准则
4	NY/T 755—2013	绿色食品 渔药使用准则
5	NY/T 471—2018	绿色食品 饲料及饲料添加剂使用准则
6	NY/T 393—2020	绿色食品 农药使用准则
7	T/ZNZ 014—2019	绿色食品水稻生产农药使用规范

2）绿色食品生产技术规程

绿色食品生产过程的控制是绿色食品质量控制的关键环节。绿色食品生产技术规程是以绿色食品生产资料使用准则为依据，按不同农业区域的生产特性、作物种类、畜禽种类分别制定，用于指导绿色食品生产活动、规范绿色食品生产技术的技术规定。包括农产品种植、畜禽饲养、水产养殖和食品加工等技术规程。我国部分绿色食品生产技术规程标准见表 5-7。

表 5-7 我国部分绿色食品生产技术规程标准

序号	标准编号	标准名称
1	NY/T 2400—2013	绿色食品 花生生产技术规程
2	DB32/T 1001—2006	绿色食品 黄瓜生产技术规程
3	DB32/T 1238—2003	A 级绿色食品 奶牛饲养控制规范
4	DB22/T 950—2014	绿色食品 玉米生产技术规程
5	DB36/T 707—2019	绿色食品 团头鲂养殖技术规程
6	DB36/T 708—2019	绿色食品 鳜池塘养殖技术规程
7	DB62/T 4096—2020	绿色食品 露地菠菜生产技术规程
8	T/BCNJX 2403—2019	绿色食品 宾川石榴生产技术标准
9	T/YNBX 027—2020	绿色食品 元谋菜豆生产技术规程
10	DB13/T 1519—2012	绿色食品 谷子生产技术规程
11	DB13/T 1520—2012	绿色食品 粟米生产加工技术规程
12	DB51/T 1349—2011	绿色食品 柚生产技术规程

3. 绿色食品产品标准

绿色食品产品标准是衡量绿色食品最终产品质量的指标尺度。它虽然跟普通食品的国家标准一样，规定了食品的外观品质、营养品质和卫生品质等内容，但其卫生品质要求高于国家现行标准，主要表现在对农药残留和重金属的检测项目种类多、指标严，而且使用的主要原料必须是来自绿色食品产地的、按绿色食品生产技术操作规程生产出来的产品。绿色食品产品标准反映了绿色食品生产、管理和质量控制的先进水平，突出了绿色食品产品无污染、安全的卫生品质。我国部分绿色食品产品标准见表 5-8。

表 5-8 我国部分绿色食品产品标准

序号	标准编号	标准名称
1	NY/T 419—2021	绿色食品 稻米
2	NY/T 2140—2015	绿色食品 代用茶
3	NY/T 657—2021	绿色食品 乳与乳制品
4	NY/T 2799—2015	绿色食品 畜肉
5	NY/T 1052—2014	绿色食品 豆制品
6	NY/T 1042—2017	绿色食品 坚果

续表

序号	标准编号	标准名称
7	NY/T 1047—2021	绿色食品 水果、蔬菜罐头
8	NY/T 900—2016	绿色食品 发酵调味品
9	NY/T 1510—2016	绿色食品 麦类制品
10	NY/T 1511—2015	绿色食品 膨化食品
11	NY/T 752—2020	绿色食品 蜂产品
12	NY/T 1044—2020	绿色食品 藕及其制品
13	NY/T 1711—2020	绿色食品 辣椒制品
14	NY/T 1046—2016	绿色食品 焙烤食品
15	NY/T 844—2017	绿色食品 温带水果
16	NY/T 743—2020	绿色食品 绿叶类蔬菜

4. 绿色食品抽样与检验标准

绿色食品的抽样与检验是绿色食品质量控制的把关环节，为规范绿色食品抽样和检验活动，制定了包括《绿色食品 产品抽样准则》（NY/T 896—2015）、《绿色食品 产品检验规则》（NY/T 1055—2015）等标准。产品抽样准则规定了绿色食品样品抽取的一般要求、抽样程序和抽样方法。产品检验规则规定了绿色食品的检验分类、抽样、检验依据和判定规则。

5. 绿色食品包装、标签标准

《绿色食品 包装通用准则》（NY/T 658—2015）标准规定了绿色食品包装的术语和定义、基本要求、安全卫生要求、生产要求、环保要求、标志与标签要求和标识、包装、贮存与运输要求。

绿色食品产品标签，除要求符合《食品安全国家标准 预包装食品标签通则》（GB 7718—2011）外，还要求符合《中国绿色食品商标标志设计使用规范手册》规定，该手册对绿色食品的标准图形、标准字形、图形和字体的规范组合、标准色、广告用语，以及在产品包装标签上的规范应用均做了具体规定。

6. 绿色食品贮藏、运输标准

《绿色食品 贮藏运输准则》（NY/T 1056—2021）标准对绿色食品贮运的条件、方法、时间做出规定，以保证绿色食品在贮运过程中不遭受污染、不改变品质，并有利于环保、节能。

7. 无公害食品标准体系与绿色食品标准体系的主要区别

1）生产技术标准方面

无公害食品生产技术标准与绿色食品生产技术标准的主要区别是：无公害食品生产

技术标准主要是无公害食品生产技术规程标准，只有部分产品有生产资料使用准则，其生产技术规程标准在产品认证时仅供参考，由于无公害食品的广泛性决定了无公害食品生产技术标准无法坚持到位。绿色食品生产技术标准包括绿色食品生产资料使用准则和绿色食品生产技术规程两部分，这是绿色食品的核心标准，绿色食品认证和管理重点坚持绿色食品生产技术标准到位，也只有绿色食品生产技术标准到位才能真正保证绿色食品质量。

2）产品标准方面

无公害食品产品标准与绿色食品产品标准的主要区别是：两者卫生指标差异很大，绿色食品产品卫生指标明显严于无公害食品产品卫生指标。另外，绿色食品蔬菜还规定了感官和营养指标的具体要求，而无公害蔬菜没有。绿色食品有包装通用准则，无公害食品没有。

三、有机食品标准

（一）有机食品的概念和有机产品通用标志

有机食品是指来自有机农业生产体系，根据有机农业生产要求和相应标准生产加工，并且通过合法的、独立的有机食品认证机构认证的农副产品及其加工品，包括粮食、蔬菜、食用菌、水果、乳制品、畜禽产品、蜂蜜、水产品和调味料等。有机食品的生产和加工，不允许使用农药、化肥、生长调节剂、抗生素和转基因技术等。

图 5-3　有机产品的通用标志

有机食品采用有机产品的通用标志（图 5-3），标志由三部分组成，即外围的圆形、中间的种子图形及周围的环形线条。标志外围的圆形似地球，象征和谐、安全，圆形中的“中国有机产品”字样为中英文结合方式。标志中间类似于种子的图形代表生命萌发之际的勃勃生机，象征了有机产品是从种子开始的全过程认证。种子图形周围圆润自如的线条象征环形道路，与种子图形合并构成汉字“中”，体现出有机产品植根中国，有机之路越走越宽广。

（二）有机食品标准体系

目前世界上不同地区和国家存在各种不同层次的有机食品标准，有国际标准、地区性标准、国家标准、行业标准、地方标准和企业标准（认证机构标准）。国际标准如联合国粮食及农业组织（Food and Agriculture Organization of the United Nations，FAO，简称“联合国粮农组织”）和世界卫生组织（World Health Organization，WHO，简称“世卫组织”）共同制定的《有机食品生产、加工、标识和销售指南》（CAC/GL32-1999）；国际有机农业运动联合会（International Federal of Organic Agricalture Movement，

IFOAM）制定的《有机生产和加工的基本标准》已在标准化组织ISO注册；地区标准如欧盟《关于有机农产品生产和标识的条例》（EU 2092-1991）；国家标准如美国有机标准（National Organic Program，NOP）、日本的《日本农业标准法》（Japanese Agriculture Standard，JAS）等。

我国的《有机产品 生产、加工、标识与管理体系要求》（GB/T 19630—2019），规定了有机产品的生产、加工、标识与管理体系的要求，适用于有机植物、动物和微生物产品的生产，有机食品、饲料和纺织品等的加工，有机产品的包装、贮藏、运输、标识和销售。

行业标准如《有机食品 水稻生产技术规程》（NY/T 1733—2009），规定了有机食品——水稻的生产术语和定义、种植要求、资料记录和有机认证；《有机食品技术规范》（HJ/T 80—2001），规定了对有机食品的生产、加工、贸易和标识等的要求。

地方标准如《有机食品 生姜生产技术规程》（DB36/T 522—2018），按我国相关机构的有机认证标准，规定了有机生姜生产环境条件要求、品种选择、种姜的选择与处理、整地播种、覆盖遮阴与培土、灌溉、施肥、病虫草害防治、采收留种与包装贮运等方面的要求。

团体标准如《有机食品 鸡蛋》（T/XCOAIA 9—2018），规定了有机食品鸡蛋的感官、质量、卫生要求和检验方法、检验规则及标志、包装、运输、贮藏。我国部分有机食品标准见表5-9。

表5-9　我国部分有机食品标准

序号	标准编号	标准名称
1	DB65/T 3762—2015	有机产品 日光温室春萝卜生产技术规程
2	DB22/T 1195—2011	有机产品 蓝莓生产技术规程
3	DB45/T 1019—2014	有机产品 火龙果生产技术规程
4	DB65/T 3220—2011	有机食品 枣种植环境及条件
5	DB65/T 2681—2006	有机食品 羊肉生产标准体系总则
6	DB45/T 761—2011	有机食品 茄果类蔬菜产地环境条件
7	T/XCOAIA 10—2018	有机食品 鲫鱼
8	T/LWB 013—2019	有机食品 鲍家芹菜生产技术规程
9	T/HZXH 01—2020	有机产品 且末红枣标准体系总则
10	T/YNBX 026—2020	有机食品 元谋蔬菜生产技术规程

四、保健食品标准

保健食品是食品的一个种类，具有一般食品的共性，能调节人体的机能，适于特定人群食用，但不以治疗疾病为目的。在我国，保健食品渊源久远，中华传统保健饮食和中华药膳已有几千年的历史。近些年保健食品迅猛发展，大批产品涌向市场。

因此，为了整顿、规范保健食品，加强管理、维护生产企业的合法权益，保护消费者利益，对保健食品实施食品安全国家标准，如《食品安全国家标准 保健食品》（GB 16740—2014），该标准适用于各类保健食品，以及《食品安全国家标准 保健食品中 α-亚麻酸、二十碳五烯酸、二十二碳五烯酸和二十二碳六烯酸的测定》（GB 28404—2012），该标准规定了保健食品中 α-亚麻酸、二十碳五烯酸（简称“EPA”）、二十二碳五烯酸（简称“DPA”）和二十二碳六烯酸（简称“DHA”）的气相色谱测定方法。此外，针对保健食品生产企业，制定了《保健食品良好生产规范》（GB 17405—1998），该标准规定了对生产具有特定保健功能食品企业的人员、设计与设施、原料、生产过程、成品贮存与运输及品质和卫生管理方面的基本技术要求。

除上述国家强制性的标准，保健食品标准还包括多部关于保健食品中物质含量测定方法的推荐性国家标准、行业标准、地方标准及团体标准等。部分保健食品中物质含量测定方法标准见表 5-10。

表 5-10 我国部分保健食品中物质含量测定方法标准

序号	标准编号	标准名称
1	GB/T 22244—2008	保健食品中前花青素的测定
2	GB/T 22251—2008	保健食品中葛根素的测定
3	GB/T 22249—2008	保健食品中番茄红素的测定
4	GB/T 22250—2008	保健食品中绿原酸的测定
5	SN/T 4052—2014	出口保健食品中荷叶碱的测定
6	SN/T 4956—2017	出口保健食品中双酚类化合物的测定
7	SN/T 3866—2014	出口保健食品中酚酞和大黄素的测定 液相色谱-质谱/质谱法
8	SN/T 3864—2014	出口保健食品中二甲双胍、苯乙双胍的测定
9	DB13/T 5016—2019	保健食品中钙的测定 自动电位滴定法
10	DB22/T 420—2005	保健食品中大豆异黄酮高效液相色谱法测定
11	T/CNHFA 001—2019	保健食品用银杏叶提取物
12	T/ZHCA 503—2021	柱切换法测定保健食品中维生素 A、D、E

五、地理标志产品标准

地理标志产品，是指产自特定地域，所具有的质量、声誉或其他特性本质上取决于该产地的自然因素和人文因素，经审核批准以地理名称进行命名的产品。

为保护地方传统特色产品，加快其产业标准化实施步伐，根据《地理标志产品保护规定》和《地理标志产品 标准通用要求》（GB/T 17924—2008）的有关要求，制定了一系列地理标志产品的国家标准、地方标准及团体标准等，这些标准规定了地理标志产品的保护范围、种植与加工、质量要求、试验方法、检验规则、包装、标志、标签、贮存、运输和保质期的具体要求。我国部分地理标志产品标准见表 5-11。

表 5-11　我国部分地理标志产品标准

序号	标准编号	标准名称
1	GB/T 22111—2008	地理标志产品 普洱茶
2	GB/T 19266—2008	地理标志产品 五常大米
3	GB/T 19050—2008	地理标志产品 高邮咸鸭蛋
4	GB/T 19696—2008	地理标志产品 平阴玫瑰
5	GB/T 19858—2005	地理标志产品 涪陵榨菜
6	DB21/T 2865—2017	地理标志产品 大连海参
7	DB32/T 3184—2017	地理标志产品 盐城海盐
8	DB43/T 439—2019	地理标志产品 湘莲
9	DB36/T 712—2018	地理标志产品 靖安白茶
10	DB4418/T 014—2020	地理标志产品 东陂腊味
11	T/QHD 013—2020	地理标志产品 山海关大樱桃
12	T/CQBSNS 2—2020	地理标志产品 璧山儿菜

项目解析

有机果汁生产关键技术

（一）有机果品生产的基本条件

1. 生产要求

生产基地在最近 2～3 年内未使用过农药、化肥等禁用物质；种子与种苗，未经基因工程技术改造过也未经禁用物质处理过；生产单位需要建立长期的培肥地力、植保、轮作；生产基地无水土流失及其他环境问题；产品收获、贮藏运输过程中未受化学物质的污染；有机生产体系与非有机生产体系间应有有效的隔离；有机生产的全过程必须有完整的记录档案。

2. 加工要求

原料必须是来自获得有机认证的产品或获得认证的野生天然产品；已获得有机认证的原料在终产品中所占的比例不少于 95%（不包含水和食盐）；只使用天然的调料、色素和香料等辅助原料，不用人工合成的添加剂；在生产、加工、贮存和运输过程中应避免化学物质的污染并避免与非有机产品混杂；加工过程必须有完整的档案记录，包括相应的票据。

（二）有机水果生产的关键技术

1. 水果基地的建设

1）生产环境选择

有机生产需要在适宜的环境条件下进行，对土壤、空气和灌溉水质都有一定的要求。

土壤环境质量应符合《土壤环境质量 农用地土壤污染风险管控标准（试行）》（GB 15618—2018）中的二级标准，环境空气质量应符合《环境空气质量标准》（GB 3095—2012）的规定，农田灌溉用水水质应符合《农田灌溉水质标准》（GB 5084—2021）的规定。为此有机生产基地的选择应远离城区、工矿区、交通主干线、工业污染源、生活垃圾场等，而选择水质、土壤耕性、空气状况和生态环境良好无污染的地区。

2）保证有机生产地块和产品不受污染

要确保有机水果生产区远离常规生产区域，或设置缓冲带或物理障碍物，以防止临近常规地块的禁用物质的漂移。

3）有机种植转换期

对于栽培的多年生水果，转换期一般不少于 36 个月，转换期的开始时间从提交认证申请之日算起。新开荒的、长期撂荒的、长期按传统农业方式耕种的或有充分证据证明多年未使用禁用物质的农田，也应经过至少 12 个月的转换期。转换期内必须完全按照有机农业的要求进行管理。

4）平行生产

平行生产是指在同一农场中，同时生产相同或难以区分的有机、有机转换或常规产品的情况。如果一个农场存在平行生产，应明确平行生产的水果品种，并制订和实施平行生产、收获、贮藏和运输的计划，具有独立和完整的记录体系，能明确区分有机产品与常规产品（或有机转换产品）。

根据实际情况，农场可以在整个农场范围内逐步推行有机生产管理，或先对一部分农场实施有机生产标准，制订有机生产计划，最终实现全农场的有机生产。

2. 果品生产

1）果树品种的选择

选择的果树品种应当适合当地土壤及气候条件，对病虫害有较强的抵抗力。选择品种时应注意保持品种遗传基质的多样性，不使用由基因工程获得的品种。选择适合贮藏和加工有机果汁的品种。

2）土壤培肥技术

适时采取土样分析，了解土壤理化性状及肥力状况，作为土壤培肥管理的依据。有机生产要增加土壤腐殖质量和生物活性，同时满足土壤的矿物质需求，经常施用的肥料有有机肥、堆肥、沤肥、饼肥、绿肥和矿物肥料。土壤培肥技术包括：①系统内尽可能建立牧场、家畜养殖场，使肥料尽可能来自本有机农场；②制作堆肥基地，利用草木灰或煤灰土、人畜禽粪便、厩肥堆肥等经过 1～6 个月充分腐熟的有机肥料；③将果园内的秸秆、作物残留粉碎堆沤返田；④按土壤检测指标，为补充土壤所缺元素，可购买一些获得认证的有机肥。严格遵守国家有机产品系列标准中关于在土壤培肥过程中允许使用和限制使用的物质的规定；⑤立体套种豆科作物，以增强土壤肥力，种植饲料作物，可为本农场提供有机饲料，畜禽过腹后还田；⑥要注意，不使用人工合成的化学肥料、污水、污泥和未经堆制的腐败性废弃物，堆肥过程中不使用基因工程改造的微生物。

3）病虫草害防治

病虫草害防治的基本原则应是从作物整个生态系统出发，综合运用各种防治措施，创造不利于病虫草害滋生和有利于其各类天敌繁衍的环境条件，保持农业生态系统的平衡和生物多样化，减少各类病虫草害所造成的损失。不使用任何基因改造生物的制剂及资材。

（1）植物检疫。植物检疫是植物病虫草害防治的第一道措施和防线。

（2）农业措施防治。优先采用农业措施，通过选用抗病抗虫品种、非化学药剂种苗处理、培育壮苗、加强栽培管理、中耕除草、秋季深翻晒土、清洁田园、间作套种等一系列措施起到防治病虫草害的作用。改善果园生态环境，优化温、湿、光、水肥、管理等均是有效的防治生物的栽培措施。采用热法覆盖、敷盖、翻耕及其他物理方法，适度控制果园杂草的发生。在不影响天敌生存情况下，以人工或机械中耕除草。

（3）生物防治。植物病害的生物防治主要有两条途径：一是直接施用外源的生防菌；二是调节环境条件使已有的有益微生物菌群增长并表现拮抗性（一般是通过增加土壤中有机质及耕作、栽培措施实现的）。通过天敌来防治害虫。对害虫的生物防治可通过对其天敌的保护利用、天敌的增殖和天敌的引进释放三种途径来实现。

（4）物理防治。物理防治主要利用物理隔离、热力、冷冻、干燥等手段隔离、抑制、钝化或杀死有害生物，达到防治病虫草害的目的。物理防治技术包括设立防虫网、果实套袋、苗木处理技术，辅助利用机械和人工除草等措施，防治病虫草害。依果园面积设置一定数量的糖醋液、性诱剂及杀虫灯诱捕害虫。

（5）药剂防治。在应急的条件下，综合利用来源于自然或生物的活体或制剂防治病虫草害。根据其来源可利用植物源药剂（如苦参碱）、动物源药剂、微生物源药剂（如苏芸金杆菌）、矿物源药剂（如波尔多液）和其他符合有机产品国家标准要求的物质。在采取一切可以预防有害生物的措施后，仍然无法将有害生物控制在经济允许的范围内，可以使用通过有机认证的商品药剂。

不使用化学除草剂、化学农药等合成物质及未经认证许可的物质。

4）污染控制

（1）注意排灌系统以保证常规农田的水不会渗透或漫入有机果园。

（2）常规农业系统中的设备在用于有机生产前，要充分清洗，去除污染物残留。

（3）在使用保护性的建筑覆盖物、塑料薄膜、防虫网时，只使用聚乙烯、聚丙烯或聚碳酸酯类产品，并且使用后应从土壤中清除。不焚烧、不使用聚氯类产品。

（4）有机果品的农药残留不能超过国家食品卫生标准相应产品限值的 5%，重金属含量也不能超过国家食品卫生标准相应产品的限值。

（三）有机果汁加工的关键技术

1. 加工厂选择和建设

有机果品加工的工厂按照《食品安全国家标准 食品生产通用卫生规范》（GB 14881—2013）的要求建设，其他加工厂符合国家及行业部门有关规定。设置“三废”处理装置，保护环境。工厂的建设地不存在粉尘、有害气体、放射性物质和其他扩散性污染源；不存在垃圾堆、粪场、露天厕所和传染病医院；不存在昆虫大量滋生的潜在场所。生产区建筑物与外缘公路或道路设防护地带。制订正式的文件化的卫生管理计划，并提供以下几方面的卫生保障：①外部设施（垃圾堆放场、旧设备存放场地、停车场等）；②内部设施（加工、包装和库区）；③加工和包装设备（防止酵母菌、霉菌和细菌污染）；④职工的卫生（餐厅、工间休息场所和厕所）。设立水处理设备，确保水质达到《生活饮用水卫生标准》（GB 5749—2006）要求。

2. 配料、添加剂和加工助剂

加工所用的配料如蔗糖和蜂蜜等，必须是经过认证的有机原料、天然的或认证机构许可使用的。这些有机配料在终产品中所占的重量或体积不得少于配料总量的 95%。当有机配料无法满足需求时，可使用非人工合成的常规配料，但不得超过所有配料总量的 5%。一旦有条件获得有机配料时，应立即用有机配料替换。使用了非有机配料的加工厂都应提交将其配料转换为 100%有机配料的计划。同一种配料禁止同时含有有机、常规或转换成分。作为配料的水和食用盐，必须符合国家食品卫生标准，并且不计入有机配料中。允许使用有机产品国家标准中所列的添加剂和加工助剂，使用条件应符合《食品安全国家标准 食品添加剂使用标准》（GB 2760—2014）的规定。需要使用其他物质时，应事先按照有机标准规定程序对该物质进行评估。禁止使用矿物质（包括微量元素）、维生素、氨基酸和其他从动植物中分离的纯物质，法律规定必须使用或可证明食物或营养成分中严重缺乏的例外。禁止使用来自转基因的配料、添加剂和加工助剂。

3. 加工工艺

有机加工配备专用设备，必须用无污染的材料制造，如果必须与常规加工共用设备，则在常规加工结束后必须进行彻底清洗，并不得有清洗剂残留。也可在有机转换或常规产品加工结束、有机产品加工开始前，先用少量有机原料进行加工将残存在设备里的前期加工物质清理出去（即冲顶加工）。冲顶加工的产品不能作为有机产品销售。冲顶加工应保留记录。

加工工艺应不破坏食品的主要营养成分，可以使用机械、冷冻、加热、微波、烟熏等处理方法及微生物发酵工艺；可以采用提取、浓缩、沉淀和过滤工艺，但提取溶剂仅限于符合国家食品卫生标准的水、乙醇、动植物油、醋、二氧化碳、氮或羧酸，在提取和浓缩工艺中不得添加其他化学试剂。禁止在果品加工和贮藏过程中采用离子辐照处理。禁止在果汁加工中使用石棉过滤材料或可能被有害物质渗透的过滤材料。

如生产果汁可直接采用机械破碎、压榨、离心、不锈钢网过滤、加热杀菌、热灌装等物理和热处理方式进行，在加工过程中不使用有机标准所禁止的防腐剂、色素、香精、甜味剂等化学合成物质。

复习巩固

1. 简述无公害食品标准体系的构成。
2. 简述无公害食品标准、绿色食品标准和有机食品标准三者之间的关系。

实践训练

绿色食品：大米的相关标准有哪些

某企业欲为其生产的大米认证为绿色食品，在认证前需要查阅相关资料，请查阅：

（1）绿色食品——大米的生产基地环境标准（水、土壤、气等）。

（2）绿色食品——大米的产品标准。

（3）绿色食品——大米的农业投入品标准等相关标准。

绿色食品——大米的相关标准解析

拓展资源

《绿色食品　产品检验规则》（NY/T 1055—2015）

项目六　食品安全卫生标准

☞ 学习目标

1. 掌握食品中有毒有害物质限量标准、食品安全产品标准。

2. 了解辐照食品的卫生标准。

3. 能够运用食品安全卫生标准进行食品安全状况评价。

4. 增强食品安全意识，提升职业责任感和使命感。

食品安全卫生标准

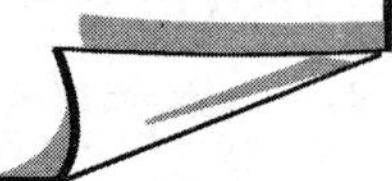

项目导入

食品中有毒有害物质有哪些

食品中的有毒有害物质主要包括以下几种。

农药：敌敌畏、敌百虫、扑草净等；

兽药：阿莫西林、倍他米松、红霉素、二氟沙星、庆大霉素等；

重金属：铅、镉、汞、铬、砷等；

化学污染物：硝酸盐、亚硝酸盐、苯并［a］芘等；

生物毒素：黄曲霉毒素、展青霉素等；

致病菌：金黄色葡萄球菌、沙门氏菌、志贺氏菌、大肠埃希菌、副溶血性弧菌、单核细胞增生李斯特氏菌等。

基础知识

一、食品中有毒有害物质限量的标准

限量标准建立在食品正常生产加工的基础上，对保证食品安全起着重要作用。不是所有食品均要制定有毒有害物质限量标准，也不是所有有毒有害物质均需要制定限量标准，只对减少和降低有毒有害物质危害起关键作用的食品制定限量标准。由于食品中有毒有害物质的含量水平与污染情况、食品的膳食消费情况不同，以及不同国家（或地区）的膳食消费结构不同，不同食品中的有毒有害物质限量值与相同食品不同国家（或地区）的有毒有害物质限量值不一致。

关于食品中有毒有害物质限量的标准，我国主要从致病菌限量、真菌毒素限量、农药残留限量、兽药残留限量、污染物限量等方面（部分标准见表 6-1）规定了人体对食

品中存在的有毒有害物质可接受的最高水平，其目的是将有毒有害物质限制在安全阈值内，保证食用安全性，最大限度地保障人体健康。

表 6-1　食品中有毒有害物质限量部分标准

序号	标准编号	标准名称
1	GB 29921—2013	食品安全国家标准 食品中致病菌限量
2	GB 2761—2017	食品安全国家标准 食品中真菌毒素限量
3	GB 2762—2017	食品安全国家标准 食品中污染物限量
4	GB 2763—2021	食品安全国家标准 食品中农药最大残留限量
5	GB 31650—2019	食品安全国家标准 食品中兽药最大残留限量

（一）食品中致病菌的限量标准

为控制食品中致病菌污染，预防微生物性食源性疾病的发生，同时整合分散在不同食品标准中的致病菌限量规定，国家卫生和计划生育委员会委托国家食品安全风险评估中心牵头起草了《食品安全国家标准 食品中致病菌限量》（GB 29921—2013），2014 年 7 月 1 日正式实施。

1. 标准的适用范围和主要内容

《食品安全国家标准 食品中致病菌限量》（GB 29921—2013）适用于预包装食品。标准中规定了肉制品、水产制品、即食蛋制品、粮食制品、即食豆类制品、巧克力类及可可制品、即食果蔬制品、饮料、冷冻饮品、即食调味品、坚果籽实制品等 11 类食品中沙门氏菌、单核细胞增生李斯特氏菌、大肠埃希菌 O157:H7、金黄色葡萄球菌、副溶血性弧菌等 5 种致病菌限量规定。对于非预包装食品，生产经营者应严格生产经营过程卫生管理，尽可能降低致病菌污染风险，其中需要指出的是罐头食品不适用于本标准，它应达到商业无菌要求。

2. 标准中致病菌指标设置

（1）沙门氏菌。沙门氏菌是全球和我国细菌性食物中毒的主要致病菌，各国普遍提出该致病菌限量要求。标准按照二级采样方案对所有 11 类食品设置沙门氏菌限量规定，具体为 $n=5$，$c=0$，$m=0$（即在被检的 5 份样品中，不允许任一样品检出沙门氏菌）。

n 为同一批次产品应采集的样品件数；c 为最大可允许超出 m 值的样品数；m 为致病菌指标可接受水平的限量值。

（2）单核细胞增生李斯特氏菌。单核细胞增生李斯特氏菌是重要的食源性致病菌。标准按照二级采样方案设置了高风险的即食生肉制品中单核细胞增生李斯特氏菌限量规定，具体为 $n=5$，$c=0$，$m=0$（即在被检的 5 份样品中，不允许任一样品检出单增李斯特菌）。

（3）大肠埃希菌 O157:H7。标准按照二级采样方案设置肉制品、即食果蔬制品中大肠埃希菌 O157:H7 限量规定，具体为 $n=5$，$c=0$，$m=0$（即在被检的 5 份样品中，不允许任一样品检出大肠埃希菌 O157:H7）。

（4）金黄色葡萄球菌。金黄色葡萄球菌是我国细菌性食物中毒的主要致病菌之一，其致病力与该菌产生的金黄色葡萄球菌肠毒素有关。标准按照三级采样方案设置肉制品、水产制品、粮食制品、即食豆类制品、即食果蔬制品、饮料、冷冻饮品及即食调味品等 8 类食品中金黄色葡萄球菌限量，具体为 $n=5$，$c=1$，$m=100$CFU/g（mL），$M=1000$CFU/g（mL），即食调味品中金黄色葡萄球菌限量为 $n=5$，$c=2$，$m=100$CFU/g（mL），$M=10\,000$CFU/g（mL）。M 为致病菌指标的最高安全限量值。

（5）副溶血性弧菌。副溶血性弧菌是我国沿海及部分内地区域食物中毒的主要致病菌，主要污染水产制品或者交叉污染肉制品等，其致病性与带菌量及是否携带致病基因密切相关。标准按照三级采样方案设置水产制品、水产调味品中副溶血性弧菌的限量，具体为 $n=5$，$c=1$，$m=100$MPN/g（mL），$M=1000$MPN/g（mL）。

部分食品中致病菌限量详见表 6-2。

表 6-2　部分食品中致病菌限量

食品类别	致病菌指标	采样方案及限量（若非指定，均以/25g 或/25mL 表示）				检验方法	备注
		n	*c*	*m*	*M*		
肉制品 熟肉制品 即食生肉制品	沙门氏菌	5	0	0	—	GB 4789.4—2016	—
	单核细胞增生李斯特氏菌	5	0	0	—	GB 4789.30—2016	
	金黄色葡萄球菌	5	1	100CFU/g（mL）	1000CFU/g（mL）	GB 4789.10—2016 第二法	
	大肠埃希菌 O157:H7	5	0	0	—	GB/T 4789.36—2016	仅适用于牛肉制品
水产制品 熟制水产品 即食生制水产品 即食藻类制品	沙门氏菌	5	0	0	—	GB 4789.4—2016	—
	副溶血性弧菌	5	1	100MPN/g（mL）	1000MPN/g（mL）	GB/T 4789.7—2013	
	金黄色葡萄球菌	5	1	100CFU/g（mL）	1000CFU/g（mL）	GB 4789.10—2016 第二法	
粮食制品 熟制粮食制品（含焙烤类） 熟制带馅（料）面米制品方便面米制品	沙门氏菌	5	0	0	—	GB 4789.4—2016	—
	金黄色葡萄球菌	5	1	100CFU/g（mL）	1000CFU/g（mL）	GB 4789.10—2016 第二法	
即食豆类制品 发酵豆制品 非发酵豆制品	沙门氏菌	5	0	0	—	GB 4789.4—2016	—
	金黄色葡萄球菌	5	1	100CFU/g（mL）	1000CFU/g（mL）	GB 4789.10—2016 第二法	

续表

<table>
<tr><th rowspan="2">食品类别</th><th rowspan="2">致病菌指标</th><th colspan="4">采样方案及限量（若非指定，均以/25g 或/25mL 表示）</th><th rowspan="2">检验方法</th><th rowspan="2">备注</th></tr>
<tr><th>n</th><th>c</th><th>m</th><th>M</th></tr>
<tr><td rowspan="3">即食果蔬制品（含酱腌菜类）</td><td>沙门氏菌</td><td>5</td><td>0</td><td>0</td><td>—</td><td>GB 4789.4—2016</td><td rowspan="2">—</td></tr>
<tr><td>金黄色葡萄球菌</td><td>5</td><td>1</td><td>100CFU/g（mL）</td><td>1000CFU/g（mL）</td><td>GB 4789.10—2016 第二法</td></tr>
<tr><td>大肠埃希菌 O157: H7</td><td>5</td><td>0</td><td>0</td><td>—</td><td>GB/T 4789.36—2016</td><td>仅适用于生食果蔬制品</td></tr>
</table>

注：食品类别用于界定致病菌限量的适用范围，仅适用于本标准。

《食品安全国家标准　散装即食食品中致病菌限量》(GB 31607—2021）于 2021 年 9 月 7 日发布，于 2022 年 3 月 7 日实施。《食品安全国家标准　预包装食品中致病菌限量》（GB 29921—2021）于 2021 年 9 月 7 日发布，将代替《食品安全国家标准　食品中致病菌限量》（GB 29921—2013）于 2021 年 11 月 22 日实施。两个标准共同构成了我国对食品中致病菌的限量标准，有助于保障食品安全和消费者健康，强化食品生产、加工和经营全过程管理，助推行业提升管理水平和健康发展。

《食品安全国家标准　散装即食食品中致病菌限量》(GB 31607—2021）主要变化如下：将标准名称由《食品中致病菌限量》修改为《预包装食品中致病菌限量》，整合了乳制品和特殊膳食用食品中的致病菌限量要求，增加了食品类别（名称）说明的附录，对乳制品、肉制品、水产制品、即食蛋制品、粮食制品、即食豆类制品、巧克力类及可可制品、即食果蔬制品、饮料、冷冻饮品、即食调味品、坚果与籽实类食品、特殊膳食用食品等 13 类食品中的沙门氏菌、单核细胞增生李斯特氏菌、致泻大肠埃希菌、金黄色葡萄球菌、副溶血性弧菌、克罗诺杆菌属（阪崎肠杆菌）等 6 种致病菌指标和限量进行了调整。

《食品安全国家标准　散装即食食品中致病菌限量》（GB 31607—2021）为第一个散装即食食品的食品安全国家标准，包含了 5 种致病菌，沙门氏菌、金黄色葡萄球菌、蜡样芽孢杆菌、单核细胞增生李斯特氏菌、副溶血性弧菌，适用于提供给消费者可直接食用的非预包装食品（含预先包装但需要计量称重的散装即食食品），包括热处理散装即食食品、部分或未经热处理的散装即食食品、其他散装即食食品；不适用于餐饮服务中的食品、执行商业无菌要求的食品、未经加工或处理的初级农产品。

（二）食品中真菌毒素的限量标准

食品中真菌毒素是指某些真菌在生产繁殖过程中产生的一类内源性天然污染物，主要对谷物及其制品和部分加工水果造成污染，人和动物食用后会引起致死性的急性疾病，并且与癌症风险增高有关，且一般加工方式难以去除，所以应对食品中真菌毒素制定严格的限量标准。《食品安全国家标准　食品中真菌毒素限量》（GB 2761—2017）是食品安全通用标准，对保障食品安全、规范食品生产经营、维护公众健康具有重要意义，该标准于 2017 年 9 月 17 日正式实施。

1. 标准的适用范围和主要内容

《食品安全国家标准 食品中真菌毒素限量》（GB 2761—2017）规定了水果及其制品、谷物及其制品（不包括焙烤制品）、豆类及其制品、坚果及籽类、乳及乳制品、油脂及其制品、调味品、饮料类、酒类、特殊膳食用食品等 10 类食品中黄曲霉毒素 B_1、黄曲霉毒素 M_1、脱氧雪腐镰刀菌烯醇、展青霉素、赭曲霉毒素 A 及玉米赤霉烯酮等 6 种真菌毒素限量规定。

2. 标准中的真菌毒素指标设置

（1）黄曲霉毒素 B_1。黄曲霉毒素 B_1 在天然食物中最为多见，危害性也最强。标准中对玉米、小麦、花生、油脂、婴幼儿配方食品、运动营养食品等 30 类食品规定了不同类别食品中黄曲霉毒素 B_1 的限量规定，具体为小于等于 0.5μg/kg、小于等于 10μg/kg 和小于等于 20μg/kg。

（2）黄曲霉毒素 M_1。黄曲霉毒素 M_1 具有较大毒性，主要存在于乳及乳制品中。标准中对乳及乳制品、婴儿配方食品、较大婴儿和幼儿配方食品、特殊医学用途婴儿配方食品、特殊医学用途配方食品（特殊医学用途婴儿配方食品涉及的品种除外）、辅食营养补充品、运动营养食品、孕妇及乳母营养补充食品等 8 类食品规定了黄曲霉毒素 M_1 的限量规定，具体为小于等于 0.5μg/kg。

（3）脱氧雪腐镰刀菌烯醇。脱氧雪腐镰刀菌烯醇是小麦、大麦、燕麦、玉米等谷物及其制品中最常见的一类污染性真菌毒素。人使用被污染的谷物制成的食品后可能会引起呕吐、腹泻等消化系统和头疼、头晕神经系统疾病。标准中对玉米、玉米面（渣、片）、大麦、小麦、麦片、小麦粉等 6 类食品规定了脱氧雪腐镰刀菌烯醇的限量规定，具体为小于等于 1000μg/kg。

（4）展青霉素。展青霉素主要生长在水果上，这种毒素会引起动物的胃肠道功能紊乱和各种不同器官的水肿和出血。标准中对水果制品（果丹皮除外）、果蔬汁类及其饮料、酒类等 3 类食品规定了展青霉素的限量规定，具体为小于等于 50μg/kg。

（5）赭曲霉毒素 A。赭曲霉毒素 A 是由曲霉属的 7 种曲霉和青霉属的 6 种青霉菌产生的一组重要的、污染食品的真菌毒素，它是毒性最大、分布最广、产毒量最高、对农产品的污染最重的一种毒素。标准中对谷物、谷物研磨加工品、豆类、葡萄酒、烘焙咖啡豆、研磨咖啡（烘焙咖啡）、速溶咖啡等 7 类食品中的赭曲霉毒素 A 进行了限量规定，因食品种类不同，限量为小于等于 2.0μg/kg、小于等于 5.0μg/kg 和小于等于 10.0μg/kg。

（6）玉米赤霉烯酮。玉米赤霉烯酮主要污染玉米、小麦、大米、大麦、小米和燕麦等谷物，玉米赤霉烯酮具有雌激素样作用，能造成动物急慢性中毒，引起动物繁殖机能异常甚至死亡。标准中对小麦、小麦粉、玉米、玉米面（渣、片）等 4 类食品中玉米赤霉烯酮进行了限量规定，具体为小于等于 60μg/kg。

部分真菌毒素限量详见表 6-3、表 6-4（以黄曲霉毒素为例）。

表 6-3　食品中黄曲霉毒素 B_1 限量指标

食品类别（名称）	限量/（μg/kg）
谷物及其制品	
玉米、玉米面（渣、片）及玉米制品	20
稻谷[a]、糙米、大米	10
小麦、大麦、其他谷物	5.0
小麦粉、麦片、其他去壳谷物	5.0
豆类及其制品	
发酵豆制品	5.0
坚果及籽类	
花生及其制品	20
其他熟制坚果及籽类	5.0
油脂及其制品	
植物油脂（花生油、玉米油除外）	10
花生油、玉米油	20
调味品	
酱油、醋、酿造酱	5.0
特殊膳食用食品	
婴幼儿配方食品	
婴儿配方食品[b]	0.5 （以粉状产品计）
较大婴儿和幼儿配方食品[b]	0.5 （以粉状产品计）
特殊医学用途婴儿配方食品	0.5 （以粉状产品计）
婴幼儿辅助食品	
婴幼儿谷类辅助食品	0.5
特殊医学用途配方食品[b]（特殊医学用途婴儿配方食品涉及的品种除外）	0.5 （以固态产品计）
辅食营养补充品[c]	0.5
运动营养食品[b]	0.5
孕妇及乳母营养补充食品[c]	0.5

a 稻谷以糙米计。

b 以大豆及大豆蛋白制品为主要原料的产品。

c 只限于含谷类、坚果和豆类的产品。

表 6-4　食品中黄曲霉毒素 M_1 限量指标

食品类别（名称）	限量/（μg/kg）
乳及乳制品[a]	0.5
特殊膳食用食品	
婴幼儿配方食品	
婴儿配方食品[b]	0.5（以粉状产品计）
较大婴儿和幼儿配方食品[b]	0.5（以粉状产品计）
特殊医学用途婴儿配方食品	0.5（以粉状产品计）
特殊医学用途配方食品[b]（特殊医学用途婴儿配方食品涉及的品种除外）	0.5（以粉状产品计）

续表

食品类别（名称）	限量/（μg/kg）
辅食营养补充品[c]	0.5
运动营养食品[b]	0.5
孕妇及乳母营养补充食品[c]	0.5

a 乳粉按生乳折算。

b 以乳类及乳蛋白制品为主要原料的产品。

c 只限于含乳类的产品。

（三）食品中污染物的限量标准

食品污染物是食品从生产（包括农作物种植、动物饲养和兽医用药）、加工、包装、贮存、运输、销售直至食用等过程中产生的或由环境污染带入的、非有意加入的化学性危害物质。《食品安全国家标准 食品中真菌毒素限量》（GB 2761—2017）中规定了我国食品中真菌毒素的限量要求，《食品安全国家标准 食品中污染物限量》（GB 2762—2017）中规定了除农药残留、兽药残留、生物毒素和放射性物质以外的化学污染物限量要求。我国对食品中农药残留限量、兽药残留限量、放射性物质限量另行制定相关食品安全国家标准。

《食品安全国家标准 食品中污染物限量标准》（GB 2762—2017）是食品安全通用标准，对保障食品安全、规范食品生产经营、维护公众健康具有重要意义，该标准于 2017 年 9 月 17 日正式实施。

1. 标准的适用范围和主要内容

《食品安全国家标准 食品中污染物限量标准》（GB 2762—2017）标准中主要对水果及其制品、蔬菜及其制品、食用菌及其制品、谷物及其制品、豆类及其制品、藻类及其制品、坚果及籽类、肉及肉制品、水产动物及其制品、乳及乳制品、蛋及蛋制品、油脂及其制品、调味品、饮料类、酒类、食糖及淀粉糖、淀粉及淀粉制品、焙烤食品、巧克力制品以及糖果、冷冻饮品、特殊膳食用食品、其他食品等 22 大类食品中铅、镉、汞、砷、锡、镍、铬、亚硝酸盐、硝酸盐、苯并［a］芘、*N*-二甲基亚硝胺、多氯联苯、3-氯-1,2-丙二醇等指标进行了限量规定。

2. 标准中的污染物限量指标设置

《食品安全国家标准 食品中污染物限量标准》（GB 2762—2017）以保障公众健康为基础，重点对我国居民健康构成较大风险的食品污染物和对居民膳食暴露量有较大影响的食品种类设置限量规定。以风险评估为基础，遵循国际食品法典委员会（Codex Alimentarius Commission，CAC）食品中污染物标准制定原则，结合污染物监测和暴露评估，确定污染物及其在相关食品中的限量，确保科学性。食品污染物的控制需要将源头控制与生产过程控制相结合，重点对食品原料中污染物进行控制，通过严格生产过程卫生控制，降低食品终产品中相关污染物含量。对于食品生产和加工者，无论是否制定污染物限量，均应在食品生产经营过程中对污染物进行控制，使食品中各种污染物的含量达到最低水平，从而最大限度地维护消费者健康利益。《食品安全国家标准 食品中污染物限量标准》（GB 2762—2017）共设定150余个限量指标，基本满足我国食品污染物控制需求，适应我国食品安全监管需要。食品中铅限量指标见表6-5，食品中亚硝酸盐、硝酸盐限量指标见表6-6。

表6-5　食品中铅限量指标

食品类别（名称）	限量（以Pb计）/（mg/kg）
谷物及其制品[a]［麦片、面筋、八宝粥罐头、带馅（料）面米制品除外］	0.2
麦片、面筋、八宝粥罐头、带馅（料）面米制品	0.5
蔬菜及其制品	
新鲜蔬菜（芸薹类蔬菜、叶菜蔬菜、豆类蔬菜、薯类除外）	0.1
芸薹类蔬菜、叶菜蔬菜	0.3
豆类蔬菜、薯类	0.2
蔬菜制品	1.0
水果及其制品	
新鲜水果（浆果和其他小粒水果除外）	0.1
浆果和其他小粒水果	0.2
水果制品	1.0
食用菌及其制品	1.0
豆类及其制品	
豆类	0.2
豆类制品（豆浆除外）	0.5
豆浆	0.05
藻类及其制品（螺旋藻及其制品除外）	1.0（干重计）
螺旋藻及其制品	2.0（干重计）
坚果及籽类（咖啡豆除外）	0.2
咖啡豆	0.5
肉及肉制品	
肉类（畜禽内脏除外）	0.2
畜禽内脏	0.5
肉制品	0.5
水产动物及其制品	
鲜、冻水产动物（鱼类、甲壳类、双壳类除外）	1.0（去除内脏）
鱼类、甲壳类	0.5
双壳类	1.5
水产制品（海蜇制品除外）	1.0
海蜇制品	2.0
乳及乳制品（生乳、巴氏杀菌乳、灭菌乳、发酵乳、调制乳、乳粉、非脱盐乳清粉除外）	0.3
生乳、巴氏杀菌乳、灭菌乳、发酵乳、调制乳	0.05
乳粉、非脱盐乳清粉	0.5

续表

食品类别（名称）	限量（以 Pb 计）/（mg/kg）
蛋及蛋制品（皮蛋、皮蛋肠除外）	0.2
皮蛋、皮蛋肠	0.5
油脂及其制品	0.1
调味品（食用盐、香辛料类除外）	1.0
食用盐	2.0
香辛料类	3.0
食糖及淀粉糖	0.5
淀粉及淀粉制品	
食用淀粉	0.2
淀粉制品	0.5
焙烤食品	0.5
饮料类（包装饮用水、果蔬汁类及其饮料、含乳饮料、固体饮料除外）	0.3mg/L
包装饮用水	0.01mg/L
果蔬汁类及其饮料［浓缩果蔬汁（浆）除外］、含乳饮料	0.05mg/L
浓缩果蔬汁（浆）	0.5mg/L
固体饮料	1.0
酒类（蒸馏酒、黄酒除外）	0.2
蒸馏酒、黄酒	0.5
可可制品、巧克力和巧克力制品以及糖果	0.5
冷冻饮品	0.3
特殊膳食用食品	
婴幼儿配方食品（液态产品除外）	0.15（以粉状产品计）
液态产品	0.02（以即食状态计）
婴幼儿辅助食品	
婴幼儿谷类辅助食品（添加鱼类、肝类、蔬菜类的产品除外）	0.2
添加鱼类、肝类、蔬菜类的产品	0.3
婴幼儿罐装辅助食品（以水产及动物肝脏为原料的产品除外）	0.25
以水产及动物肝脏为原料的产品	0.3
特殊医学用途配方食品（特殊医学用途婴儿配方食品涉及的品种除外）	0.5（以固态产品计）
10 岁以上人群的产品	0.15（以固态产品计）
1～10 岁人群的产品	0.5
辅食营养补充品	
运动营养食品	0.5
固态、半固态或粉状	0.05
液态	0.5
孕妇及乳母营养补充食品	
其他类	
果冻	0.5
膨化食品	0.5
茶叶	5.0

续表

食品类别（名称）	限量（以 Pb 计）/（mg/kg）
干菊花	5.0
苦丁茶	2.0
蜂产品	
蜂蜜	1.0
花粉	0.5

a 稻谷以糙米计。

表 6-6　食品中亚硝酸盐、硝酸盐限量指标

食品类别（名称）	限量/（mg/kg）	
	亚硝酸盐（以 $NaNO_2$ 计）	硝酸盐（以 $NaNO_3$ 计）
蔬菜及其制品		
腌渍蔬菜	20	—
乳及乳制品		
生乳	0.4	—
乳粉	2.0	—
饮料类		
包装饮用水（矿泉水除外）	0.005mg/L（以 NO_2^- 计）	—
矿泉水	0.1mg/L（以 NO_2^- 计）	45mg/L（以 NO_3^- 计）
特殊膳食用食品		
婴幼儿配方食品		
婴儿配方食品	2.0[a]（以粉状产品计）	100（以粉状产品计）
较大婴儿和幼儿配方食品	2.0[a]（以粉状产品计）	100[b]（以粉状产品计）
特殊医学用途婴儿配方食品	2.0（以粉状产品计）	100（以粉状产品计）
婴幼儿辅助食品		
婴幼儿谷类辅助食品	2.0[c]	100[b]
婴幼儿罐装辅助食品	4.0[c]	200[b]
特殊医学用途配方食品（特殊医学用途婴儿配方食品涉及的品种除外）	2[d]（以固态产品计）	100[b]（以固态产品计）
辅食营养补充品	2[a]	100[b]
孕妇及乳母营养补充食品	2[c]	100[b]

a 仅适用于乳基产品。

b 不适合于添加蔬菜和水果的产品。

c 不适合于添加豆类的产品。

d 仅适用于乳基产品（不含豆类成分）。

（四）食品中农药最大残留限量标准

农药残留问题是随着农药大量生产和广泛使用而产生的，是农药使用后一个时期内没有被分解而残留于生物体、收获物、土壤、水体、大气中的微量农药原体、有毒代谢物、降解物和杂质的总称。虽然农药在保护作物、减少产量损失、防治病虫害等方面起了很大作用，但是因农药使用不当、过度使用等多种问题，残留的农药随粮食、蔬菜、水果、鱼、虾、肉、蛋、乳进入人体或动物体，危害人或动物的健康。为保障食品安全、规范食品生产经营、维护公众健康，《食品安全国家标准 食品中农药最大残留限量标准》（GB 2763—2021）代替《食品安全国家标准 食品中农药最大残留限量》（GB 2763—2019）于 2021 年 9 月 3 日正式实施。

1. 标准的适用范围和主要内容

《食品安全国家标准 食品中农药最大残留限量标准》（GB 2763—2021）对谷物、油料和油脂、蔬菜（鳞茎类）、蔬菜（芸薹属类）、蔬菜（叶菜类）、蔬菜（茄果类）、蔬菜（瓜类）、蔬菜（豆类）、蔬菜（茎类）、蔬菜（根茎类和薯芋类）、蔬菜（水生类）、蔬菜（芽菜类）、蔬菜（其他类）、干制蔬菜、水果（柑橘类）、水果（仁果类）、水果（核果类）、水果（浆果和其他小型水果）、水果（热带和亚热带水果）、水果（瓜果类）、干制水果、坚果、糖料、饮料类、食用菌、调味料、药用植物、动物源性食品等 28 大类食品中 2,4-滴等 564 种农药 10092 项最大残留限量指标。为明确农药最大残留限量应用范围，标准对食品类别及测定部位进行了明确界定。如某种农药的最大残留限量应用于某一食品类别时，在该食品类别下的所有食品均适用，有特别规定的除外。此外标准还列出了豁免制定食品中最大残留限量标准的农药名单，用于界定不需要制定食品中农药最大残留限量的范围。

2. 标准中的农药残留指标设置

《食品安全国家标准 食品中农药最大残留限量标准》（GB 2763—2021）规定了 564 种农药的最大残留限量指标，部分农药最大残留限量见表 6-7。此外，标准中列出了 44 种豁免制定食品中最大残留限量标准的农药名单（表 6-8）。

表 6-7 《食品安全国家标准 食品中农药最大残留限量》中部分农药最大残留限量

农药名称	食品种类	最大残留限量/（mg/kg）
2,4-滴钠盐	核果类水果	0.05
百草枯	鳞茎类蔬菜	0.05
苯硫威	水果	0.5
吡虫啉	花生仁	0.5
丙森锌	人参	0.3
草甘膦	苹果	0.5
除虫菊素	茄果类蔬菜	0.05
代森联	南瓜	0.2
稻丰散	橙	1
敌草胺	西瓜	0.05

续表

农药名称	食品种类	最大残留限量/（mg/kg）
敌敌畏	豆类蔬菜	0.2
敌菌灵	黄瓜	10
丁草胺	玉米	0.5
啶虫脒	芹菜	3
毒死蜱	黄瓜	0.1
对硫磷	杂粮类	0.1
多菌灵	韭菜	2
二苯胺	牛肝	0.05
二嗪磷	哈密瓜	0.2
呋虫胺	茶叶	20
氟虫腈	芽菜类蔬菜	0.02
氟环唑	香蕉	3
福美双	大蒜	0.5
甲草胺	姜	0.05

表 6-8　《食品安全国家标准 食品中农药最大残留限量》豁免农药清单

中文名称	英文名称
苏云金杆菌	Bacillus thuringiensis
荧光假单胞杆菌	Pseudomonas fluorescens
枯草芽孢杆菌	Bacillus subtilis
蜡质芽孢杆菌	Bacillus cereus
地衣芽孢杆菌	Bacillus lincheniformis
短稳杆菌	Empedobacter brevis
多黏类芽孢杆菌	Paenibacillus polymyza
放射土壤杆菌	Agrobacterium radibacter
木霉菌	Trichoderma spp.
白僵菌	Beauveria spp.
淡紫拟青霉	Paecilomyces lilacinus
厚孢轮枝菌（厚垣轮枝孢菌）	Verticillium chlamydosporium
耳霉菌	Conidioblous thromboides
绿僵菌	Metarhizium spp.
寡雄腐霉菌	Pythium oligandrum
菜青虫颗粒体病毒	Pieris rapae granulosis virus （PrGV）
茶尺蠖核型多角体病毒	Ectropis oblique nuclear polyhedrosis virus（EoNPV）
松毛虫质型多角体病毒	Dendrolimus punctatus cytoplasmic polyhedrosis virus（DpCPV）
甜菜夜蛾核型多角体病毒	Spodoptera exigua nuclear polyhedrosis virus（SeNPV）
黏虫颗粒体病毒	Pseudaletia unipuncta granulosis virus（PuGV）

续表

中文名称	英文名称
小菜蛾颗粒体病毒	Plutella xylostella granulosis virus（PxGV）
斜纹夜蛾核型多角体病毒	Spodoptera litura nuclear polyhedrosis virus（SlNPV）
棉铃虫核型多角体病毒	Helicoverpa armigera nuclear polyhedrosis virus （HaNPV）
苜蓿银纹夜蛾核型多角体病毒	Autographa californica nuclear polyhedrosis virus （AcNPV）
三十烷醇	triacontanol
诱蝇羧酯	trimedlure
聚半乳糖醛酸酶	Polygalacturonase
超敏蛋白	harpin protein
S-诱抗素	（+）-abscisic acid
香菇多糖	fungous proteoglycan
几丁聚糖	Chitosan
葡聚烯糖	Glucosan
氨基寡糖素	oligochitosac charins
解淀粉芽孢杆菌	Bacillusa myloliquefaciens
甲基营养型芽孢杆菌	Bacillus methlotrophicus
甘蓝夜蛾核型多角体病毒	Mamestra brassicae nuclear polyhedrosis virus（MbNPV）
极细链格孢激活蛋白	Plant activator protein
蝗虫微孢子虫	Nosemalocustae
低聚糖素	Oligosaccharide
小盾壳霉	Coniothyrium minitans
Z-8-十二碳烯乙酯	Z-8-dodecen-1-ylacetate
E-8-十二碳烯乙酯	E-8-dodecen-1-ylacetate
Z-8-十二碳烯醇	Z-8-dodecen-1-ol
混合脂肪酸	Mixedfattyacids

（五）食品中兽药最大残留限量标准

兽药残留是影响食品安全的主要因素之一。随着人们对食品安全的重视程度越来越高，动物源性食品中兽药残留也越来越受到大众关注。兽药残留是指用药后蓄积或存留于畜禽机体或产品（如鸡蛋、乳品、肉品等）中原型药物或其代谢产物，包括与兽药有关的杂质的残留。残留的兽药随动物源性食品进入人体，危害人体健康。为保障动物源性食品安全、规范动物源性食品生产经营、维护公众健康，《食品安全国家标准 食品中兽药最大残留限量标准》（GB 31650—2019）于 2020 年 4 月 1 日正式实施。该标准代替农业部公告第 235 号《动物性食品中兽药最高残留限量》相关部分，增加了“可食下水”和“其他食品动物”的术语定义；增加了阿维拉霉素等 13 种兽药及残留限量；增加了阿苯达唑等 28 种兽药的残留限量；增加了阿莫西林等 15 种兽药的日允许摄入量；增加了醋酸等 73 种允许用于食品动物，但不需要制定残留限量的兽药；修订了乙酰异戊酰泰乐菌素等 17 种兽药的中文名称或英文名称；修订了安普霉素等 9 种兽药的日允许摄入量；修订了阿苯达唑等 15 种兽药的残留标志物；修订了阿维菌素等 29 种兽药的靶组织和残留限量；修订了阿莫西林等 23 种兽药的使用规定；删除了蝇毒磷的残留限量；删除了氨丙啉等 6 种允许用于食品动物，但不需要制定残留限量的兽药；不再收载禁止药物及化合物清单。

1. 标准的适用范围和主要内容

《食品安全国家标准 食品中兽药最大残留限量标准》（GB 31650—2019）规定了动物性食品中阿苯达唑等 104 种（类）兽药的最大留残限量；规定了醋酸等 154 种允许用于食品动物，但不需要制定残留限量的兽药；规定了氯丙嗪等 9 种允许作治疗用，但不得在动物性食品中检出的兽药。本标准适用于与最大残留限量相关的动物性食品。

2. 标准中的兽药残留指标设置

《食品安全国家标准 食品中兽药最大残留限量标准》（GB 31650—2019）中兽药主要包括 3 种情况，分别是：已批准动物性食品中最大残留限量规定的兽药；允许用于食品动物，但不需要制定残留限量的兽药；允许作治疗用，但不得在动物性食品中检出的兽药。具体内容如表 6-9～表 6-11 所示。

表 6-9　已批准动物性食品中最大残留限量规定的兽药（部分）

兽药名称	动物种类	靶组织	最大残留限量/（μg/kg）
阿莫西林	所有食品动物（产蛋期禁用）	肌肉	50
氨丙啉	牛	脂肪	2000
杆菌肽	家禽	蛋	500
倍他米松	猪	肾	0.75
达氟沙星	鱼	皮＋肉	100
越霉素	猪	可食组织	2000
地塞米松	牛	奶	0.3
二氟沙星	猪	肝	800
多西环素	牛	肌肉	100
红霉素	肌	蛋	50
庆大霉素	鸡	可食组织	100
吉他霉素	猪	可食下水	200
莫能菌素	羊	肝	20
氯苯胍	鸡	皮＋脂	200
大观霉素	鸡	蛋	2000
磺胺氯甲嘧啶	所有食品动物（产蛋期禁用）	肌肉	100
磺胺类	所有食品动物（产蛋期禁用）	脂肪	100

续表

兽药名称	动物种类	靶组织	最大残留限量/（μg/kg）
敌百虫	牛	肌肉	50
泰万菌素	猪	肝	50
维吉尼亚霉素	猪	肌肉	100

表 6-10　允许用于食品动物，但不需要制定残留限量的兽药（部分）

兽药名称	动物种类
醋酸	牛、马
安络血	马、牛、羊、猪
氯化铵	马、牛、羊、猪
甜菜碱	所有食品动物
硼砂	所有食品动物
咖啡因	所有食品动物
泛酸钙	所有食品动物
次氯酸钙	所有食品动物
氯己定	所有食品动物
可的松	马、牛、羊、猪
二甲硅油	牛、羊
度米芬	所有食品动物
乙醇	所有食品动物
氟氯苯氰菊酯	蜜蜂
叶酸	所有食品动物
明胶	所有食品动物
甘油	所有食品动物
葡萄糖	马、牛、羊、猪
石蜡	马、牛、羊、猪
垂体后叶	马、牛、羊、猪

表 6-11　允许作治疗用，但不得在动物性食品中检出的兽药

兽药名称	动物种类	靶组织
氯丙嗪	所有食品动物	所有可食动物
地西泮（安定）	所有食品动物	所有可食动物
地美硝唑	所有食品动物	所有可食动物
苯甲酸雌二醇	所有食品动物	所有可食动物
潮霉素 B	猪、鸡	可食组织、鸡蛋
甲硝唑	所有食品动物	所有可食动物
苯丙酸诺龙	所有食品动物	所有可食动物
丙酸睾酮	所有食品动物	所有可食动物
赛拉嗪	产奶动物	奶

此外，除了《食品安全国家标准 食品中兽药最大残留限量标准》(GB 31650—2019)外，中华人民共和国农业农村部公告（包括第250号、第284号、第350号等）中明确列出了食品动物中禁止使用的药品及其他化合物清单以及新批准的兽药清单。共同进行兽药残留监控工作，保证动物性食品卫生安全。

二、食品安全产品标准

食品安全产品标准主要在原有的各类食品产品卫生标准基础上整合而成，标准主要规定了各类产品除通用安全指标以外的安全性指标。这类标准中的主要的技术内容是感官要求、理化要求、微生物要求、食品安全限量要求等，主要针对产品安全属性进行规定。目前已经发布的食品安全产品标准共76项（不含食品添加剂和营养强化剂）。食品安全产品标准见表6-12。

表6-12　食品安全产品标准

序号	标准名称	标准编号
1	食品安全国家标准 食糖	GB 13104—2014
2	食品安全国家标准 豆制品	GB 2712—2014
3	食品安全国家标准 保健食品	GB 16740—2014
4	食品安全国家标准 罐头食品	GB 7098—2015
5	食品安全国家标准 发酵酒及其配制酒	GB 2758—2012
6	食品安全国家标准 乳粉	GB 19644—2010
7	食品安全国家标准 蜂蜜	GB 14963—2011
8	食品安全国家标准 粮食	GB 2715—2016
9	食品安全国家标准 动物性水产制品	GB 10136—2015
10	食品安全国家标准 蒸馏酒及其配制酒	GB 2757—2012
11	食品安全国家标准 鲜（冻）畜、禽产品	GB 2707—2016
12	食品安全国家标准 复合调味料	GB 31644—2018
13	食品安全国家标准 熟肉制品	GB 2726—2016
14	食品安全国家标准 坚果与籽类食品	GB 19300—2014
15	食品安全国家标准 速冻面米制品	GB 19295—2011
16	食品安全国家标准 包装饮用水	GB 19298—2014
17	食品安全国家标准 糕点、面包	GB 7099—2015
18	食品安全国家标准 植物油	GB 2716—2018
19	食品安全国家标准 饮料	GB 7101—2015
20	食品安全国家标准 婴幼儿谷类辅助食品	GB 10769—2010
21	食品安全国家标准 淀粉糖	GB 15203—2014
22	食品安全国家标准 冷冻饮品和制作料	GB 2759—2015
23	食品安全国家标准 食用酒精	GB 31640—2016
24	食品安全国家标准 生乳	GB 19301—2010
25	食品安全国家标准 淀粉制品	GB 2713—2015

续表

序号	标准名称	标准编号
26	食品安全国家标准 灭菌乳	GB 25190—2010
27	食品安全国家标准 食用油脂制品	GB 15196—2015
28	食品安全国家标准 腌腊肉制品	GB 2730—2015
29	食品安全国家标准 方便面	GB 17400—2015
30	食品安全国家标准 食用淀粉	GB 31637—2016
31	食品安全国家标准 冲调谷物制品	GB 19640—2016
32	食品安全国家标准 婴儿配方食品	GB 10765—2010
33	食品安全国家标准 蜜饯	GB 14884—2016
34	食品安全国家标准 饼干	GB 7100—2015
35	食品安全国家标准 食用盐	GB 2721—2015
36	食品安全国家标准 膨化食品	GB 17401—2014
37	食品安全国家标准 食用菌及其制品	GB 7096—2014
38	食品安全国家标准 食醋	GB 2719—2018
39	食品安全国家标准 糖果	GB 17399—2016
40	食品安全国家标准 发酵乳	GB 19302—2010
41	食品安全国家标准 鲜、冻动物性水产品	GB 2733—2015
42	食品安全国家标准 酱腌菜	GB 2714—2015
43	食品安全国家标准 酱油	GB 2717—2018
44	食品安全国家标准 炼乳	GB 13102—2010
45	食品安全国家标准 干酪	GB 5420—2021
46	食品安全国家标准 乳糖	GB 25595—2018
47	食品安全国家标准 水产调味品	GB 10133—2014
48	食品安全国家标准 干海参	GB 31602—2015
49	食品安全国家标准 运动营养食品通则	GB 24154—2015
50	食品安全国家标准 胶原蛋白肽	GB 31645—2018
51	食品安全国家标准 食品加工用植物蛋白	GB 20371—2016
52	食品安全国家标准 食用植物油料	GB 19641—2015
53	食品安全国家标准 藻类及其制品	GB 19643—2016
54	食品安全国家标准 面筋制品	GB 2711—2014
55	食品安全国家标准 巧克力、代可可脂巧克力及其制品	GB 9678.2—2014
56	食品安全国家标准 味精	GB 2720—2015
57	食品安全国家标准 食用动物油脂	GB 10146—2015
58	食品安全国家标准 果冻	GB 19299—2015
59	食品安全国家标准 较大婴儿和幼儿配方食品	GB 10767—2010
60	食品安全国家标准 稀奶油、奶油和无水奶油	GB 19646—2010
61	食品安全国家标准 调制乳	GB 25191—2010

续表

序号	标准名称	标准编号
62	食品安全国家标准 酿造酱	GB 2718—2014
63	食品安全国家标准 乳清粉和乳清蛋白粉	GB 11674—2010
64	食品安全国家标准 巴氏杀菌乳	GB 19645—2010
65	食品安全国家标准 饮用天然矿泉水	GB 8537—2018
66	食品安全国家标准 蛋与蛋制品	GB 2749—2015
67	食品安全国家标准 特殊医学用途婴儿配方食品通则	GB 25596—2010
68	食品安全国家标准 再制干酪	GB 25192—2010
69	食品安全国家标准 辅食营养补充品	GB 22570—2014
70	食品安全国家标准 食品加工用酵母	GB 31639—2016
71	食品安全国家标准 婴幼儿罐装辅助食品	GB 10770—2010
72	食品安全国家标准 孕妇及乳母营养补充食品	GB 31601—2015
73	食品安全国家标准 花粉	GB 31636—2016
74	食品安全国家标准 酪蛋白	GB 31638—2016
75	食品安全国家标准 食品营养强化剂 富硒酵母	GB 1903.21—2016
76	食品安全国家标准 胶原蛋白肠衣	GB 14967—2015

三、辐照食品卫生标准

辐照是20世纪发展起来的一种灭菌保鲜技术，它是利用电离辐射在食品中产生的辐射化学与辐射微生物学效应而达到抑制发芽、延迟或促进成熟、杀虫、杀菌、灭菌和防腐等目的。辐照食品便是通过辐射技术处理后的食品。据不完全统计，我国累计辐照食品数量已近60万t，年辐照的产品10万t左右，并且发展迅速。

为了与国际辐照食品接轨，确保辐照食品质量和安全，对于辐照食品我国一直有严格的规定。目前，现行有效的辐照食品卫生标准国家标准共8项（表6-13），包括辐照香辛料类、辐照干果果脯类、辐照新鲜水果、蔬菜、辐照熟畜禽肉类、辐照豆类、谷类及其制品、辐照冷冻包装畜禽肉类、辐照花粉、辐照猪肉，标准分别从技术要求、包装标志和检验方法的基本要求等方面进行了规定。其中技术要求一般从吸收剂量限制与照射要求、感官指标、理化指标、微生物指标等几个方面做出要求。此外，关于辐照食品标签，标志上应注明“辐照×××”字样，并且要求在最小外包装上统一粘贴辐照食品标志（图6-1）。

图6-1　辐照食品标志

表6-13　辐照食品卫生标准国家标准

序号	标准名称	标准编号
1	辐照香辛料类卫生标准	GB 14891.4—1997
2	辐照干果果脯类卫生标准	GB 14891.3—1997

续表

序号	标准名称	标准编号
3	辐照新鲜水果、蔬菜类卫生标准	GB 14891.5—1997
4	辐照熟畜禽肉类卫生标准	GB 14891.1—1997
5	辐照豆类、谷类及其制品卫生标准	GB 14891.8—1997
6	辐照冷冻包装畜禽肉类卫生标准	GB 14891.7—1997
7	辐照花粉卫生标准	GB 14891.2—1994
8	辐照猪肉卫生标准	GB 14891.6—1994

项目解析

水产制品污染物限量查询

查询某种食品中某种污染物的限量指标是《食品安全国家标准 食品中污染物限量标准》（GB 2762—2017）的主要功能。下面介绍水产制品污染物限量查询。

（一）水产制品中污染物限量概况查询

“水产制品”类属于《食品安全国家标准 食品中污染物限量标准》（GB 2762—2017）中附录A 食品类别（名称）说明中的“水产动物及其制品”大类，通过检索附录A，了解“水产制品”主要包括：水产品罐头，鱼糜制品（例如鱼丸等），腌制水产品，鱼子制品，熏、烤水产品，发酵水产品，其他水产制品（表 6-14）。通过检索标准中的“指标要求”，将水产制品污染物限量指标进行汇总（表 6-15～表 6-22）。

表 6-14　水产制品类别及说明

食品类别	食品类别说明
水产动物及其制品	**鲜、冻水产动物** 鱼类 非肉食性鱼类 肉食性鱼类（例如鲨鱼、金枪鱼等） 甲壳类 软体动物 头足类 双壳类 棘皮类 腹足类 其他软体动物 其他鲜、冻水产动物 **水产制品** 水产品罐头 鱼糜制品（例如鱼丸等） 腌制水产品

续表

食品类别	食品类别说明
水产动物及其制品	鱼子制品 熏、烤水产品 发酵水产品 其他水产制品

表 6-15　食品中铅限量指标

食品类别（名称）	限量（以 Pb 计）/（mg/kg）
水产制品（海蜇制品除外）	10
海蜇制品	20

表 6-16　食品中镉限量指标

食品类别（名称）	限量（以 Cd 计）/（mg/kg）
鱼类罐头（凤尾鱼、旗鱼罐头除外）	0.2
凤尾鱼、旗鱼罐头	0.3
其他鱼类制品（凤尾鱼、旗鱼制品除外）	0.1
凤尾鱼、旗鱼制品	0.3

表 6-17　食品中汞限量指标

食品类别（名称）	限量（以 Hg 计）/（mg/kg）	
	总汞	甲基汞 a
水产动物及其制品（肉食性鱼类及其制品除外）	—	0.5
肉食性鱼类及其制品	—	1.0

表 6-18　食品中砷限量指标

食品类别（名称）	限量（以 As 计）/（mg/kg）	
	总砷	无机砷
水产动物及其制品（鱼类及其制品除外）	—	0.5
鱼类及其制品	—	0.1

表 6-19　食品中铬限量指标

食品类别（名称）	限量（以 Cr 计）/（mg/kg）
水产动物及其制品	20

表 6-20　食品中苯并［a］芘限量指标

食品类别（名称）	限量/（mg/kg）
水产动物及其制品 熏、烤水产品	50

表 6-21　食品中 *N*-二甲基亚硝胺限量指标

食品类别（名称）	限量/（μg/kg）
水产制品（水产品罐头除外）	4.0
干制水产品	4.0

表 6-22　食品中多氯联苯限量指标

食品类别（名称）	限量/（mg/kg）
水产动物及其制品	0.5

注：多氯联苯以 PCB28、PCB52、PCB101、PCB118、PCB138、PCB153 和 PCB180 总和计。

（二）水产制品中污染物限量的快速查询

1. 特定水产品中污染物限量查询（以烤鱼片为例）

明确“烤鱼片”类属于水产制品中的水产制品（海蜇制品除外）、其他鱼类制品（凤尾鱼、旗鱼制品除外）、鱼类及其制品、水产动物及其制品、肉食性鱼类及其制品、熏烤水产品、干制水产品的种类类别，再找到相应烤鱼片所属类别产品中污染物规定及污染物限量指标。

随着互联网技术的发展，我们可以采用食品中污染物限量查询数据库（http://db.foodmate.net/2762/）快速查询，即可方便获取烤鱼片中污染物限量指标（表 6-23）。

表 6-23　烤鱼片中污染物限量指标

污染物名称	食品类别名称	限量要求	检验方法	备注
甲基汞	肉食性鱼类制品	≤1.0mg/kg	按《食品安全国家标准 食品中总汞及有机汞的测定》（GB 5009.17—2014）规定的方法测定	限量值以 Hg 计。水产动物及其制品可先测定总汞，当总汞水平不超过甲基汞限量值时，不必测定甲基汞；否则，需再测定甲基汞
镉	水产制品：其他鱼类制品（凤尾鱼、旗鱼制品除外）	≤0.1mg/kg	按《食品安全国家标准 食品中镉的测定》（GB 5009.15—2014）规定的方法测定	限量值以 Cd 计
铅	水产制品（海蜇制品除外）	≤1.0mg/kg	按《食品安全国家标准 食品中铅的测定》（GB 5009.12—2017）规定的方法测定	限量以 Pb 计
N-二甲基亚硝胺	干制水产品	≤4.0μg/kg	按《食品安全国家标准 食品中 *N*-亚硝胺类化合物的测定》（GB 5009.26—2016）规定的方法测定	
无机砷	鱼类制品	≤0.1mg/kg	按《食品安全国家标准 食品中总砷及无机砷的测定》（GB 5009.11—2014）规定的方法测定	限量以 As 计。对于制定无机砷限量的食品可先测定其总砷，当总砷水平不超过无机砷限量值时，不必测定无机砷；否则，需再测定无机砷

续表

污染物名称	食品类别名称	限量要求	检验方法	备注
多氯联苯	水产动物及其制品	≤0.5mg/kg	按《食品安全国家标准　食品中指示性多氯联苯含量的测定》（GB 5009.190—2014）规定的方法测定	多氯联苯以 PCB28、PCB52、PCB101、PCB118、PCB138、PCB153 和 PCB180 总和计
铬	水产动物及其制品	≤2.0mg/kg	按《食品安全国家标准　食品中铬的测定》（5009.123—2014）规定的方法测定	限量以 Cr 计
锡	食品（饮料类、婴幼儿配方食品、婴幼儿辅助食品除外）	≤250mg/kg	按《食品安全国家标准　食品中锡的测定》（GB 5009.16—2014）规定的方法测定	仅适用于采用镀锡薄板容器包装的食品。限量以 Sn 计

2. 水产品中特定污染物限量查询（以甲基汞为例）

甲基汞是一种具有神经毒性的环境污染物。全国水产品甲基汞卫生标准科研协作组调研发现，甲基汞几乎完全可被人体吸收，并对神经细胞具有选择性的毒性。其排泄缓慢，在人体内的半衰期约 70d 左右，生物体内的半衰期可长达 1000d。甲基汞在鱼体内具有很强的富集作用，人体甲基汞的摄入主要来源于水产品的污染。要查询水产品中甲基汞的限量指标，需要明确查询的污染物为甲基汞，依据《食品安全国家标准　食品中污染物限量》（GB 2762—2017）的相关规定，通过食品中污染物限量查询数据库（http://db.foodmate.net/2762/）可实现快速查询（表 6-24）。

表 6-24　水产品中甲基汞限量规定

食品类别中文名称	限量要求	检验方法	备注
水产动物及其制品（肉食性鱼类及其制品除外）	≤0.5mg/kg	按《食品安全国家标准　食品中总汞及有机汞的测定》（GB 5009.17—2014）规定的方法测定	限量值以 Hg 计。水产动物及其制品可先测定总汞，当总汞水平不超过甲基汞限量值时，不必测定甲基汞；否则，需再测定甲基汞
肉食性鱼类	≤1.0mg/kg		
肉食性鱼类制品	≤1.0mg/kg		

【数据库】

（1）食品中真菌毒素限量查询数据库：http://db.foodmate.net/2761/

（2）食品中污染物限量查询数据库：http://db.foodmate.net/2762/

（3）食品中农药最大残留限量查询数据库：http://2763.foodmate.net/

（4）动物性食品中兽药残留限量查询数据库：http://31650.foodmate.net/?#/

复习巩固

1. 列举我国食品中有毒有害物质限量标准。

2. 食品安全产品标准主要规定了各类产品除通用安全指标以外的安全性指标。请列举 5 种常见食品的食品安全产品标准。

实践训练

农药残留限量指标的查询

在农业生产中，常常会发生病虫草害，这就需要用农药来进行预防和救治，而农药残留是农产品施药后的必然现象，难以避免。请根据本项目所学，完成以下任务：

（1）查询《食品安全国家标准 食品中农药最大残留量》（GB 2763—2021），检索苹果中设定最大残留限量的农药残留指标。

（2）查询《食品安全国家标准 食品中农药最大残留量》（GB 2763—2021），检索百草枯在不同食品中的最大残留限量规定。

苹果中农药最大残留限量解析

百草枯在不同食品中的最大残留限量解析

拓展资源

《食品安全国家标准 食品辐照加工卫生规范》（GB 18524—2016）

项目七　食品检验方法标准

☞ 学习目标

1. 掌握 GB 4789 系列标准和 GB 5009 系列标准。
2. 熟悉 GB 23200 系列标准。
3. 能够运用食品检验方法标准指导食品检验等相关工作。
4. 养成严谨细致的工作习惯，提升职业责任感和使命感。

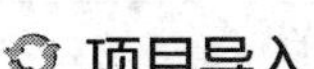

项目导入

食品中铅含量的测定方法有哪几种

根据《食品安全国家标准 食品中铅的测定》(GB 5009.12—2017)，食品中铅含量测定方法有石墨炉原子吸收光谱法、电感耦合等离子体质谱法、火焰原子吸收光谱法、二硫腙比色法等 4 种方法。

基础知识

食品检验方法标准是食品安全标准体系中的重要组成部分，是保障食品安全的重要技术依托和手段。《食品安全法》中明确规定“食品安全标准是强制执行的标准，包括与食品安全有关的食品检验方法与规程”。食品检验方法标准涉及多个食品行业领域，涵盖产品类别、检测原理、检测指标等不同内容。随着我国食品安全标准的修订与完善，将原各标准体系中的检验方法标准与食品安全标准规定一致的检验方法标准进行了清理整合，形成食品检验标准体系。该体系中较为重要的是食品微生物学检验系列标准、食品理化检验系列标准等。

一、食品微生物学检验系列标准

GB 4789 系列标准为食品微生物学检验系列标准，主要规定了食品中各类微生物学的检验方法，如商业无菌检验、菌落总数检验、大肠菌群检验、双歧杆菌检验、单核细胞增生李斯特氏菌检验等内容。标准一般包括范围、设备和材料、培养基和试剂、检验程序、操作步骤、结果与报告以及附录等内容。目前现行有效的 GB 4789 系列标准（表 7-1）包括《食品安全国家标准 食品微生物学检验 菌落总数测定》(GB 4789.2—2016)、《食品安全国家标准 食品微生物学检验 大肠菌群计数》(GB 4789.3—2016)、《食品安全国家标准 食品微生物学检验 金黄色葡萄球菌检验》(GB 4789.10—2016) 等。

表 7-1　GB 4789 系列食品微生物学检验标准汇总

序号	标准编号	标准名称
1	GB 4789.1—2016	食品安全国家标准 食品微生物学检验 总则
2	GB 4789.2—2016	食品安全国家标准 食品微生物学检验 菌落总数测定
3	GB 4789.3—2016	食品安全国家标准 食品微生物学检验 大肠菌群计数
4	GB 4789.4—2016	食品安全国家标准 食品微生物学检验 沙门氏菌检验
5	GB 4789.5—2012	食品安全国家标准 食品微生物学检验 志贺氏菌检验
6	GB 4789.6—2016	食品安全国家标准 食品微生物学检验 致泻大肠埃希氏菌检验
7	GB 4789.7—2013	食品安全国家标准 食品微生物学检验 副溶血性弧菌检验
8	GB 4789.8—2016	食品安全国家标准 食品微生物学检验 小肠结肠炎耶尔森氏菌检验
9	GB 4789.9—2014	食品安全国家标准 食品微生物学检验 空肠弯曲菌检验
10	GB 4789.10—2016	食品安全国家标准 食品微生物学检验 金黄色葡萄球菌检验
11	GB 4789.11—2014	食品安全国家标准 食品微生物学检验 β 型溶血性链球菌检验
12	GB 4789.12—2016	食品安全国家标准 食品微生物学检验 肉毒梭菌及肉毒毒素检验
13	GB 4789.13—2012	食品安全国家标准 食品微生物学检验 产气荚膜梭菌检验
14	GB 4789.14—2014	食品安全国家标准 食品微生物学检验 蜡样芽孢杆菌检验
15	GB 4789.15—2016	食品安全国家标准 食品微生物学检验 霉菌和酵母计数
16	GB 4789.16—2016	食品安全国家标准 食品微生物学检验 常见产毒霉菌的形态学鉴定
17	GB/T 4789.17—2003	食品卫生微生物学检验 肉与肉制品检验
18	GB 4789.18—2010	食品安全国家标准 食品微生物学检验 乳与乳制品检验
19	GB/T 4789.19—2003	食品卫生微生物学检验 蛋与蛋制品检验
20	GB/T 4789.20—2003	食品卫生微生物学检验 水产食品检验
21	GB/T 4789.21—2003	食品卫生微生物学检验 冷冻饮品、饮料检验
22	GB/T 4789.22—2003	食品卫生微生物学检验 调味品检验
23	GB/T 4789.23—2003	食品卫生微生物学检验 冷食菜、豆制品检验
24	GB/T 4789.24—2003	食品卫生微生物学检验 糖果、糕点、蜜饯检验
25	GB/T 4789.25—2003	食品卫生微生物学检验 酒类检验
26	GB 4789.26—2013	食品安全国家标准 食品微生物学检验 商业无菌检验
27	GB/T 4789.27—2008	食品卫生微生物学检验 鲜乳中抗生素残留检验
28	GB 4789.28—2013	食品安全国家标准 食品微生物学检验 培养基和试剂的质量要求
29	GB 4789.29—2020	食品安全国家标准 食品微生物学检验 唐菖蒲伯克霍尔德氏菌（椰毒假单胞菌酵米面亚种）检验
30	GB 4789.30—2016	食品安全国家标准 食品微生物学检验 单核细胞增生李斯特氏菌检验
31	GB 4789.31—2013	食品安全国家标准 食品微生物学检验 沙门氏菌、志贺氏菌和致泻大肠埃希氏菌的肠杆菌科噬菌体诊断检验
32	GB 4789.34—2016	食品安全国家标准 食品微生物学检验 双歧杆菌检验
33	GB 4789.35—2016	食品安全国家标准 食品微生物学检验 乳酸菌检验
34	GB 4789.36—2016	食品安全国家标准 食品微生物学检验 大肠埃希氏菌 O157:H7 / NM 检验

续表

序号	标准编号	标准名称
35	GB 4789.38—2012	食品安全国家标准 食品微生物学检验 大肠埃希氏菌计数
36	GB 4789.39—2013	食品安全国家标准 食品微生物学检验 粪大肠菌群计数
37	GB 4789.40—2016	食品安全国家标准 食品微生物学检验 克罗诺杆菌属（阪崎肠杆菌）检验
38	GB 4789.41—2016	食品安全国家标准 食品微生物学检验 肠杆菌科检验
39	GB 4789.42—2016	食品安全国家标准 食品微生物学检验 诺如病毒检验
40	GB 4789.43—2016	食品安全国家标准 食品微生物学检验 微生物源酶制剂抗菌活性的测定
41	GB 4789.44—2020	食品安全国家标准 食品微生物学检验 创伤弧菌检验

（1）《食品安全国家标准 食品微生物学检验 菌落总数测定》（GB 4789.2—2016）：菌落总数就是指在一定条件下（如需氧情况、营养条件、pH 值、培养温度和时间等）每克（每毫升）检样所生长出来的细菌菌落总数。菌落总数的多少直接反映了食品被污染的程度。标准中规定了食品中菌落总数的测定方法，详细阐述了菌落总数检测所用的设备和材料、培养基和试剂、检验程序、具体操作步骤，以及结果处理和报告出具要点等。

（2）《食品安全国家标准 食品微生物学检验 大肠菌群计数》（GB 4789.3—2016）：大肠菌群是在一定培养条件下能发酵乳糖、产酸产气的需氧和兼性厌氧革兰氏阴性无芽孢杆菌。它并非细菌学分类命名，而是卫生细菌领域的用语，反映了食品被粪便污染的程度。标准中规定了食品中大肠菌群的计数方法，详细阐述了检验原理，检测工作中用到的设备和材料、培养基和试剂等，以及检验程序、操作步骤、报告出具要点等。

（3）《食品安全国家标准 食品微生物学检验 金黄色葡萄球菌检验》（GB 4789.10—2016）：金黄色葡萄球菌类属于葡萄球菌属，是人类的一种重要病原菌，能够引起许多严重感染。标准中阐述了 3 种金黄色葡萄球菌检验方法，分别是金黄色葡萄球菌定性检验、金黄色葡萄球菌平板计数法和金黄色葡萄球菌 MPN 计数法。标准中详细阐述了检验工作所需的设备和材料、培养基和试剂、检验程序、操作步骤，以及结果处理和报告出具等。

二、食品理化检验系列标准

GB 5009 系列标准为食品理化检验系列标准，主要规定了食品中各类理化指标的检验方法，如生物毒素、营养素、重金属、化学污染物、农药兽药、食品成分、质量指标、食品添加剂等的测定方法。标准一般包括范围、原理、试剂和材料、仪器和设备、分析步骤、分析结果表述、精密度、其他及附录等内容。目前现行有效的 GB 5009 系列标准（表 7-2）包括《食品安全国家标准 食品中灰分的测定》（GB 5009.4—2016）、《食品安全国家标准 食品中蛋白质的测定》（GB 5009.5—2016）、《食品安全国家标准 食品中脂肪的测定》（GB 5009.6—2016）、《食品安全国家标准 食品中还原糖的测定》（GB 5009.7—2016）、《食品安全国家标准 食品酸度的测定》（GB 5009.239—2016）等。

表 7-2　部分 GB 5009 系列标准

序号	标准编号	标准名称
1	GB/T 5009.1—2003	食品卫生检验方法 理化部分 总则
2	GB 5009.2—2016	食品安全国家标准 食品相对密度的测定
3	GB 5009.3—2016	食品安全国家标准 食品中水分的测定
4	GB 5009.4—2016	食品安全国家标准 食品中灰分的测定
5	GB 5009.5—2016	食品安全国家标准 食品中蛋白质的测定
6	GB 5009.6—2016	食品安全国家标准 食品中脂肪的测定
7	GB 5009.7—2016	食品安全国家标准 食品中还原糖的测定
8	GB 5009.8—2016	食品安全国家标准 食品中果糖、葡萄糖、蔗糖、麦芽糖、乳糖的测定
9	GB 5009.9—2016	食品安全国家标准 食品中淀粉的测定
10	GB/T 5009.10—2003	植物类食品中粗纤维的测定
11	GB 5009.11—2014	食品安全国家标准 食品中总砷及无机砷的测定
12	GB 5009.12—2017	食品安全国家标准 食品中铅的测定
13	GB 5009.13—2017	食品安全国家标准 食品中铜的测定
14	GB 5009.14—2017	食品安全国家标准 食品中锌的测定
15	GB 5009.15—2014	食品安全国家标准 食品中镉的测定
16	GB 5009.16—2014	食品安全国家标准 食品中锡的测定
17	GB 5009.17—2014	食品安全国家标准 食品中总汞及有机汞的测定
18	GB/T 5009.18—2003	食品中氟的测定
19	GB/T 5009.19—2008	食品中有机氯农药多组分残留量的测定
20	GB/T 5009.20—2003	食品中有机磷农药残留量的测定
21	GB/T 5009.21—2003	粮、油、菜中甲萘威残留量的测定
22	GB 5009.22—2016	食品安全国家标准 食品中黄曲霉毒素 B 族和 G 族的测定
23	GB 5009.24—2016	食品安全国家标准 食品中黄曲霉毒素 M 族的测定
24	GB 5009.25—2016	食品安全国家标准 食品中杂色曲霉素的测定
25	GB 5009.26—2016	食品安全国家标准 食品中 *N*-亚硝胺类化合物的测定
26	GB 5009.27—2016	食品安全国家标准 食品中苯并［a］芘的测定
27	GB 5009.28—2016	食品安全国家标准 食品中苯甲酸、山梨酸和糖精钠的测定
28	GB/T 5009.30—2003	食品中叔丁基羟基茴香醚（BHA）与 2,6-二叔丁基对甲酚（BHT）的测定
29	GB 5009.31—2016	食品安全国家标准 食品中对羟基苯甲酸酯类的测定
30	GB 5009.32—2016	食品安全国家标准 食品中 9 种抗氧化剂的测定
31	GB 5009.33—2016	食品安全国家标准 食品中亚硝酸盐与硝酸盐的测定
32	GB 5009.34—2016	食品安全国家标准 食品中二氧化硫的测定
33	GB 5009.35—2016	食品安全国家标准 食品中合成着色剂的测定
34	GB 5009.36—2016	食品安全国家标准 食品中氰化物的测定
35	GB/T 5009.36—2003	粮食卫生标准的分析方法
36	GB/T 5009.37—2003	食用植物油卫生标准的分析方法

续表

序号	标准编号	标准名称
37	GB/T 5009.38—2003	蔬菜、水果卫生标准的分析方法
38	GB/T 5009.39—2003	酱油卫生标准的分析方法
39	GB/T 5009.40—2003	酱卫生标准的分析方法
40	GB/T 5009.41—2003	食醋卫生标准的分析方法
41	GB 5009.42—2016	食品安全国家标准 食盐指标的测定
42	GB 5009.43—2016	食品安全国家标准 味精中麸氨酸钠（谷氨酸钠）的测定
43	GB 5009.44—2016	食品安全国家标准 食品中氯化物的测定
44	GB/T 5009.44—2003	肉与肉制品卫生标准的分析方法
45	GB/T 5009.45—2003	水产品卫生标准的分析方法
46	GB/T 5009.47—2003	蛋与蛋制品卫生标准的分析方法
47	GB/T 5009.48—2003	蒸馏酒与配制酒卫生标准的分析方法
48	GB/T 5009.49—2008	发酵酒及其配制酒卫生标准的分析方法
49	GB/T 5009.50—2003	冷饮食品卫生标准的分析方法
50	GB/T 5009.51—2003	非发酵性豆制品及面筋卫生标准的分析方法
51	GB/T 5009.52—2003	发酵性豆制品卫生标准的分析方法
52	GB/T 5009.53—2003	淀粉类制品卫生标准的分析方法
53	GB/T 5009.54—2003	酱腌菜卫生标准的分析方法
54	GB/T 5009.55—2003	食糖卫生标准的分析方法
55	GB/T 5009.56—2003	糕点卫生标准的分析方法
56	GB/T 5009.57—2003	茶叶卫生标准的分析方法
57	GB/T 5009.59—2003	食品包装用聚苯乙烯树脂卫生标准的分析方法
58	GB/T 5009.60—2003	食品包装用聚乙烯、聚苯乙烯、聚丙烯成型品卫生标准的分析方法
59	GB/T 5009.61—2003	食品包装用三聚氰胺成型品卫生标准的分析方法
60	GB/T 5009.62—2003	陶瓷制食具容器卫生标准的分析方法
61	GB/T 5009.64—2003	食品用橡胶垫片（圈）卫生标准的分析方法
62	GB/T 5009.65—2003	食品用高压锅密封圈卫生标准的分析方法
63	GB/T 5009.66—2003	橡胶奶嘴卫生标准的分析方法
64	GB/T 5009.67—2003	食品包装用聚氯乙烯成型品卫生标准的分析方法
65	GB/T 5009.70—2003	食品容器内壁聚酰胺环氧树脂涂料卫生标准的分析方法
66	GB/T 5009.71—2003	食品包装用聚丙烯树脂卫生标准的分析方法
67	GB/T 5009.73—2003	粮食中二溴乙烷残留量的测定
68	GB 5009.74—2014	食品安全国家标准 食品添加剂中重金属限量试验
69	GB 5009.75—2014	食品安全国家标准 食品添加剂中铅的测定
70	GB 5009.76—2014	食品安全国家标准 食品添加剂中砷的测定
71	GB/T 5009.77—2003	食用氢化油、人造奶油卫生标准的分析方法
72	GB/T 5009.79—2003	食品用橡胶管卫生检验方法
73	GB/T 5009.80—2003	食品容器内壁聚四氟乙烯涂料卫生标准的分析方法

续表

序号	标准编号	标准名称
74	GB 5009.82—2016	食品安全国家标准 食品中维生素 A、D、E 的测定
75	GB 5009.83—2016	食品安全国家标准 食品中胡萝卜素的测定
76	GB 5009.84—2016	食品安全国家标准 食品中维生素 B_1 的测定
77	GB 5009.85—2016	食品安全国家标准 食品中维生素 B_2 的测定
78	GB 5009.86—2016	食品安全国家标准 食品中抗坏血酸的测定
79	GB 5009.87—2016	食品安全国家标准 食品中磷的测定
80	GB 5009.88—2014	食品安全国家标准 食品中膳食纤维的测定
81	GB 5009.89—2016	食品安全国家标准 食品中烟酸和烟酰胺的测定
82	GB 5009.90—2016	食品安全国家标准 食品中铁的测定
83	GB 5009.91—2017	食品安全国家标准 食品中钾、钠的测定
84	GB 5009.92—2016	食品安全国家标准 食品中钙的测定
85	GB 5009.93—2017	食品安全国家标准 食品中硒的测定
86	GB/T 5009.95—2003	蜂蜜中四环素族抗生素残留量的测定
87	GB 5009.96—2016	食品安全国家标准 食品中赭曲霉毒素 A 的测定
88	GB 5009.97—2016	食品安全国家标准 食品中环己基氨基磺酸钠的测定
89	GB/T 5009.98—2003	食品容器及包装材料用不饱和聚酯树脂及其玻璃钢制品卫生标准分析方法
90	GB/T 5009.102—2003	植物性食品中辛硫磷农药残留量的测定
91	GB/T 5009.103—2003	植物性食品中甲胺磷和乙酰甲胺磷农药残留量的测定
92	GB/T 5009.104—2003	植物性食品中氨基甲酸酯类农药残留量的测定
93	GB/T 5009.105—2003	黄瓜中百菌清残留量的测定
94	GB/T 5009.106—2003	植物性食品中二氯苯醚菊酯残留量的测定
95	GB/T 5009.107—2003	植物性食品中二嗪磷残留量的测定
96	GB/T 5009.108—2003	畜禽肉中己烯雌酚的测定
97	GB/T 5009.109—2003	柑桔中水胺硫磷残留量的测定
98	GB/T 5009.110—2003	植物性食品中氯氰菊酯、氰戊菊酯和溴氰菊酯残留量的测定
99	GB 5009.111—2016	食品安全国家标准 食品中脱氧雪腐镰刀菌烯醇及其乙酰化衍生物的测定
100	GB/T 5009.112—2003	大米和柑桔中喹硫磷残留量的测定

（1）《食品安全国家标准 食品中灰分的测定》（GB 5009.4—2016）：食品中的灰分是指食品经高温灼烧后残留下来的无机物，灰分指标可以评定食品是否污染，判断食品是否掺假。如果灰分含量超标，说明食品原料中可能混有杂质或在加工过程中可能混入一些泥沙等机械污染物。此外，灰分中的主要成分无机盐是六大营养素之一，因此它也是评价食品营养的重要参考指标之一。标准中规定了灰分测定的 3 种方法，分别为食品中灰分的测定方法、食品中水溶性灰分和水不溶性灰分的测定方法以及食品中酸不溶性灰分的测定方法。标准从原理、试剂和材料、仪器和设备、分析步骤、分析结果表述、精密度等方面均进行了详细描述。

（2）《食品安全国家标准 食品中蛋白质的测定》（GB 5009.5—2016）：食品中的蛋白

质是重要营养素之一，是食品品质评价的重要质量指标。标准中规定了食品中蛋白质的测定方法，包括凯氏定氮法、分光光度法、燃烧法等方法。标准从测定原理、试剂和材料、仪器和设备、分析步骤、分析结果表述以及精密度等方面进行了详细描述。

（3）《食品安全国家标准 食品中脂肪的测定》（GB 5009.6—2016）：食品中的脂肪是重要的能源物质和营养素，是食品成分的重要组成和品质评价的重要指标。标准中规定了食品中脂肪含量的测定方法，包括索氏提取法、酸水解法、碱水解法、盖勃法等方法。标准从原理、试剂和材料、仪器和设备、分析步骤、分析结果的表述以及精密度等方面进行了详细描述。

（4）《食品安全国家标准 食品酸度的测定》（GB 5009.239—2016）：食品的酸度是乳制品、果蔬制品、粮食制品等品质评价的重要指标之一。标准中规定了生乳及乳制品、淀粉及其衍生物酸度和粮食及制品酸度的测定方法，包括酚酞指示剂法、pH 计法、电位滴定仪法等，不同方法具有不同的适用范围。

除了 GB 5009 系列标准外，检测方法标准还有很多，如 GB 23200 农药兽药残留检测系列标准，表 7-3 为部分 GB 23200 系列标准。此外还有《茶叶中茶多酚和儿茶素类含量的检测方法》（GB/T 8313—2018）、《砖茶含氟量的检测方法》（GB/T 21728—2008）、《转基因植物产品数字 PCR 检测方法》（GB/T 33526—2017）、《动物可食性组织中阿苯达唑及其主要代谢物残留检测方法 高效液相色谱法》（农业部 958 号公告-9—2007）、《贝类中甲型肝炎病毒检测方法 普通 RT-PCR 方法和实时荧光 RT-PCR 方法》（GB/T 22287—2008）、《牛奶中氨苄青霉素残留检测方法 HPLC》（NY/T 829—2004）、《出口粮谷中叶枯酞残留量检测方法》（SN/T 1017.6—2019）等测定方法。

表 7-3　部分 GB 23200 系列标准

序号	标准编号	标准名称
1	GB 23200.1—2016	食品安全国家标准 除草剂残留量检测方法 第 1 部分：气相色谱-质谱法测定 粮谷及油籽中酰胺类除草剂残留量
2	GB 23200.2—2016	食品安全国家标准 除草剂残留量检测方法 第 2 部分：气相色谱-质谱法测定 粮谷及油籽中二苯醚类除草剂残留量
3	GB 23200.3—2016	食品安全国家标准 除草剂残留量检测方法 第 3 部分：液相色谱-质谱/质谱法测定 食品中环已酮类除草剂残留量
4	GB 23200.4—2016	食品安全国家标准 除草剂残留量检测方法 第 4 部分：气相色谱-质谱/质谱法测定 食品中芳氧苯氧丙酸酯类除草剂残留量
5	GB 23200.5—2016	食品安全国家标准 除草剂残留量检测方法 第 5 部分：液相色谱-质谱/质谱法测定 食品中硫代氨基甲酸酯类除草剂残留量
6	GB 23200.6—2016	食品安全国家标准 除草剂残留量检测方法 第 6 部分：液相色谱-质谱/质谱法测定 食品中杀草强残留量
7	GB 23200.7—2016	食品安全国家标准 蜂蜜、果汁和果酒中 497 种农药及相关化学品残留量的测定 气相色谱-质谱法
8	GB 23200.9—2016	食品安全国家标准 粮谷中 475 种农药及相关化学品残留量的测定 气相色谱-质谱法

续表

序号	标准编号	标准名称
9	GB 23200.10—2016	食品安全国家标准 桑枝、金银花、枸杞子和荷叶中 488 种农药及相关化学品残留量的测定 气相色谱-质谱法
10	GB 23200.11—2016	食品安全国家标准 桑枝、金银花、枸杞子和荷叶中 413 种农药及相关化学品残留量的测定 液相色谱-质谱法
11	GB 23200.12—2016	食品安全国家标准 食用菌中 440 种农药及相关化学品残留量的测定 液相色谱-质谱法
12	GB 23200.13—2016	食品安全国家标准 茶叶中 448 种农药及相关化学品残留量的测定 液相色谱-质谱法
13	GB 23200.14—2016	食品安全国家标准 果蔬汁和果酒中 512 种农药及相关化学品残留量的测定 液相色谱-质谱法
14	GB 23200.15—2016	食品安全国家标准 食用菌中 503 种农药及相关化学品残留量的测定 气相色谱-质谱法
15	GB 23200.16—2016	食品安全国家标准 水果和蔬菜中乙烯利残留量的测定 气相色谱法
16	GB 23200.17—2016	食品安全国家标准 水果和蔬菜中噻菌灵残留量的测定 液相色谱法
17	GB 23200.18—2016	食品安全国家标准 蔬菜中非草隆等 15 种取代脲类除草剂残留量的测定 液相色谱法
18	GB 23200.19—2016	食品安全国家标准 水果和蔬菜中阿维菌素残留量的测定 液相色谱法
19	GB 23200.20—2016	食品安全国家标准 食品中阿维菌素残留量的测定 液相色谱-质谱/质谱法
20	GB 23200.21—2016	食品安全国家标准 水果中赤霉酸残留量的测定 液相色谱-质谱/质谱法
21	GB 23200.22—2016	食品安全国家标准 坚果及坚果制品中抑芽丹残留量的测定 液相色谱法
22	GB 23200.23—2016	食品安全国家标准 食品中地乐酚残留量的测定 液相色谱-质谱/质谱法
23	GB 23200.24—2016	食品安全国家标准 粮谷和大豆中 11 种除草剂残留量的测定 气相色谱-质谱法
24	GB 23200.25—2016	食品安全国家标准 水果中草酮残留量的检测方法
25	GB 23200.26—2016	食品安全国家标准 茶叶中 9 种有机杂环类农药残留量的检测方法
26	GB 23200.27—2016	食品安全国家标准 水果中 4,6-二硝基邻甲酚残留量的测定 气相色谱-质谱法
27	GB 23200.28—2016	食品安全国家标准 食品中多种醚类除草剂残留量的测定 气相色谱-质谱法
28	GB 23200.29—2016	食品安全国家标准 水果和蔬菜中唑螨酯残留量的测定 液相色谱法
29	GB 23200.30—2016	食品安全国家标准 食品中环氟菌胺残留量的测定 气相色谱-质谱法
30	GB 23200.31—2016	食品安全国家标准 食品中丙炔氟草胺残留量的测定 气相色谱-质谱法
31	GB 23200.32—2016	食品安全国家标准 食品中丁酰肼残留量的测定 气相色谱-质谱法
32	GB 23200.33—2016	食品安全国家标准 食品中解草嗪、莎稗磷、二丙烯草胺等 110 种农药残留量的测定 气相色谱-质谱法
33	GB 23200.34—2016	食品安全国家标准 食品中涕灭砜威、吡唑醚菌酯、嘧菌酯等 65 种农药残留量的测定 液相色谱-质谱/质谱法
34	GB 23200.35—2016	食品安全国家标准 植物源性食品中取代脲类农药残留量的测定 液相色谱-质谱法
35	GB 23200.36—2016	食品安全国家标准 植物源食品中氯氟吡氧乙酸、氟硫草定、氟吡草腙和噻唑烟酸除草剂残留量的测定 液相色谱-质谱/质谱法
36	GB 23200.37—2016	食品安全国家标准 食品中烯啶虫胺、呋虫胺等 20 种农药 残留量的测定 液相色谱-质谱/质谱法
37	GB 23200.38—2016	食品安全国家标准 植物源性食品中环己烯酮类除草剂残留量的测定 液相色谱-质谱/质谱法
38	GB 23200.39—2016	食品安全国家标准 食品中噻虫嗪及其代谢物噻虫胺残留量的测定 液相色谱-质谱/质谱法
39	GB 23200.40—2016	食品安全国家标准 可乐饮料中有机磷、有机氯农药残留量的测定 气相色谱法

续表

序号	标准编号	标准名称
40	GB 23200.41—2016	食品安全国家标准 食品中噻节因残留量的检测方法
41	GB 23200.42—2016	食品安全国家标准 粮谷中氟吡禾灵残留量的检测方法
42	GB 23200.43—2016	食品安全国家标准 粮谷及油籽中二氯喹啉酸残留量的测定 气相色谱法
43	GB 23200.44—2016	食品安全国家标准 粮谷中二硫化碳、四氯化碳、二溴乙烷残留量的检测方法
44	GB 23200.45—2016	食品安全国家标准 食品中除虫脲残留量的测定 液相色谱-质谱法
45	GB 23200.46—2016	食品安全国家标准 食品中嘧霉胺、嘧菌胺、腈菌唑、嘧菌酯残留量的测定 气相色谱-质谱法
46	GB 23200.47—2016	食品安全国家标准 食品中四螨嗪残留量的测定 气相色谱-质谱法
47	GB 23200.48—2016	食品安全国家标准 食品中野燕枯残留量的测定 气相色谱-质谱法
48	GB 23200.49—2016	食品安全国家标准 食品中苯醚甲环唑残留量的测定 气相色谱-质谱法
49	GB 23200.50—2016	食品安全国家标准 食品中吡啶类农药残留量的测定 液相色谱-质谱/质谱法
50	GB 23200.51—2016	食品安全国家标准 食品中呋虫胺残留量的测定 液相色谱-质谱/质谱法
51	GB 23200.52—2016	食品安全国家标准 食品中嘧菌环胺残留量的测定 气相色谱-质谱法
52	GB 23200.53—2016	食品安全国家标准 食品中氟硅唑残留量的测定 气相色谱-质谱法
53	GB 23200.54—2016	食品安全国家标准 食品中甲氧基丙烯酸酯类杀菌剂残留量的测定 气相色谱-质谱法
54	GB 23200.55—2016	食品安全国家标准 食品中 21 种熏蒸剂残留量的测定 顶空气相色谱法
55	GB 23200.56—2016	食品安全国家标准 食品中喹氧灵残留量的检测方法
56	GB 23200.57—2016	食品安全国家标准 食品中乙草胺残留量的检测方法
57	GB 23200.58—2016	食品安全国家标准 食品中氯酯磺草胺残留量的测定 液相色谱-质谱/质谱法
58	GB 23200.59—2016	食品安全国家标准 食品中敌草腈残留量的测定 气相色谱-质谱法
59	GB 23200.60—2016	食品安全国家标准 食品中炔草酯残留量的检测方法

项目解析

菌落总数测定标准要点解析

（一）称样

（1）一般称量固体或半固体 25g。由于称样量较大，标准中对于称样的准确性未做出明确规定，一般遵循“宜多不宜少”的原则，即实际称样时可根据样品情况称取超出 25g（如硬质糖果等，检验人员应依据样品实际情况决定如何称样）。微生物室常用称样的电子天平最大允许误差为±0.1g。

（2）对于部分食品添加剂已明确须称取 1.0g 的，则须严格精确称量。

（二）样品稀释

（1）固体或半固体：将 25g 样品置于均质袋中，加入已灭菌的生理盐水（0.85%的氯化钠溶液）225g，稍捏碎（特别是糕点/面包及其他淀粉制品），放入拍击式均质器均质 1min，此时即制备成 1∶10 的样品匀液。以移液器灭菌吸取该液体至 9mL 灭菌生理盐水试管中，换上新的灭菌移液器枪头，缓缓吸取液体后反复吹打 2 次，此时即制备成 1∶100 的匀液。以此类推，制备 10 倍系列稀释匀液。

（2）液体样品：直接吸取原液进行检验，稀释时可直接吸取 1mL 原液到 9mL 灭菌生理盐水试管中按照“固体或半固体”的方式稀释。

（三）稀释度的选取

液体样品可直接取原液进行检验；固体或半固体则必须依据检验经验，选取 2～3 个适宜稀释度进行检验（一般样品选取 1∶10、1∶100、1∶1000 三个稀释度进行检验。若遇到不常做的样品，可适当延长稀释度至 1∶100 000 甚至 1∶1 000 000）。

（四）质量控制

空白对照：分别吸取 1mL 灭菌生理盐水到平皿中做空白对照。（若空白有菌落生长则该实验无效。）

（五）平板计数琼脂（PCA）

灭菌条件为 121 ℃、15min。一般情况下于 500mL 敞口锥形瓶中配制 400mL/瓶。

（六）稀释液

常采用生理盐水，121℃、15min 高压灭菌后冷却备用。

（七）培养

（1）倾注培养基。根据对样品污染情况的估计（同一类型样品的微生物检测经验），若样品有表面蔓延生长的可能性，则待第一次倾注的琼脂凝固后，可在表面再覆盖一层琼脂以避免菌落蔓延而难以计数。

（2）培养条件

水产品 30℃±1℃培养 72h±3h；其他样品 36℃±1℃培养 48h±2h。注意：此处的“水产品”是指生鱼片、鱿鱼干等未经深度加工的水产品。

（八）菌落计数

菌落计数及计算有以下几点需要注意。

（1）菌落计数时，从低稀释度的平板开始计数。若所有平板上的菌落数均小于 30CFU，则须计数所有平板上的菌落数，但仅采用最接近 30CFU 的两个平板的菌落数来计算最终菌落总数（表 7-4）。

表 7-4　菌落数选取、计算过程及结果修约表 1

稀释度	菌落数/CFU		平均数/CFU	计算过程	修约后结果/（CFU/g）或（CFU/mL）
1∶10	27	28	27.5	［(27+28)/2］×10=275	280
1∶100	3	4	3.5		280
1∶1000	0	0	0		280

（2）若第一稀释梯度一个平板上菌落数高于 30CFU，另一个平板上菌落数低于 30CFU，则依据标准应当以介于 30～300CFU 的菌落数作为该稀释梯度的菌落数（表 7-5）。

表 7-5　菌落数选取、计算过程及结果修约表 2

稀释度	菌落数/CFU		平均数/CFU	计算过程	修约后结果/（CFU/g）或（CFU/mL）
1∶10	37	28	32.5	37×10=370	370
1∶100	3	4	3.5		370
1∶1000	0	0	0		370

（3）若所有平板上的菌落数均大于 30CFU，则只计数 30～300CFU 的平板上的菌落数，并采用这些数据，依据标准中给定的公式，进行最终菌落总数的计算，此时将大于 300CFU 的记为“多不可计”，以“TNTC”表示（表 7-6）。

表 7-6　菌落数选取、计算过程及结果修约表 3

稀释度	菌落数/CFU		平均数/CFU	计算过程	修约后结果/（CFU/g）或（CFU/mL）
1∶10	TNTC	TNTC	—	$(245+246+31)/[(2+1\times0.1)\times10^{-2}]=24\ 857$	25 000
1∶100	245	246	245.5		25 000
1∶1000	28	31	29.5		25 000

（4）若所有稀释度的平板菌落数都大于 300CFU，则不能所有都计为“TNTC”，必须将最高稀释度的两个平板上的菌落逐一地计数，再计算平均数。该平均数为该梯度的菌落总数，其余平板上的菌落数可记为“TNTC”（表 7-7）。

表 7-7　菌落数选取、计算过程及结果修约表 4

稀释度	菌落数/CFU		平均数/CFU	计算过程	修约后结果/（CFU/g）或（CFU/mL）
1∶10	TNTC	TNTC	—	$[(312+301)/2]\times10^{3}=306\ 500$	31 000
1∶100	TNTC	TNTC	—		31 000
1∶1000	312	301	306.5		31 000

（5）计算菌落总数时，须严格按照标准要求进行计算。

特殊情况：

① 若所有平板均无菌落生长，则以小于 1 乘以最低稀释倍数。“最低稀释倍数”并不是固定不变的，与检验人员选取的稀释度有关。例如，某样品多次检验后发现菌落总数较高，检验人员在梯度稀释后取 1∶1000、1∶10 000、1∶100 000 三个梯度的稀释液倾注平板，所有平板上均无菌落生长，则计算过程为小于 1×1000，最终结果为小于 1000CFU/g；若选取 1∶10、1∶100、1∶1000 三个梯度的稀释液倾注平板，均无菌落生长，则最终结果为小于 10CFU/g。因此，稀释度的选择对于结果存在较大影响，选择时应谨慎。

② 最低稀释度两个平板只有一个平板上长了 1 个菌落，若为固体样品且本次检验的最低稀释倍数为 1∶10，此时计算过程为（1＋0）/2×10＝5。由于默认固体样品最小检出量为 10CFU/g，故本次检验的菌落总数结果为 10CFU/g。注意：对于该情况一直存在争议，不同的检验人员可能做法不一，有人保留为 5CFU/g，有人保留为 10CFU/g，并无固定做法（表 7-8），建议检验人员保持一贯做法，不要随意更改。

表 7-8　菌落数选取、计算过程及结果修约表 5

稀释度	菌落数/CFU		平均数/CFU	计算过程	修约后结果/（CFU/g）或（CFU/mL）
1∶10	1	0	0.5	［（1＋0）/2］×10＝5	5/10
1∶100	0	0	0		5/10

（九）其他

对于水产品、冷冻食品、速冻食品等菌落总数含量较高、限量值较大的食品类别，建议多增加稀释梯度（可稀释至 10^{-4} 甚至 10^{-5}），避免稀释度较低、浓度较大导致培养后平板上菌落蔓延、弥散而难以计数甚至无法计数。

复习巩固

1. 概述 GB 5009 系列标准的主要内容。

2. 简述微生物检验工作中菌落总数、大肠菌群、金黄色葡萄球菌、沙门氏菌、志贺氏菌检验所依据的标准编号及标准名称。

实践训练

乳粉中含水量的测定

水对食品的结构、外观、质地、风味、新鲜度及腐败变质的敏感性都有极大的影响。在检测工作中，食品中含水量的测定尤为重要，对保证食品质量安全和商品价值具有重大意义。

乳粉是一种干制乳制品，受到消费者的喜爱，其含水量是影响乳粉品质的重要指标。《食品安全国家标准　乳粉》（GB 19644—2010）规定，理化指标含水量应小于等于

5.0%。

问题:

（1）要测定乳粉中含水量，需要查询哪项国家标准?

（2）理解标准方法内涵，绘制乳粉中含水量测定流程图。

乳粉中含水量的测定解析

拓展资源

《食品安全国家标准　食品微生物学检验 菌落总数测定》（GB 4789.2—2016）

项目八　食品添加剂和食品营养强化剂标准

☞ 学习目标

1. 掌握食品添加剂的使用标准。
2. 熟悉食品营养强化剂的使用标准。
3. 熟悉食品添加剂标识通则。
4. 树立食品产品合规意识。

项目导入

面包中允许添加的食品添加剂有哪些

（1）防腐剂：如丙酸及其钠盐、钙盐、山梨酸及其钾盐、脱氢乙酸及其钠盐（脱氢醋酸及其钠盐）、乳酸链球菌素、ε-聚赖氨酸等。

（2）酸度调节剂：如富马酸、富马酸一钠、碳酸钾、碳酸钠、乳酸、碳酸氢钾等。

（3）乳化剂：如聚氧乙烯（20）山梨醇酐单月桂酸酯（又名吐温-20）、聚氧乙烯（20）山梨醇酐单棕榈酸酯（又名吐温-40）、聚氧乙烯（20）山梨醇酐单硬脂酸酯（又名吐温-60）、聚氧乙烯（20）山梨醇酐单油酸酯（又名吐温-80）、山梨醇酐单月桂酸酯（又名司盘-20）、山梨醇酐单棕榈酸酯（又名司盘-40）、山梨醇酐单硬脂酸酯（又名司盘 60）、山梨醇酐三硬脂酸酯（又名司盘-65）、山梨醇酐单油酸酯（又名司盘-80）、改性大豆磷脂等。

（4）甜味剂：如环己基氨基磺酸钠（又名甜蜜素）、环己基氨基磺酸钙、麦芽糖醇和麦芽糖醇液、山梨糖醇和山梨糖醇液、天冬酰苯丙氨酸甲酯（又名阿斯巴甜）、三氯蔗糖（又名蔗糖素）等。

（5）着色剂：如可可壳色、密蒙黄、番茄红素、β-胡萝卜素、姜黄、胭脂虫红等。

（6）抗氧化剂：如抗坏血酸棕榈酸酯、竹叶抗氧化物、茶黄素、抗坏血酸（又名维生素 C）、抗坏血酸钠、抗坏血酸钙等。

（7）增稠剂、稳定和凝固剂：如硫酸钙（又名石膏）、海藻酸钙（又名褐藻酸钙）、海藻酸丙二醇酯、决明胶、瓜尔胶、果胶、海藻酸钠（又名褐藻酸钠）、槐豆胶（又名刺槐豆胶）、黄原胶（又名汉生胶）、卡拉胶羟丙基甲基纤维素（HPMC）、琼脂等。

（8）其他：如增味剂（又名谷氨酸钠）、水分保持剂（又名乳酸钾）。

基础知识

一、食品添加剂使用标准

食品添加剂是指为改善食品品质和色、香、味，以及为防腐、保鲜和加工工艺的需要而加入食品中的人工合成或者天然物质。食品用香料、胶基糖果中基础剂物质、食品工业用加工助剂也包括在内。

为了进一步规范食品添加剂的使用、保障食品添加剂使用的安全性，国家卫生和计划生育委员会根据《食品安全法》的有关规定，于2014年12月31日颁布了《食品安全国家标准 食品添加剂使用标准》（GB 2760—2014），该标准替代了2011年版并于2015年5月24日起实施。

《食品安全国家标准 食品添加剂使用标准》（GB 2760—2014）规定了食品添加剂的使用原则、允许使用的食品添加剂品种、使用范围及最大使用量或残留量。主要包括以下内容。

（一）食品添加剂的使用原则

1. 食品添加剂的基本使用要求

（1）不应对人体产生任何健康危害。

（2）不应掩盖食品腐败变质。

（3）不应掩盖食品本身或加工过程中的质量缺陷或以掺杂、掺假、伪造为目的而使用食品添加剂。

（4）不应降低食品本身的营养价值。

（5）在达到预期效果的前提下尽可能降低在食品中的使用量。

2. 食品添加剂的使用情形

（1）保持或提高食品本身的营养价值。

（2）作为某些特殊膳食用食品的必要配料或成分。

（3）提高食品的质量和稳定性，改进其感官特性。

（4）便于食品的生产、加工、包装、运输或者贮藏。

3. 食品添加剂的质量标准

食品添加剂应当符合相应的质量标准要求。

4. 食品添加剂的带入原则

在下列情况下，食品添加剂可以通过食品配料（含食品添加剂）带入食品中。

（1）食品配料中允许使用该食品添加剂。

（2）食品配料中该添加剂的用量不应超过允许的最大使用量。

（3）应在正常生产工艺条件下使用这些配料，并且食品中该添加剂的含量不应超过由配料带入的水平。

（4）由配料带入食品中的该添加剂的含量应明显低于直接将其添加到该食品中通常所需要的水平。

当某食品配料作为特定终产品的原料时，批准用于上述特定终产品的添加剂允许添加到这些食品配料中，同时该添加剂在终产品中的量应符合本标准的要求。在所述特定食品配料的标签上应明确标示该食品配料用于上述特定食品的生产。

（二）食品添加剂的使用规定

标准中规定了 283 种食品添加剂的允许使用品种、使用范围及最大使用量或残留量。同一功能的食品添加剂（相同色泽着色剂、防腐剂、抗氧化剂）在混合使用时，各自用量占其最大使用量的比例之和不应超过 1。

标准中同时规定了可在各类食品中（特殊食品类别除外）按生产需要适量使用的食品添加剂 75 种，这些食品添加剂包含增稠剂、增味剂、着色剂、酸度调节剂和甜味剂等多种，如果胶、谷氨酸钠、高粱红、柠檬酸和木糖醇等，此类食品添加剂以天然为主而非合成，有些对人体还有保健功效。

标准中还列出了不能按生产需要适量使用食品添加剂的特殊食品类别名单，包括灭菌乳、婴幼儿配方食品、蜂蜜等在内的 39 个食品类别。这些食品类别使用添加剂时应严格遵守食品添加剂的允许使用品种、使用范围以及最大使用量或残留量的规定。

（三）食品用香料的使用原则和名单

在食品中使用食品用香料、香精的目的是使食品产生、改变或提高食品的风味。食品用香料一般配制成食品用香精后用于食品加香，部分也可直接用于食品加香。食品用香料、香精不包括只产生甜味、酸味或咸味的物质，也不包括增味剂。

1. 食品用香料、香精的使用原则

食品用香料、香精在各类食品中按生产需要适量使用，不得添加食品用香料、香精的食品名单除外。这类食品名单包括灭菌乳、蜂蜜等 28 个食品类别。

用于配制食品用香精的食品用香料品种应符合标准规定。用物理方法、酶法或微生物法（所用酶制剂应符合本标准的有关规定）从食品（可以是未加工过的，也可以是经过了适合人类消费的传统的食品制备工艺的加工过程）制得的具有香味特性的物质或天然香味复合物可用于配制食品用香精。

具有其他食品添加剂功能的食品用香料，在食品中发挥其他食品添加剂功能时，应符合本标准的规定，如苯甲酸、肉桂醛、瓜拉纳提取物、双乙酸钠（二醋酸钠）、琥珀酸二钠、磷酸三钙、氨基酸等。

食品用香精可以含有对其生产、贮存和应用等所必需的食品用香精辅料（包括食品添加剂和食品）。食品用香精中允许使用的辅料应符合相关标准的规定；在达到预期目的

的前提下尽可能减少使用品种；作为辅料添加到食品用香精中的食品添加剂不应在最终食品中发挥功能作用，在达到预期目的的前提下尽可能降低在食品中的使用量。

2. 食品用香料的名单

食品用香料包括天然香料和合成香料两种。允许使用的食品用天然香料名单包括丁香叶油等 393 种，允许使用的食品用合成香料名单包括丙二醇等 1477 种。

（四）食品工业用加工助剂的使用原则和使用规定

1. 食品工业用加工助剂的使用原则

（1）加工助剂应在食品生产加工过程中使用，使用时应具有工艺必要性，在达到预期目的的前提下应尽可能降低使用量。

（2）加工助剂一般应在制成最终成品之前除去，无法完全除去的，应尽可能降低其残留量，其残留量不应对健康产生危害，不应在最终食品中发挥功能作用。

（3）加工助剂应该符合相应的质量规格要求。

2. 食品工业用加工助剂的使用规定

（1）标准规定了包括 α-淀粉酶在内的 54 种食品用酶制剂及其来源名单，各种酶的来源和供体应符合标准的规定。

（2）标准规定了包括甘油在内的 38 种可在各类食品加工过程中使用，残留量不需限定的加工助剂名单（不含酶制剂）。

（3）标准规定了包括 1-丁醇在内的 77 种需要规定功能和使用范围的加工助剂名单（不含酶制剂）。

《食品安全国家标准 食品添加剂使用标准》（GB 2760—2014）中共分为酸度调节剂、抗结剂、消泡剂、抗氧化剂、漂白剂、膨松剂、胶基糖果中的基础物质、着色剂、护色剂、乳化剂、酶制剂、增味剂、面粉处理剂、被膜剂、水分保持剂、防腐剂、稳定剂、甜味剂、增稠剂、食用香料、加工助剂和其他 22 大类 283 种食品添加剂，每种食品添加剂另外有对应的国家标准规定了该食品添加剂的感官要求和理化指标等。表 8-1 汇总了部分食品添加剂的国家标准。

表 8-1　部分食品添加剂国家标准

序号	标准编号	标准名称
1	GB 1886.1—2021	食品安全国家标准 食品添加剂 碳酸钠
2	GB 1886.2—2015	食品安全国家标准 食品添加剂 碳酸氢钠
3	GB 1886.3—2021	食品安全国家标准 食品添加剂 磷酸氢钙
4	GB 1886.4—2020	食品安全国家标准 食品添加剂 六偏磷酸钠
5	GB 1886.5—2015	食品安全国家标准 食品添加剂 硝酸钠

续表

序号	标准编号	标准名称
6	GB 1886.6—2016	食品安全国家标准 食品添加剂 硫酸钙
7	GB 1886.7—2015	食品安全国家标准 食品添加剂 焦亚硫酸钠
8	GB 1886.8—2015	食品安全国家标准 食品添加剂 亚硫酸钠
9	GB 1886.9—2016	食品安全国家标准 食品添加剂 盐酸
10	GB 1886.10—2015	食品安全国家标准 食品添加剂 冰乙酸（又名冰醋酸）
11	GB 1886.11—2016	食品安全国家标准 食品添加剂 亚硝酸钠
12	GB 1886.12—2015	食品安全国家标准 食品添加剂 丁基羟基茴香醚（BHA）
13	GB 1886.13—2015	食品安全国家标准 食品添加剂 高锰酸钾
14	GB 1886.14—2015	食品安全国家标准 食品添加剂 没食子酸丙酯
15	GB 1886.15—2015	食品安全国家标准 食品添加剂 磷酸
16	GB 1886.16—2015	食品安全国家标准 食品添加剂 香兰素
17	GB 1886.17—2015	食品安全国家标准 食品添加剂 紫胶红（又名虫胶红）
18	GB 1886.18—2015	食品安全国家标准 食品添加剂 糖精钠
19	GB 1886.19—2015	食品安全国家标准 食品添加剂 红曲米
20	GB 1886.20—2016	食品安全国家标准 食品添加剂 氢氧化钠
21	GB 1886.21—2016	食品安全国家标准 食品添加剂 乳酸钙
22	GB 1886.22—2016	食品安全国家标准 食品添加剂 柠檬油
23	GB 1886.23—2015	食品安全国家标准 食品添加剂 小花茉莉浸膏
24	GB 1886.24—2015	食品安全国家标准 食品添加剂 桂花浸膏
25	GB 1886.25—2016	食品安全国家标准 食品添加剂 柠檬酸钠
26	GB 1886.26—2016	食品安全国家标准 食品添加剂 石蜡
27	GB 1886.27—2015	食品安全国家标准 食品添加剂 蔗糖脂肪酸酯
28	GB 1886.28—2016	食品安全国家标准 食品添加剂 D-异抗坏血酸钠
29	GB 1886.29—2015	食品安全国家标准 食品添加剂 生姜油
30	GB 1886.30—2015	食品安全国家标准 食品添加剂 可可壳色
31	GB 1886.31—2015	食品安全国家标准 食品添加剂 对羟基苯甲酸乙酯
32	GB 1886.32—2015	食品安全国家标准 食品添加剂 高粱红
33	GB 1886.33—2015	食品安全国家标准 食品添加剂 桉叶油（蓝桉油）
34	GB 1886.34—2015	食品安全国家标准 食品添加剂 辣椒红
35	GB 1886.35—2015	食品安全国家标准 食品添加剂 山苍子油
36	GB 1886.36—2015	食品安全国家标准 食品添加剂 留兰香油
37	GB 1886.37—2015	食品安全国家标准 食品添加剂 环己基氨基磺酸钠（又名甜蜜素）
38	GB 1886.38—2015	食品安全国家标准 食品添加剂 薰衣草油
39	GB 1886.39—2015	食品安全国家标准 食品添加剂 山梨酸钾
40	GB 1886.40—2015	食品安全国家标准 食品添加剂 L-苹果酸
41	GB 1886.41—2015	食品安全国家标准 食品添加剂 黄原胶
42	GB 1886.42—2015	食品安全国家标准 食品添加剂 dl-酒石酸
43	GB 1886.43—2015	食品安全国家标准 食品添加剂 抗坏血酸钙
44	GB 1886.44—2016	食品安全国家标准 食品添加剂 抗坏血酸钠

续表

序号	标准编号	标准名称
45	GB 1886.45—2016	食品安全国家标准 食品添加剂 氯化钙
46	GB 1886.46—2015	食品安全国家标准 食品添加剂 低亚硫酸钠
47	GB 1886.47—2016	食品安全国家标准 食品添加剂 天门冬酰苯丙氨酸甲酯（又名阿斯巴甜）
48	GB 1886.48—2015	食品安全国家标准 食品添加剂 玫瑰油
49	GB 1886.49—2016	食品安全国家标准 食品添加剂 D-异抗坏血酸
50	GB 1886.50—2015	食品安全国家标准 食品添加剂 2-甲基-3-巯基呋喃
51	GB 1886.51—2015	食品安全国家标准 食品添加剂 2,3-丁二酮
52	GB 1886.52—2015	食品安全国家标准 食品添加剂 植物油抽提溶剂（又名己烷类溶剂）
53	GB 1886.53—2015	食品安全国家标准 食品添加剂 己二酸
54	GB 1886.54—2015	食品安全国家标准 食品添加剂 丙烷
55	GB 1886.55—2015	食品安全国家标准 食品添加剂 丁烷
56	GB 1886.56—2015	食品安全国家标准 食品添加剂 1-丁醇（正丁醇）
57	GB 1886.57—2016	食品安全国家标准 食品添加剂 单辛酸甘油酯
58	GB 1886.58—2015	食品安全国家标准 食品添加剂 乙醚
59	GB 1886.59—2015	食品安全国家标准 食品添加剂 石油醚
60	GB 1886.60—2015	食品安全国家标准 食品添加剂 姜黄
61	GB 1886.61—2015	食品安全国家标准 食品添加剂 红花黄
62	GB 1886.62—2015	食品安全国家标准 食品添加剂 硅酸镁
63	GB 1886.63—2015	食品安全国家标准 食品添加剂 膨润土
64	GB 1886.64—2015	食品安全国家标准 食品添加剂 焦糖色
65	GB 1886.65—2015	食品安全国家标准 食品添加剂 单，双甘油脂肪酸酯
66	GB 1886.66—2015	食品安全国家标准 食品添加剂 红曲黄色素
67	GB 1886.67—2015	食品安全国家标准 食品添加剂 皂荚糖胶
68	GB 1886.68—2015	食品安全国家标准 食品添加剂 二甲基二碳酸盐（又名维果灵）
69	GB 1886.69—2016	食品安全国家标准 食品添加剂 天门冬酰苯丙氨酸甲酯乙酰磺胺酸
70	GB 1886.70—2015	食品安全国家标准 食品添加剂 沙蒿胶
71	GB 1886.71—2015	食品安全国家标准 食品添加剂 1,2-二氯乙烷
72	GB 1886.72—2016	食品安全国家标准 食品添加剂 聚氧乙烯聚氧丙烯胺醚
73	GB 1886.73—2015	食品安全国家标准 食品添加剂 不溶性聚乙烯聚吡咯烷酮
74	GB 1886.74—2015	食品安全国家标准 食品添加剂 柠檬酸钾
75	GB 1886.75—2016	食品安全国家标准 食品添加剂 L-半胱氨酸盐酸盐
76	GB 1886.76—2015	食品安全国家标准 食品添加剂 姜黄素
77	GB 1886.77—2016	食品安全国家标准 食品添加剂 罗汉果甜苷
78	GB 1886.78—2016	食品安全国家标准 食品添加剂 番茄红素（合成）
79	GB 1886.79—2015	食品安全国家标准 食品添加剂 硫代二丙酸二月桂酯
80	GB 1886.80—2015	食品安全国家标准 食品添加剂 乙酰化单、双甘油脂肪酸酯
81	GB 1886.81—2015	食品安全国家标准 食品添加剂 月桂酸
82	GB 1886.83—2016	食品安全国家标准 食品添加剂 铵磷脂

续表

序号	标准编号	标准名称
83	GB 1886.84—2015	食品安全国家标准 食品添加剂 巴西棕榈蜡
84	GB 1886.85—2016	食品安全国家标准 食品添加剂 冰乙酸（低压羰基化法）
85	GB 1886.86—2015	食品安全国家标准 食品添加剂 刺云实胶
86	GB 1886.87—2015	食品安全国家标准 食品添加剂 蜂蜡
87	GB 1886.88—2015	食品安全国家标准 食品添加剂 富马酸一钠
88	GB 1886.89—2015	食品安全国家标准 食品添加剂 甘草抗氧化物
89	GB 1886.90—2015	食品安全国家标准 食品添加剂 硅酸钙
90	GB 1886.91—2016	食品安全国家标准 食品添加剂 硬脂酸镁
91	GB 1886.92—2016	食品安全国家标准 食品添加剂 硬脂酰乳酸钠
92	GB 1886.93—2015	食品安全国家标准 食品添加剂 乳酸脂肪酸甘油酯
93	GB 1886.94—2016	食品安全国家标准 食品添加剂 亚硝酸钾
94	GB 1886.95—2015	食品安全国家标准 食品添加剂 聚甘油蓖麻醇酸酯 （PGPR）
95	GB 1886.96—2016	食品安全国家标准 食品添加剂 松香季戊四醇酯
96	GB 1886.97—2015	食品安全国家标准 食品添加剂 5′-肌苷酸二钠
97	GB 1886.98—2016	食品安全国家标准 食品添加剂 乳糖醇（又名4-β-D吡喃半乳糖-D-山梨醇）
98	GB 1886.99—2015	食品安全国家标准 食品添加剂 L-α-天冬氨酰-*N*-（2,2,4,4-四甲基-3-硫化三亚甲基）-D-丙氨酰胺（又名阿力甜）
99	GB 1886.100—2015	食品安全国家标准 食品添加剂 乙二胺四乙酸二钠

二、食品营养强化剂使用标准

营养强化剂是指为了增加食品的营养成分（价值）而加入食品中的天然或人工合成的营养素和其他营养成分。

食品安全国家标准审评委员会审查通过了《食品安全国家标准 食品营养强化剂使用标准》（GB 14880—2012），于2012年3月15日公布，自2013年1月1日正式施行。该标准代替了《食品营养强化剂使用卫生标准》（GB 14880—1994）。

《食品安全国家标准 食品营养强化剂使用标准》（GB 14880—2012）规定了食品营养强化的主要目的、使用营养强化剂的要求、可强化食品类别的选择要求以及营养强化剂的使用规定，适用于食品中营养强化剂的使用［国家法律、法规和（或）标准另有规定的除外］。该标准主要包括以下内容。

（一）标准的主要框架

《食品安全国家标准 食品营养强化剂使用标准》（GB 14880—2012）包括正文和4个附录。正文包括了范围、术语和定义、营养强化的主要目的、使用营养强化剂的要求、可强化食品类别的选择要求、营养强化剂的使用规定、食品类别（名称）说明和营养强化剂质量标准8个部分。4个附录则对允许使用的营养强化剂品种、使用范围及使用量，允许使用的营养强化剂化合物来源，允许用于特殊膳食用食品的营养强化剂及化合物来源，以及食品类别（名称）4个不同方面进行了规定。

（二）营养强化剂的使用要求

（1）使用不应导致人群食用后营养素及其他营养成分摄入过量或不均衡，不应导致任何营养素及其他营养成分的代谢异常。

（2）使用不应鼓励和引导与国家营养政策相悖的食品消费模式。

（3）添加到食品中的营养强化剂应能在特定的贮存、运输和食用条件下保持质量的稳定。

（4）添加到食品中的营养强化剂不应导致食品一般特性如色泽、滋味、气味、烹调特性等发生明显不良改变。

（5）不应通过使用营养强化剂夸大食品中某一营养成分的含量或作用误导和欺骗消费者。

（三）营养强化剂的使用规定

（1）营养强化剂的允许使用品种、使用范围及使用量应符合标准要求。允许使用的营养强化剂化合物来源应符合标准要求。

（2）特殊膳食用食品中营养素及其他营养成分的含量按相应的食品安全国家标准执行，允许使用的营养强化剂及化合物来源应符合标准要求。

《食品安全国家标准　食品营养强化剂使用标准》（GB 14880—2012）中共分为16种维生素类、9种矿物质类和12种其他食品营养强化剂，每种食品营养强化剂另外有对应的国家标准规定了该食品营养强化剂的感官要求和理化指标等。表8-2汇总了部分食品营养强化剂的国家标准。

表8-2　部分食品营养强化剂国家标准

序号	标准编号	标准名称
1	GB 1903.1—2015	食品安全国家标准 食品营养强化剂 L-盐酸赖氨酸
2	GB 1903.2—2015	食品安全国家标准 食品营养强化剂 甘氨酸锌
3	GB 1903.3—2015	食品安全国家标准 食品营养强化剂 5′单磷酸腺苷
4	GB 1903.4—2015	食品安全国家标准 食品营养强化剂 氧化锌
5	GB 1903.5—2016	食品安全国家标准 食品营养强化剂 5′-胞苷酸二钠
6	GB 1903.6—2015	食品安全国家标准 食品营养强化剂 维生素E琥珀酸钙
7	GB 1903.7—2015	食品安全国家标准 食品营养强化剂 葡萄糖酸锰
8	GB 1903.8—2015	食品安全国家标准 食品营养强化剂 葡萄糖酸铜
9	GB 1903.9—2015	食品安全国家标准 食品营养强化剂 亚硒酸钠
10	GB 1903.10—2015	食品安全国家标准 食品营养强化剂 葡萄糖酸亚铁
11	GB 1903.11—2015	食品安全国家标准 食品营养强化剂 乳酸锌

续表

序号	标准编号	标准名称
12	GB 1903.12—2015	食品安全国家标准 食品营养强化剂 L-硒-甲基硒代半胱氨酸
13	GB 1903.13—2016	食品安全国家标准 食品营养强化剂 左旋肉碱（L-肉碱）
14	GB 1903.14—2016	食品安全国家标准 食品营养强化剂 柠檬酸钙
15	GB 1903.15—2016	食品安全国家标准 食品营养强化剂 醋酸钙（乙酸钙）
16	GB 1903.16—2016	食品安全国家标准 食品营养强化剂 焦磷酸铁
17	GB 1903.17—2016	食品安全国家标准 食品营养强化剂 乳铁蛋白
18	GB 1903.18—2016	食品安全国家标准 食品营养强化剂 柠檬酸苹果酸钙
19	GB 1903.19—2016	食品安全国家标准 食品营养强化剂 骨粉
20	GB 1903.20—2016	食品安全国家标准 食品营养强化剂 硝酸硫胺素
21	GB 1903.21—2016	食品安全国家标准 食品营养强化剂 富硒酵母
22	GB 1903.22—2016	食品安全国家标准 食品营养强化剂 富硒食用菌粉
23	GB 1903.23—2016	食品安全国家标准 食品营养强化剂 硒化卡拉胶
24	GB 1903.24—2016	食品安全国家标准 食品营养强化剂 维生素 C 磷酸酯镁
25	GB 1903.25—2016	食品安全国家标准 食品营养强化剂 D-生物素
26	GB 1886.82—2015	食品安全国家标准 食品营养强化剂 5′-尿苷酸二钠
27	GB 30604—2015	食品安全国家标准 食品营养强化剂 1,3-二油酸-2-棕榈酸甘油三酯

三、食品添加剂标识通则

《食品安全国家标准 食品添加剂标识通则》（GB 29924—2013）于 2013 年 11 月 29 日发布，2015 年 6 月 1 日正式实施。该标准适用于食品添加剂的标识，食品营养强化剂的标识可参照该标准使用，不适用于为食品添加剂在贮藏运输过程中提供保护的贮运包装标签的标识。主要包括以下内容。

（一）食品添加剂标识基本要求

食品添加剂标识应符合国家法律、法规的规定，并符合相应产品标准的规定；应清晰、醒目、持久，易于辨认和识读；应真实、准确，不应以虚假、夸大、使食品添加剂使用者误解或欺骗性的文字、图形等方式介绍食品添加剂，也不应利用字号大小或色差误导食品添加剂使用者。

食品添加剂标识不应采用违反《食品安全国家标准 食品添加剂使用标准》（GB 2760—2014）中食品添加剂使用原则的语言文字介绍食品添加剂；不应以直接或间接暗示性的语言、图形、符号，误导食品添加剂的使用；不应以直接或间接暗示性的语言、图形、符号，导致食品添加剂使用者将购买的食品添加剂或食品添加剂的某一功能与另一产品混淆；不含贬低其他产品（包括其他食品和食品添加剂）的内容；不应标注或者暗示具有预防、治疗疾病作用的内容。

食品添加剂标识的文字要求和多重包装的食品添加剂标签的标示形式应符合《食品

安全国家标准 预包装食品标签通则》（GB 7718—2011）的规定。

如果食品添加剂的标签内容涵盖了以下所有内容，可以不随附说明书。

（1）名称。

（2）成分或配料表。

（3）使用范围、用量和使用方法。

（4）日期标示。

（5）贮存条件。

（6）净含量和规格。

（7）制造者或经销商的名称和地址。

（8）产品标准代号。

（9）生产许可证编号。

（10）警示标识。

（11）辐照食品添加剂。

（二）提供给生产经营者的食品添加剂标志内容及要求

1. 名称

提供给生产经营者的食品添加剂标志应在标签的醒目位置，清晰地标示“食品添加剂”字样；食品用香精应明确标示“食品用香精”字样。

单一品种食品添加剂应按《食品安全国家标准 食品添加剂使用标准》（GB 2760—2014）、食品添加剂的产品质量规格标准和国家主管部门批准使用的食品添加剂中规定的名称标示食品添加剂的中文名称。若《食品安全国家标准 食品添加剂使用标准》（GB 2760—2014）、食品添加剂的产品质量规格标准和国家主管部门批准使用的食品添加剂中已规定了某食品添加剂的一个或几个名称时，应选用其中的一个。复配食品添加剂的名称应符合《食品安全国家标准 复配食品添加剂通则》（GB 26687—2011）中命名原则的规定。

食品用香料需列出《食品安全国家标准 食品添加剂使用标准》（GB 2760—2014）和国家主管部门批准使用的食品添加剂中规定的中文名称，可以使用“天然”或“合成”定性说明。食品用香精应使用与所标示产品的香气、香味、生产工艺等相适应的名称和型号，且不应造成误解或混淆。食品用香精还可在食品用香精名称前或名称后附加相应的词或短语，如水溶性香精、油溶性香精、拌和型粉末香精、微胶囊粉末香精、乳化香精、浆（膏）状香精和咸味香精等，但字号不应大于食品用香精本身的名称。

除了标示上述名称外，可以选择标示“中文名称对应的英文名称或英文缩写”“音译名称”“商标名称”“INS 号”“CNS 号”，以及 GB 2760 中的香料“编码”“FEMA 编号”等。

2. 成分或配料表

1）除食品用香精以外的食品添加剂成分或配料表的标示要求

按《食品安全国家标准 食品添加剂使用标准》（GB 2760—2014）、食品添加剂的产品质量规格标准和国家主管部门批准使用的食品添加剂中规定的名称列出各单一品种食品添加剂名称。配料表应该根据每种食品添加剂含量递减顺序排列。如果单一品种或复配食品添加剂中含有辅料，辅料应列在各单一品种食品添加剂之后，并按辅料含量递减顺序排列。

2）食品用香精的成分或配料表的标示要求

食品用香精中的食品用香料应以“食品用香料”字样标示，不必标示具体名称。在食品用香精制造或加工过程中加入的食品用香精辅料用“食品用香精辅料”字样标示。在食品用香精中加入的甜味剂、着色剂、咖啡因等食品添加剂应按《食品安全国家标准 食品添加剂使用标准》（GB 2760—2014）、食品添加剂的产品质量规格标准和国家主管部门批准使用的食品添加剂中的规定标示具体名称。

3. 其他标示要求

应在《食品安全国家标准 食品添加剂使用标准》（GB 2760—2014）及国家主管部门批准使用的食品添加剂的范围内选择标示食品添加剂使用范围和用量，并标示使用方法。应清晰标示食品添加剂的生产日期和保质期、贮存条件、净含量和规格；净含量的标示应由净含量、数字和法定计量单位组成。同一包装内含有多个单件食品添加剂时，大包装在标示净含量的同时还应标示规格。应当标注生产者的名称、地址和联系方式；生产者名称和地址应当是依法登记注册、能够承担产品安全质量责任的生产者的名称、地址。应标示产品所执行的标准代号和顺序号、生产许可证编号。有特殊使用要求的食品添加剂应有警示标志；经电离辐射线或电离能量处理过的食品添加剂或配料，应在食品添加剂名称附近或配料表中标明“辐照”。

4. 标签和说明书

标签应至少标示“食品添加剂”字样、食品添加剂名称、规格、净含量、生产日期、保质期、贮存条件、生产者的名称和地址以及生产许可证编号。使用范围、用量和使用方法、产品标准代号、警示标识和辐照标示也可在说明书中注明，并在食品添加剂交货时一并提供。

（三）提供给消费者直接使用的食品添加剂标识内容及要求

标签除应标识全部内容外，还应注明“零售”字样。复配食品添加剂还应在配料表中标明各单一食品添加剂品种及含量。含有辅料的单一品种食品添加剂，还应标明除辅料以外的食品添加剂品种的含量。

项目解析

《食品安全国家标准 食品添加剂使用标准》（GB 2760—2014）“带入原则”解读

（一）什么是食品添加剂的带入

食品添加剂的带入是指某种食品添加剂不是直接加入食品中的，而是随着其他含有该种食品添加剂的食品配料带进的。

（二）被动带入

当食品终产品中不允许添加某种食品添加剂，而食品配料（含食品添加剂）中允许使用该种食品添加剂，这时会出现通过食品配料被动带入该种食品添加剂的情况。这种情况的带入原则[《食品安全国家标准 食品添加剂使用标准》（GB 2760—2014）中 3.4.1]必须同时满足以下四个条件。

（1）根据标准，食品配料中允许使用该食品添加剂。

（2）食品配料中该添加剂的用量不应超过允许的最大使用量。

（3）应在正常生产工艺条件下使用这些配料，并且食品中该添加剂的含量不应超过由配料带入的水平。

（4）由配料带入食品中的该添加剂的含量应明显低于直接将其添加到该食品中通常所需要的水平。

在这种情况下，食品添加剂在食品配料中发挥工艺作用，同时又随着食品配料不可避免地被带入食品终产品中，在食品终产品中不发挥工艺作用。

例如，按照《食品安全国家标准 食品添加剂使用标准》（GB 2760—2014）的规定，酱肉生产中不允许添加苯甲酸，但是可能需要使用酱油作为配料，而酱油中允许使用苯甲酸，其最大使用量为 1.0g/kg，因此在正常生产工艺条件下，酱肉中可以含有苯甲酸，但其在酱肉中的含量不应超过由酱油带入的水平。

再如，糕点生产中不允许添加植酸钠，但是糕点需要使用植物油作为配料，而植物油中允许使用植酸钠，植酸钠起到防止植物油氧化酸败的作用，其最大使用量为 0.2g/kg。因此在正常生产工艺条件下，糕点中可以含有由植物油带入的植酸钠，且其在糕点中的含量不应超过由植物油带入的水平。

如果为了使终产品达到抗氧化、延长货架期的作用，而故意在其食品配料中大量添加某抗氧化剂，或者故意将某无工艺必要性的配料以抗氧化剂载体的身份用于终食品，即在配料中使用抗氧化剂的目的是为了在终产品中发挥功能作用的情况，不符合这种带入原则（表 8-3）。

表 8-3　常见符合被动带入原则的食品品种

食品终产品	添加的食品配料	易带入的食品添加剂
熟肉制品、豆干再制品	酱油、醋、蚝油等调味品	防腐剂：苯甲酸、脱氧乙酸
熟肉制品	鸡精、姜黄粉等调味料	着色剂：柠檬酸、日落黄
香辛料油（如辣椒油、芥辣油等）、油炸制品	食用植物油	抗氧化剂：BGA、BHT、TBHQ
饼干	人造奶油、干酪、氢化植物油等	防腐剂：山梨酸
煲汤料	蜜饯产品	防腐剂：苯甲酸、山梨酸 抗氧化剂、漂白剂：二氧化硫、硫磺、亚硫酸盐类
糕点、面包	吉士粉、果酱、装饰性果酱、蛋黄酱	着色剂：柠檬黄、日落黄、胭脂红、苋菜红、诱惑红（部分添加剂作为馅料允许使用）
腊肠、香肠类	胶原蛋白肠衣、可食用动物肠衣	着色剂：胭脂红、诱惑红

（三）主动带入

当特定食品终产品允许使用某种食品添加剂，而食品配料（含食品添加剂）不允许使用该种食品添加剂，由于工艺需求而将该种食品添加剂主动加入食品配料中，也就是我们在食品配料中主动带入了该种食品添加剂，这时带入原则［《食品安全国家标准　食品添加剂使用标准》（GB 2760—2014）中 3.4.2］应满足以下四个条件。

（1）根据标准，食品终产品中允许使用该食品添加剂。

（2）该食品添加剂在食品配料中的使用量，应保证在食品终产品中的量不超过标准规定。

（3）添加了该种食品添加剂的食品配料仅能作为特定食品终产品的原料。

（4）食品配料的标签上必须明确标识该食品配料是用于特定食品终产品的生产。

在这种情况下，食品添加剂在食品终产品中发挥工艺作用，在食品配料中不发挥工艺作用，而以食品配料为载体被加入食品终产品中。

例如，一种植物油产品是某种蛋糕的配料，为了方便这种蛋糕的生产，这种植物油中添加了在蛋糕的生产过程中起着色作用的 β-胡萝卜素（β-胡萝卜素是脂溶性色素，在植物油中分散均匀，便于在蛋糕中使用）。根据《食品安全国家标准　食品添加剂使用标准》（GB 2760—2014）规定，β-胡萝卜素不能在植物油中使用，但它可以作为着色剂在焙烤食品中使用，蛋糕属于焙烤食品的一种，因此 β-胡萝卜素可以在蛋糕中使用，最大使用量为 1.0g/kg。由此可以判断，在这种用于该蛋糕生产的植物油中可以添加 β-胡萝卜素，且 β-胡萝卜素在植物油中的添加量换算到蛋糕中时不超过 1.0g/kg，这种情况符合这种带入原则。同时，这种植物油的标签上应明确标示用于蛋糕的生产。

比较常见的这类食品配料有：用于肉制品加工的复合调味料和裹粉、煎炸粉，其中加入着色剂、水分保持剂、膨松剂、酸度调节剂、甜味剂、抗氧化剂、防腐剂等，在最终产品肉制品中发挥改善色泽、调整口感、增加风味以及增加出品率等工艺作用；用于糕点加工的蛋糕预拌粉，其中加入膨松剂、乳化剂、增稠剂、水分保持剂、酸度调节剂、着色剂等，使最终产品糕点品质改良，更具弹性和松软性（表 8-4）。

表 8-4　常见符合主动带入原则的食品品种

食品配料	易带入的食品添加剂	食品终产品
冰激凌预拌粉	调味剂、着色剂、增稠剂等	冰激凌
碳酸饮料用糖浆	防腐剂、调味剂、着色剂、香精香料等	可乐、果味汽水等碳酸饮料
蛋糕预拌粉	膨松剂、乳化剂、增稠剂、水分保持剂、酸度调节剂等	蛋糕
面包专用小麦粉	防腐剂、膨松剂、酶制剂等	面包
糕点专用油脂	β-胡萝卜素等油溶性色素	各种中西式糕点
果冻、布丁粉	甜味剂、防腐剂、着色剂、增稠剂、酸度调节剂等	果冻、布丁

（四）食品添加剂合规使用的判定

食品中食品添加剂的使用必须严格按照《食品安全国家标准 食品添加剂使用标准》（GB 2760—2014）执行，但在判定食品中食品添加剂的使用情况时应考虑带入原则，结合食品终产品以及配料表中各成分允许使用的食品添加剂的使用范围和使用量进行综合判定。

如果某种食品终产品及其配料中均不允许使用某种食品添加剂，但却在这种食品中发现了这种食品添加剂的使用，这既违反了该食品中食品添加剂的使用规定，也不符合带入原则。

如果某种食品终产品中不允许使用某种食品添加剂，但却通过检测发现了这种食品添加剂的存在，应考虑是否是因为该食品的某种配料允许使用这种食品添加剂，是否符合带入原则［《食品安全国家标准 食品添加剂使用标准》（GB 2760—2014）中 3.4.1］。

如果某种食品配料中不允许使用某种食品添加剂，但却通过检测发现了这种食品添加剂的存在，或者食品配料中某种食品添加剂的含量不符合标准规定，应结合该配料的标签标识来判断其是否符合带入原则［《食品安全国家标准 食品添加剂使用标准》（GB 2760—2014）中 3.4.2］。

复习巩固

1．食品添加剂的使用原则和使用规定是什么？
2．食品营养强化剂的使用规定是什么？
3．食品添加剂标识的基本要求是什么？

实践训练

制作《关于食品添加剂的小调查》

美好的一天从餐桌开始，我们每天都吃些什么呢？分享一种你喜欢的食品。

（1）查看这种食品标签上列出的食品添加剂种类。

（2）检索这种食品允许添加的食品添加剂种类、功能、最大使用量。

（3）制作 PPT 并介绍分享。

拓展资源

《食品添加剂新品种管理办法》

项目九　食品流通标准

☞ 学习目标

1. 熟悉食品接触材料与包装相关标准。
2. 熟悉食品及特殊膳食食品标签标准。
3. 掌握《食品安全国家标准 预包装食品标签通则》（GB 7718—2011）。
4. 了解食品贮运标准。
5. 养成严谨求实的科学态度。

项目导入

食品标签通常包含哪些内容

根据《食品安全法》第四十二条规定，综合《食品安全国家标准　预包装食品标签通则》（GB 7718—2011）的要求，一个完整合格的直接向消费者提供的预包装食品标签标示应包括：①食品名称；②配料表；③净含量和规格；④生产者和（或）经销者的名称、地址和联系方式；⑤生产日期和保质期；⑥贮存条件；⑦食品生产许可证编号；⑧产品标准代号；⑨营养成分表；⑩法律、法规或者食品安全标准规定必须标明的其他事项。专供婴幼儿和其他特定人群的主辅食品，其标签还应当标明主要营养成分及其含量。对于消费者来说，如是以上强制标注的内容缺项，就可以认为标签不合格乃至产品不合格，同时可以向执法部门投诉和索赔。

基础知识

食品流通，是指以食品的质量安全为核心，以消费者的需求为目标，围绕食品购销、仓储、包装、运输、配送等过程环节而进行的管理和控制活动。

食品流通标准是指食品包装、运输贮存、配送、装卸、保管、物流信息管理等标准，目的是为了保证食品的营养成分和食品的安全性。

一、食品接触材料相关标准

食品接触材料及制品是指在正常使用条件下，各种已经或预期可能与食品或食品添加剂接触、或其成分可能转移到食品中的材料和制品，包括食品生产、加工、包装、运输、贮存、销售和使用过程中用于食品的包装材料、容器、工具和设备，以及可能直接或间接接触食品的油墨、黏合剂、润滑油等。不包括洗涤剂、消毒剂和公共输水设施。

我国颁布实施的食品接触材料相关标准主要包括食品接触材料及制品生产通用卫生规范、食品接触材料及制品标签通则、食品接触材料及制品通用安全要求、不同种类食品接触材料及制品的专用安全要求、食品接触材料及制品迁移试验通则和不同具体迁移试验专用国家标准等。

《食品安全国家标准 食品接触材料及制品生产通用卫生规范》（GB 31603—2015）适用于各类食品接触材料及制品的生产，规定了食品接触材料及制品的生产、从原辅料采购、加工、包装、贮存和运输等各个环节的场所、设施、人员的基本卫生要求和管理准则。《食品接触材料及制品标签通则》（GB/T 30643—2014）适用于直接提供给消费者最终使用的食品接触材料及制品，规定了标签的基本原则、制作要求和标注内容。

《食品安全国家标准 食品接触材料及制品通用安全要求》（GB 4806.1—2016）适用于各类食品接触材料及制品，规定了食品接触材料及制品的基本要求、限量要求、符合性原则、检验方法、可追溯性和产品信息。《食品安全国家标准 搪瓷制品》（GB 4806.3—2016）等专用安全标准规定了具体种类食品接触材料及制品的感官要求和理化指标等。

《食品安全国家标准 食品接触材料及制品迁移试验通则》（GB 31604.1—2015）适用于各类食品接触材料及制品，规定了食品接触材料及制品迁移试验的通用要求。《食品安全国家标准 食品接触材料及制品 高锰酸钾消耗量的测定》（GB 31604.2—2016）等规定了食品接触材料及制品具体迁移试验的试验方法和结果分析等。部分食品接触材料国家标准见表 9-1。

表 9-1　部分食品接触材料国家标准

序号	标准编号	标准名称
1	GB 31603—2015	食品安全国家标准 食品接触材料及制品生产通用卫生规范
2	GB/T 30643—2014	食品接触材料及制品标签通则
3	GB/T 23296.1—2009	食品接触材料 塑料中受限物质 塑料中物质向食品及食品模拟物特定迁移试验和含量测定方法以及食品模拟物暴露条件选择的指南
4	GB 4806.1—2016	食品安全国家标准 食品接触材料及制品通用安全要求
5	GB 4806.3—2016	食品安全国家标准 搪瓷制品
6	GB 4806.4—2016	食品安全国家标准 陶瓷制品
7	GB 4806.5—2016	食品安全国家标准 玻璃制品
8	GB 4806.6—2016	食品安全国家标准 食品接触用塑料树脂
9	GB 4806.7—2016	食品安全国家标准 食品接触用塑料材料及制品
10	GB 4806.8—2016	食品安全国家标准 食品接触用纸和纸板材料及制品
11	GB 4806.9—2016	食品安全国家标准 食品接触用金属材料及制品
12	GB 4806.10—2016	食品安全国家标准 食品接触用涂料及涂层
13	GB 4806.11—2016	食品安全国家标准 食品接触用橡胶材料及制品
14	GB 31604.1—2015	食品安全国家标准 食品接触材料及制品迁移试验通则
15	GB 31604.2—2016	食品安全国家标准 食品接触材料及制品 高锰酸钾消耗量的测定

续表

序号	标准编号	标准名称
16	GB 31604.3—2016	食品安全国家标准 食品接触材料及制品 树脂干燥失重的测定
17	GB 31604.4—2016	食品安全国家标准 食品接触材料及制品 树脂中挥发物的测定
18	GB 31604.5—2016	食品安全国家标准 食品接触材料及制品 树脂中提取物的测定
19	GB 31604.6—2016	食品安全国家标准 食品接触材料及制品 树脂中灼烧残渣的测定
20	GB 31604.7—2016	食品安全国家标准 食品接触材料及制品 脱色试验
21	GB 31604.8—2016	食品安全国家标准 食品接触材料及制品 总迁移量的测定
22	GB 31604.9—2016	食品安全国家标准 食品接触材料及制品 食品模拟物中重金属的测定
23	GB 31604.10—2016	食品安全国家标准 食品接触材料及制品 2,2-二（4-羟基苯基）丙烷（双酚A）迁移量的测定
24	GB 31604.11—2016	食品安全国家标准 食品接触材料及制品 1,3-苯二甲胺迁移量的测定
25	GB 31604.12—2016	食品安全国家标准 食品接触材料及制品 1,3-丁二烯的测定和迁移量的测定
26	GB 31604.13—2016	食品安全国家标准 食品接触材料及制品 11-氨基十一酸迁移量的测定
27	GB 31604.14—2016	食品安全国家标准 食品接触材料及制品 1-辛烯和四氢呋喃迁移量的测定
28	GB 31604.15—2016	食品安全国家标准 食品接触材料及制品 2,4,6-三氨基-1,3,5-三嗪（三聚氰胺）迁移量的测定
29	GB 31604.16—2016	食品安全国家标准 食品接触材料及制品 苯乙烯和乙苯的测定
30	GB 31604.17—2016	食品安全国家标准 食品接触材料及制品 丙烯腈的测定和迁移量的测定
31	GB 31604.18—2016	食品安全国家标准 食品接触材料及制品 丙烯酰胺迁移量的测定
32	GB 31604.19—2016	食品安全国家标准 食品接触材料及制品 己内酰胺的测定和迁移量的测定
33	GB 31604.20—2016	食品安全国家标准 食品接触材料及制品 醋酸乙烯酯迁移量的测定

二、食品包装相关标准

食品包装是食品商品的组成部分，是食品工业过程中的主要工程之一。它保护食品，使食品在离开工厂到消费者手中的流通过程中，防止生物的、化学的、物理的外来因素的损害，它还具有保持食品本身稳定质量的功能，方便食品的食用，又可以表现食品外观、吸引消费，具有物质成本以外的价值。

我国颁布实施的食品包装相关国家标准包括食品包装容器及材料的术语和分类，食品包装容器及材料生产企业通用良好操作规范，食品包装容器、食品包装用纸、食品包装用塑料及复合食品包装袋等相关标准。

《食品包装容器及材料生产企业通用良好操作规范》（GB/T 23887—2009）适用于食品包装容器及材料生产企业，规定了食品包装容器及材料生产企业的厂区环境、厂房和设施、设备、人员、生产加工过程和控制、卫生管理、质量管理、文件和记录、投诉处理和产品召回、产品信息和宣传引导等方面的基本要求。《食品包装用塑料与铝箔复合膜、袋》（GB/T 28118—2011）等食品包装用材料专用标准规定了相应食品包装用材料的分类、要求、试验方法、标志、包装、运输和贮存等。

食品包装相关标准除国家标准外，还包括行业标准如《条纹牛皮纸》（QB/T 1706—2006）等，地方标准如《多层复合食品包装膜、袋》（DB43/T 1168—2016）等，团体标准如《食品包装用塑料与铝箔复合封口膜》（T/ZZB 1713—2020）等，其他标准如《复合材料食品包装容器环保认证规则》（CQC 51-363512—2009）等。部分食品包装相关标准见表 9-2。

表 9-2　部分食品包装相关标准

序号	标准编号	标准名称
1	GB 9683—1988	复合食品包装袋卫生标准
2	GB/T 15267—1994	食品包装用聚氯乙烯硬片、膜
3	GB/T 23887—2009	食品包装容器及材料生产企业通用良好操作规范
4	GB/T 23508—2009	食品包装容器及材料 术语
5	GB/T 23509—2009	食品包装容器及材料 分类
6	GB/T 24695—2009	食品包装用玻璃纸
7	GB/T 24696—2009	食品包装用羊皮纸
8	GB/T 23778—2009	酒类及其他食品包装用软木塞
9	GB/T 19063—2009	液体食品包装设备验收规范
10	GB/T 24334—2009	聚偏二氯乙烯（PVDC）自粘性食品包装膜
11	GB/T 28117—2011	食品包装用多层共挤膜、袋
12	GB/T 28118—2011	食品包装用塑料与铝箔复合膜、袋
13	GB/T 28119—2011	食品包装用纸、纸板及纸制品 术语
14	GB/T 30768—2014	食品包装用纸与塑料复合膜、袋
15	GB/T 31122—2014	液体食品包装用纸板
16	GB/T 31123—2014	固体食品包装用纸板
17	GB/T 33320—2016	食品包装材料和容器用胶粘剂
18	GB/T 36392—2018	食品包装用淋膜纸和纸板
19	GB/T 35999.4—2018	食品质量控制前提方案 第 4 部分：食品包装的生产
20	GB/T 17030—2019	食品包装用聚偏二氯乙烯（PVDC）片状肠衣膜
21	GB/T 38461—2020	食品包装用 PET 瓶吹瓶成型模具
22	QB/T 1706—2006	条纹牛皮纸
23	QB/T 4254—2011	陶瓷酒瓶
24	DB43/T 1168—2016	多层复合食品包装膜、袋
25	T/ZZB 1624—2020	食品包装用 PLA 杯
26	T/ZZB 1713—2020	食品包装用塑料与铝箔复合封口膜
27	CQC 51-371231—2009	玻璃钢食品包装容器环保认证规则
28	CQC51-363512—2009	复合材料食品包装容器环保认证规则

三、食品标签相关标准

食品标签是食品生产企业向社会出示的一种公开、透明的产品自我声明，是企业向广大消费者做出的食品质量等级的承诺，具有企业行为和食品质量的双层内涵。食品生产者通过食品标签来披露食品的质量信息、营养信息、安全信息，也可以通过食品标签对其产品进行宣传。消费者在选购食品时，往往把食品标签展示的内容作为选购食品的重要参考信息。

1.《食品安全国家标准 预包装食品标签通则》（GB 7718—2011）

食品标签存在印制、贴制两种形式，是食品包装上的文字、图形、符号及一切说明物，预包装食品标签要求不得与包装物（容器）分离。

标准规定了预包装食品标签的基本要求、直接向消费者提供的预包装食品标签标示内容，以及非直接提供给消费者的预包装食品标签标示内容等，具体要求见本项目解析。

标准适用于直接提供给消费者的预包装食品标签和非直接提供给消费者的预包装食品标签，不适用于为预包装食品在贮藏运输过程中提供保护的食品贮运包装标签、散装食品和现制现售食品的标识。

2.《食品安全国家标准 预包装食品营养标签通则》（GB 28050—2011）

营养标签是预包装食品标签上向消费者提供食品营养信息和特性的说明，包括营养成分表、营养声称和营养成分功能声称。营养标签是预包装食品标签的一部分。

标准规定了预包装食品营养标签的基本要求强制标示内容、可选择标示内容、营养成分的表达方式和豁免强制标示营养标签的预包装食品等。

标准适用于预包装食品营养标签上营养信息的描述和说明，不适用于保健食品及预包装特殊膳食用食品的营养标签标示。

所有预包装食品营养标签强制标示的内容包括能量、核心营养素（蛋白质、脂肪、碳水化合物和钠）的含量值及其占营养素参考值（NRV）的百分比。当标示其他成分时，应采取适当形式使能量和核心营养素的标示更加醒目。

对除能量和核心营养素外的其他营养成分进行营养声称或营养成分功能声称时，在营养成分表中还应标示出该营养成分的含量及其占营养素参考值（NRV）的百分比。使用了营养强化剂的预包装食品，在营养成分表中还应标示强化后食品中该营养成分的含量值及其占营养素参考值（NRV）的百分比。食品配料含有或生产过程中使用了氢化和（或）部分氢化油脂时，在营养成分表中还应标示出反式脂肪（酸）的含量。

预包装食品中能量和营养成分的含量应以每100克（g）和（或）每100毫升（mL）和（或）每份食品可食部中的具体数值来标示。当用份标示时，应标明每份食品的量。份的大小可根据食品的特点或推荐量规定。营养成分表中强制标示和可选择性标示的营养成分的名称和顺序、标示单位、修约间隔、“0”界限值应符合规定。

3.《食品安全国家标准 预包装特殊膳食用食品标签》（GB 13432—2013）

标准规定了预包装特殊膳食用食品标签的基本要求、强制标示内容和可选择标示内容等。

标准适用于预包装特殊膳食用食品的标签（含营养标签）。

4.《鲜活农产品标签标识》（GB/T 32950—2016）

标准规定了鲜活农产品标签标识的基本要求、内容、方式等。

标准适用于鲜活农产品的标签标识，包括预包装、散装、裸装、贮运包装，以及现制现售的可食用鲜活农产品和非食用鲜活农产品的标签标识。

四、食品贮运相关标准

食品在贮运过程中易遭受微生物的污染，从而降低食品的质量和食用安全性。因此，在食品物流企业实施标准化作业就显得尤为重要。食品贮运标准的制定，是食品物流服务行业发展的需要，也是保证食品品质安全的需要，同时也可促进物流业的健康有序发展。

1.《低温仓储作业规范》（GB/T 31078—2014）

标准规定了低温仓储的入库作业、贮存作业、出库作业、环境控制、安全控制及信息处理的要求。

标准适用于公共低温仓库的仓储作业活动；自营低温仓库的仓储作业活动可参照执行，不适用于人工调控气体成分的低温仓库、仓储作业自动化的低温仓库、贮存危险品或有毒有害物品的低温仓库，以及国家相关部门有特殊要求的低温仓库的仓储作业活动。

2.《物流企业冷链服务要求与能力评估指标》（GB/T 31086—2014）

标准规定了物流企业从事农产品、食品冷链服务所应满足的基本要求，以及物流企业冷链服务类型、能力级别划分及评估指标。

标准适用于物流企业的农产品、食品冷链服务及管理。

3.《水产品冷链物流服务规范》（GB/T 31080—2014）

标准规定了水产品冷链物流服务的基本要求、接收地作业、运输、仓储作业、加工与配送、货物交接、包装与标志要求和服务质量的主要评价指标。

标准适用于鲜、活、冷冻和超低温动物性水产品流通过程中的冷链物流服务；水产品生产过程中涉及的水产品冷链物流服务亦可参照执行。

4.《食用农产品保鲜贮藏管理规范》（GB/T 29372—2012）

标准规定了食用农产品保鲜贮藏基本要求、贮藏前的准备、贮藏及运输要求。

标准适用于果蔬、肉类、水产品等的保鲜贮藏。

5.《畜禽肉冷链运输管理技术规范》（GB/T 28640—2012）

标准规定了畜禽肉的冷却冷冻处理、包装及标识、贮存、装卸载、运输、节能要求及人员的基本要求。

标准适用于生鲜畜禽肉从运输准备到实现最终消费前的全过程冷链运输管理。

6.《水产品航空运输包装通用要求》（GB/T 26544—2011）

标准规定了航空运输水产品包装的基本要求、包装材料、包装容器和包装方法。

标准适用于水产品航空运输包装。本标准不适用于有特殊要求的水产品包装。

项目解析

《食品安全国家标准 预包装食品标签通则》（GB 7718—2011）解读

（一）标准与相关部门规章、规范性文件的关系

《预包装食品标签通则》（GB 7718—2011）属于食品安全国家标准，相关规定、规范性文件规定的相应内容与本标准不一致的，应当按照本标准执行。

标准规定了预包装食品标签的通用性要求，如果其他食品安全国家标准有特殊规定的，应同时执行预包装食品标签的通用性要求和特殊规定。

（二）标准修订完善的主要内容

1. 适用范围

标准适用于两类预包装食品：一是直接提供给消费者的预包装食品；二是非直接提供给消费者的预包装食品。

1）直接提供给消费者的预包装食品

一是生产者直接或通过食品经营者（包括餐饮服务）提供给消费者的预包装食品；二是既提供给消费者，也提供给其他食品生产者的预包装食品。进口商经营的此类进口预包装食品也应按照上述规定执行。

直接提供给消费者的预包装食品，是指在任何场所（如商店、超市、零售摊点、餐饮业的餐桌及飞机、火车、轮船场所）经销者直接提供给消费者的预包装食品，所有事项均在标签上标示。

2）非直接提供给消费者的预包装食品

一是生产者提供给其他食品生产者的预包装食品；二是生产者提供给餐饮业作为原料、辅料使用的预包装食品。进口商经营的此类进口预包装食品也应按照上述规定执行。

非直接向消费者提供的预包装食品标签上必须标示食品名称、规格、净含量、生产日期、保质期和贮存条件，其他内容如未在标签上标注，则应在说明书或合同中注明，如食品原料，是交付给食品加工企业做进一步加工用的。

3）不属于标准管理的标示标签

一是散装食品标签；二是在贮藏运输过程中以提供保护和方便搬运为目的的食品贮运包装标签；三是现制现售食品标签。以上情形也可以参照本标准执行。

2. 基本术语

按照《食品安全法》要求，标准修改了“预包装食品”和“生产日期”的定义，增加了“规格”定义和“规格”标示方式。

1）预包装食品

预先定量包装或者制作在包装材料和容器中的食品，包括预先定量包装，以及预先定量制作在包装材料和容器中并且在一定量限范围内具有统一的质量或体积标识的食品。预包装食品首先应当预先包装，此外包装上要有统一的质量或体积的标示。不定量的包装食品就不是预包装食品。

2）配料

配料是指在制造或加工食品时使用的，并存在（包括以改性的形式）于产品中的任何物质，包括食品添加剂。改性是指制作食品时使用的原料、辅料经过加工后，形成的产品改变了原来的性质。

3）生产日期（制造日期）

标准规定的“生产日期”是指预包装食品形成最终销售单元的日期。原《预包装食品标签通则》（GB 7718—2004）中“包装日期”、“灌装日期”等术语在本标准中统一为“生产日期”。

食品成为最终产品的日期，也包括包装或灌装日期，即将食品装入（灌入）包装物或容器中，形成最终销售单元的日期。“最终销售单元”是指直接卖给消费者的单件预包装食品。最终产品是完成了全部生产工序的产品。成品检验是必要的生产工序。不经过检验只能是成品，而不是产品。

4）主要展示版面

主要展示版面是指预包装食品包装物或包装容器上容易被观察到的版面，即包装物或包装容器最明显、无须特意寻找的部位。

3. 基本要求

按照《食品安全法》要求，标准增加了以下的内容。

（1）应符合法律、法规的规定，并符合相应食品安全标准的规定。

（2）不应标注或者暗示具有预防、治疗疾病作用的内容，非保健食品不得明示或者暗示具有保健作用。

（3）不应与食品或者其包装物（容器）分离。

（4）应使用规范的汉字（商标除外）。具有装饰作用的各种艺术字，应书写正确，易于辨认。

（5）预包装食品包装物或包装容器最大表面面积大于 35cm^2 时，强制标示内容的文字、符号、数字的高度不得小于 1.8mm。

（6）一个销售单元的包装中含有不同品种、多个独立包装可单独销售的食品，每件独立包装的食品标识应当分别标注。

若外包装易于开启识别或透过外包装物能清晰地识别内包装物（容器）上的所有强制标示内容或部分强制标示内容，可不在外包装物上重复标示相应的内容；否则应在外包装物上按要求标示所有强制标示内容。

4. 标示内容

1）直接向消费者提供的预包装食品标签

标示：应包括食品名称、配料表、净含量和规格、生产者和（或）经销者的名称、地址和联系方式、生产日期和保质期、贮存条件、食品生产许可证编号、产品标准代号及其他需要标示的内容。

（1）食品名称。应在食品标签的醒目位置，清晰地标示反映食品真实属性的专用名称。反映食品真实属性的专用名称通常是指国家标准、行业标准、地方标准中规定的食品名称或食品分类名称。“真实属性”即食品本身固有的性质、特性，使消费者一看名称就能联想到食品的本质。例如，代可可脂巧克力。

当国标或行标中已规定了某食品的名称时，应选用等效的名称。“等效的名称”是指标签上的产品名称或配料表中的配料名称，可以采用与国家标准或行业标准同义、本质相同的名称。例如，环己基氨基磺酸钠，又名甜蜜素。

无规定名称时，应选用不使消费者误解或混淆的常用名称或通俗名称。可以标示“新创名称”、“音译名称”、“地区俚语名称”或“商标名称”，但应在所示名称的同一展示版面标示上述规定的名称。当使用的商品名称含有易使人误解食品属性的文字或术语（词语）时，应在所示名称的同一展示版面邻近部位使用同一字号标示食品真实属性的专用名称。如果因字号或字体颜色不同而易使人误解时，应使用同一字号及同一字体颜色标示食品真实属性的专用名称。例如，新创名称的邻近部位使用同一字号标示食品真实属性的专用名称［如士力架（花生夹心巧克力）］。

饮料产品名称应依据《饮料通则》（GB 10789—2007）来分类。

（2）配料表。当加工过程中所有的原料已改变为其他成分，可用“原料”或“原料与辅料”代替“配料”、“配料表”，并标示各种原料、辅料和食品添加剂，加工助剂不需要标示。单一配料的预包装食品应当标示配料表。此外，水应在配料表中标示，挥发的水或挥发性配料不需要标示。可食用的包装物也应在配料表中标示原始配料，国家另有法律法规规定的除外。不同配料类别的标示方式如表 9-3 所示。复合配料（不包含复合食品添加剂），应标示复合配料的名称。配料表中配料的标示应清晰，易于辨认和识读，配料间可以用逗号、分号、空格等易于分辨的方式分隔。各种配料应按加入量的递减顺序一一排列；加入量不超过 2%的配料可以不按递减顺序排列。标签标示内容应真实准确，不得使用易使消费者误解或具有欺骗性的文字、图形等方式介绍食品。当使用的图形或文字可能使消费者误解时，应用清晰醒目的文字加以说明。

表 9-3 不同配料类别的标示方式

配料类别	标示方式
各种植物油或精炼植物油，不包括橄榄油	“植物油”或“精炼植物油”；如经过氢化处理，应标示为“氢化”或“部分氢化”
各种淀粉，不包括化学改性淀粉	“淀粉”
加入量不超过 2%的各种香辛料或香辛料浸出物（单一的或合计的）	“香辛料”、“香辛料类”或“复合香辛料”
添加量不超过 10%的各种果脯蜜饯水果	“蜜饯”“果脯”
食用香精、香料	食用香精/食用香料/食用香精/香料

复合配料在配料表中的标示分以下两种情况。

① 如果直接加入食品中的复合配料已有国家标准、行业标准或地方标准，并且其加入量小于食品总量的 25%，则不需要标示复合配料的原始配料。加入量小于食品总量 25%的复合配料中含有的食品添加剂，若符合《食品安全国家标准 食品添加剂使用标准》(GB 2760—2014）规定的带入原则且在最终产品中不起工艺作用的，不需要标示，但复合配料中在终产品起工艺作用的食品添加剂应当标示。推荐的标示方式为：在复合配料名称后加括号，并在括号内标示该食品添加剂的通用名称，如“酱油（含焦糖色）”。

② 如果直接加入食品中的复合配料没有国家标准、行业标准或地方标准，或者该复合配料已有国家标准、行业标准或地方标准且加入量大于食品总量的 25%，则应在配料表中标示复合配料的名称，并在其后加括号，按加入量的递减顺序一一标示复合配料的原始配料，其中加入量不超过食品总量 2%的配料可以不按递减顺序排列。复合配料需要标示其原始配料的，如果部分原始配料与食品中的其他配料相同，可以选择以下两种方式之一标示：一是参照以上标示；二是在配料表中直接标示复合配料中的各原始配料，各配料的顺序应按其在终产品中的总量决定。

按照《食品安全法》规定，标准细化了食品添加剂的标示要求，明确了食品添加剂应标示《食品安全国家标准 食品添加剂使用标准》（GB 2760—2014）中的通用名称，可以标示为具体名称、功能类别名称＋具体名称或国际编码。食品中添加了两种或两种以上同一功能的食品添加剂，可选择分别标示各自的具体名称；或者选择先标示功能类别名称，再在其后加括号标示各自的具体名称或国际编码（INS 号)。例如，可以标示为“卡拉胶，瓜尔胶”、“增稠剂（卡拉胶，瓜尔胶)”或“增稠剂（407，412)”。如果某一种食品添加剂没有 INS 号，可同时标示其具体名称。例如，“增稠剂（卡拉胶，聚丙烯酸钠)”或“增稠剂（407，聚丙烯酸钠)”，如表 9-4 所示。

表 9-4　食品添加剂在配料表中的标示形式

标示形式	举例
递减顺序，标示具体名称	配料：×××（××××，××，磷脂，聚甘油蓖麻醇酯，×××，柠檬黄），××，丙二醇脂肪酸酯，卡拉胶，瓜尔胶，胭脂红，×××，丙二醇
递减顺序，标示功能类别名称及国际编码	配料：×××（××××，××，乳化剂（322，476），着色剂（102）），××，乳化剂（477），增稠剂（407，412），着色剂（160b），增稠剂（1520）
递减顺序，标示食品添加剂的功能类别名称及具体名称	配料：×××［××××，××，乳化剂（磷脂，聚甘油蓖麻醇酯），×××，着色剂（柠檬黄）］，××，乳化剂（丙二醇脂肪酸酯），增稠剂（卡拉胶，瓜尔胶），着色剂（胭脂红），增稠剂（丙二醇）

食品添加剂通用名称标示注意事项：①食品添加剂可能具有一种或多种功能，《食品安全国家标准 食品添加剂使用标准》（GB 2760—2014）列出了食品添加剂的主要功能，供使用参考，生产经营企业应按照食品添加剂在产品中的实际功能在标签上标示功能类别名称；②如果《食品安全国家标准 食品添加剂使用标准》（GB 2760—2014）中对一个食品添加剂规定了两个及以上的名称，每个名称均是等效的通用名称，以“环己基氨基磺酸钠（又名甜蜜素）”为例，“环己基氨基磺酸钠”和“甜蜜素”均为通用名称；③“单，双甘油脂肪酸酯（油酸、亚油酸、亚麻酸、棕榈酸、山嵛酸、硬脂酸、月桂酸）”可以根据使用情况标示为“单，双甘油脂肪酸酯”或“单，双硬脂酸甘油酯”或“单硬脂酸甘油酯”等；④根据食物致敏物质标示需要，可以在《食品安全国家标准 食品添加剂使用标准》（GB 2760—2014）规定的通用名称前增加来源描述，如“磷脂”可以标示为“大豆磷脂”；⑤《食品安全国家标准 食品添加剂使用标准》（GB 2760—2014）规定，阿斯巴甜应标示为“阿斯巴甜（含苯丙氨酸）”。

复配食品添加剂应在食品配料表中一一标示在终产品中具有功能作用的每种食品添加剂。食品添加剂含有的辅料不在终产品中发挥功能作用时，不需要在配料表中标示。食品加工助剂不需要标示。酶制剂如果在终产品中已经失去酶活力的，不需要标示；如果在终产品中仍然保持酶活力的，应按照食品配料表标示的有关规定，按制造或加工食品时酶制剂的加入量，排列在配料表的相应位置。食品营养强化剂应当按照《食品安全国家标准 食品营养强化剂使用标准》（GB 14880—2012）中的名称标示。既可以作为食品添加剂或食品营养强化剂，又可以作为其他配料使用的配料，应按其在终产品中发挥的作用规范标示：当作为食品添加剂使用，应标示其在《食品安全国家标准 食品添加剂使用标准》（GB 2760—2014）中规定的名称；当作为食品营养强化剂使用，应标示其在《食品安全国家标准 食品营养强化剂使用标准》（GB 14880—2012）中规定的名称；当作为其他配料发挥作用，应标示其相应具体名称。例如，味精（谷氨酸钠）既可作为调味品，又可作为食品添加剂：当作为食品添加剂使用时，应标示为谷氨酸钠；当作为调味品使用时，应标示为味精。又如，核黄素、维生素 E、聚葡萄糖等，既可作为食品添加剂，又可作为食品营养强化剂：当作为食品添加剂使用时，应标示其在《食品安全国家标准 食品添加剂使用标准》（GB 2760—2014）中规定的名称；当作为食品营养强化剂使用时，应标示其在《食品安全国家标准 食品营养强化剂使用标准》（GB 14880—2012）中规定的名称。

（3）配料的定量标示。在食品标签或食品说明书上特别强调添加了或含有一种或数种有价值、有特性的配料或成分，应标示添加量。

只在食品名称中出于反映食品真实属性需要，提及某种配料或成分而未在标签上特别强调时，不需要标示该种配料或成分的添加量或在成品中的含量。只强调食品的口味时也不需要定量标示，但产品标准另有规定的除外。

添加量很少，仅作为香料用的配料而未在标签上特别强调，也不需要标示香料在成品中的含量。如果在食品标签上强调某种或多种配料或成分含量较低或无时，应同时标示其在终产品中的含量。

（4）净含量和规格。净含量标示由净含量、数字和法定计量单位组成。标示位置应与食品名称在包装物或容器的同一展示版面。所有字符高度（以字母 L、k、g 等计）应符合本标准 4.1.5.4 的要求。“净含量”与其后的数字之间可以用空格或冒号等形式区隔。“法定计量单位”分为体积单位和质量单位。净含量大于等于 1000g 时，计量单位应为千克（kg）。固态食品只能标示质量单位，液态、半固态、黏性食品可以选择标示体积单位或质量单位。

单件预包装食品的规格等同于净含量，可以不另外标示规格，具体标示方式参见标准附录 C 的 C.2.1；预包装内含有若干同种类预包装食品时，净含量和规格的具体标示方式参见附录 C 的 C.2.3，同一预包装内含有多个单件预包装食品时，还应标示规格。规格的标示应由单件预包装食品净含量和件数组成，或只标示件数，可不标示“规格”二字；预包装食品内含有若干不同种类预包装食品时，净含量和规格的具体标示方式参见标准附录 C 的 C.2.4。标示“规格”时，不强制要求标示“规格”两字。

赠送装或促销装预包装食品净含量的标示：赠送装（或促销装）的预包装食品的净含量应按照标准的规定进行标示，可以分别标示销售部分的净含量和赠送部分的净含量，也可以标示销售部分和赠送部分的总净含量，并同时用适当的方式标示赠送部分的净含量。例如，“净含量 500g、赠送 50g”、“净含量 500g＋50g”、“净含量 550g（含赠送 50g）”等。

无法清晰区别固液相产品的固形物含量的标示：固、液两相且固相物质为主要食品配料的预包装食品，应在靠近“净含量”的位置以质量或质量分数的形式标示沥干物（固形物）的含量，如糖水梨罐头。半固态、黏性食品、固液相均为主要食用成分或呈悬浮状、固液混合状等无法清晰区别固液相产品的预包装食品无须标示沥干物（固形物）的含量。预包装食品由于自身的特性，可能在不同的温度或其他条件下呈现固、液不同形态的，不属于固、液两相的食品，如蜂蜜、食用油等产品。

（5）生产者、经销者的名称、地址和联系方式。生产者名称和地址应当是依法登记注册、能够承担产品安全责任的生产者的名称、地址。

联系方式应当标示依法承担法律责任的生产者或经销者的有效联系方式。联系方式应至少标示以下内容中的一项：电话（热线电话、售后电话或销售电话等）、传真、电子邮件等网络联系方式、与地址一并标示的邮政地址（邮政编码或邮箱号等）。进口食品应标示原产国地名及中国依法登记注册的代理商、进口商或经销者的名称、地址和联系方式，可不标示生产者的名称、地址和联系方式。

（6）日期标示。应清晰标示预包装食品的生产日期和保质期，如日期标示采用“见包装物某部位”的形式，应标示所在包装物的具体部位。

销售单元包含若干标示了生产日期及保质期的独立包装食品时，外包装上的生产日期和保质期可以选择以下 3 种方式之一标示：一是生产日期标示最早生产的单件食品的生产日期，保质期按最早到期的单件食品的保质期标示；二是生产日期标示外包装形成销售单元的日期，保质期按最早到期的单件食品的保质期标示；三是在外包装上分别标示各单件食品的生产日期和保质期。

应按年、月、日的顺序标示日期，如果不按此顺序标示，应注明日期表示顺序。

日期标示不得另外加贴、补印或篡改是指在已有的标签上通过加贴、补印等手段单独对日期进行篡改的行为。如果整个食品标签以不干胶形式制作，包括“生产日期”或“保质期”等日期内容，整个不干胶加贴在食品包装上符合本标准规定。

标示日期时使用“见包装”字样时，应当区分以下 2 种情况：一是包装体积较大，应指明日期在包装物上的具体部位；二是小包装食品，可采用“生产日期见包装”“生产日期见喷码”等形式。以上要求是为了方便消费者找到日期信息。

（7）预包装食品标签应标示贮存条件。贮存条件可以标示为“贮存条件”“贮藏条件”“贮藏方法”等标题，或不标示标题。

例如：常温（或冷冻，或冷藏，或避光，或阴凉干燥处）保存；0～4℃保存；请置于阴凉干燥处；常温保存，开封后需冷藏。

（8）食品生产许可证编号、产品标准代号。食品标签上应标注食品生产许可证编号，为 SC＋14 位阿拉伯数字。

食品标签上应当标示产品所执行的标准代号和顺序号，可以不标示年代号。产品标准可以是食品安全国家标准、食品安全地方标准、食品安全企业标准或其他国家标准、行业标准、地方标准和企业标准。

标题可以采用但不限于这些形式：产品标准号、产品标准代号、产品标准编号、产品执行标准号等。

（9）其他标示内容。经电离辐射线或电离能量处理过的食品，应在食品名称附近标明“辐照食品”。

转基因食品的标示应符合相关法律、法规的规定。

如果食品的国家标准、行业标准中已明确规定质量（品质）等级的，应按标准要求标示质量（品质）等级。产品分类、产品类别等不属于质量等级。

特殊膳食类食品和专供婴幼儿的主辅类食品，应当标示主要的营养成分及其含量。

2）非直接向消费者提供的预包装食品标签

标示内容：食品名称、规格、净含量、生产日期、保质期和贮存条件，其他内容如未在标签上标注，则应在说明书或合同中注明。

3）标示内容的豁免

标准豁免标示内容有 2 种情形：一是规定了可以免除标示保质期的食品种类，包括酒精度大于 10%的饮料酒、食醋、食用盐、固体食糖类、味精；二是规定了当食品包装物或包装容器的最大表面面积小于 $10cm^2$ 时可以免除的标示内容，包装容器的最大表面面积小于 $10cm^2$ 时，可以只标示产品名称、净含量、生产者的名称和地址。2 种情形分别考虑了食品本身的特性和在小标签上标示大量内容存在困难。豁免意味着不强制要求标示，企业可以选择是否标示。

标准豁免条款中的“固体食糖”为白砂糖、绵白糖、红糖和冰糖等，不包括糖果。

5. 推荐标示内容

1）批号

根据产品需要，可以标示产品的批号。

2）食用方法

根据产品需要，可以标示容器的开启方法、食用方法、烹调方法、复水再制方法等对消费者有帮助的说明。

3）致敏物质

参照《国际食品法典》，标准增加了食品致敏物质推荐性标示要求，以便于消费者根据自身情况科学选择食品。

食品中的某些原料或成分，被特定人群食用后会诱发过敏反应，有效的预防手段之一就是在食品标签中标示所含有或可能含有的食品致敏物质，以便提示有过敏史的消费者选择适合自己的食品。标准参照《国际食品法典》列出了 8 类致敏物质，鼓励企业自愿标示以提示消费者，有效履行社会责任。八类致敏物质以外的其他致敏物质，生产者也可自行选择是否标示。具体标示形式由食品生产经营企业参照以下自主选择。

致敏物质可以选择在配料表中用易于识别的配料名称直接标示，如牛奶、鸡蛋粉、大豆磷脂等；也可以选择在邻近配料表的位置加以提示，如“含有……”等；对于配料中不含某种致敏物质，但同一车间或同一生产线上还生产含有该致敏物质的其他食品，使得致敏物质可能被带入该食品的情况，则可在邻近配料表的位置使用“可能含有……”、“可能含有微量……”、“本生产设备还加工含有……的食品”、“此生产线也加工含有……的食品”等方式标示致敏物质信息。例如，含有麸质的谷物及其制品、甲壳纲类动物及其制品（如虾、龙虾、蟹等）、花生及其制品、坚果及其果仁类制品。

6. 其他注意事项

1）标签中使用繁体字

标准规定食品标签使用规范的汉字，但不包括商标。“规范的汉字”指《通用规范汉字表》中的汉字，不包括繁体字。食品标签可以在使用规范汉字的同时，使用相对应的繁体字。

2）标签中使用“具有装饰作用的各种艺术字”

“具有装饰作用的各种艺术字”包括篆书、隶书、草书、手书体字、美术字、变体字、古文字等。使用这些艺术字时应书写正确、易于辨认、不易混淆。

3）标签的中文、外文对应关系

预包装食品标签可同时使用外文，但所用外文字号不得大于相应的汉字字号。

对于该标准以及其他法律、法规、食品安全标准要求的强制标识内容，中文、外文应有对应的关系。

4）最大表面面积大于 $10cm^2$ 但小于等于 $35cm^2$ 时的标示要求

食品标签应当按照该标准要求标示所有强制性内容。根据标签面积具体情况，标签内容中的文字、符号、数字的高度可以小于 1.8mm，应清晰，易于辨认。

5）强制标示内容既有中文又有字母字符时字体高度要求

中文字高应大于等于 1.8mm。kg、mL 等单位或其他强制标示字符应按其中的大写字母或“k、f、l”等小写字母判断是否大于等于 1.8mm。

6）销售单元包含若干可独立销售的预包装食品时标签标示要求

该销售单元内的独立包装食品应分别标示强制标示内容。外包装（或大包装）的标签标示分为两种情况：①外包装（或大包装）上同时按照本标准要求标示，如果该销售单元内的多件食品为不同品种时，应在外包装上标示每个品种食品的所有强制标示内容，可将共有信息统一标示；②若外包装（或大包装）易于开启识别、或透过外包装（或大包装）能清晰识别内包装物（或容器）的所有或部分强制标示内容，可不在外包装（或大包装）上重复标示相应的内容。

7）可食用包装物的含义及标示要求

可食用包装物是指由食品制成的，既可以食用又承担一定包装功能的物质。这些包装物容易和被包装的食品一起被食用，因此应在食品配料表中标示其原料。对于已有相应的国家标准和行业标准的可食用包装物，当加入量小于预包装食品总量 25%时，可免于标示该可食用包装物的原始配料。

8）胶原蛋白肠衣的标示

胶原蛋白肠衣属于食品复合配料，已有相应的国家标准和行业标准。根据《食品安全国家标准 预包装食品标签通则》（GB 7718—2011）4.1.3.1.3 的规定，对胶原蛋白肠衣加入量小于食品总量 25%的肉制品，其标签上可不标示胶原蛋白肠衣的原始配料。

9）食品中菌种的标示

《卫生部办公厅关于印发〈可用于食品的菌种名单〉的通知》（卫办监督发〔2010〕65 号）和原卫生部 2011 年第 25 号公告分别规定了可用于食品和婴幼儿食品的菌种名单。预包装食品中使用了上述菌种的，应按照《食品安全国家标准 预包装食品标签通则》（GB 7718—2011）的要求标注菌种名称，企业可同时在预包装食品上标注相应菌株号及菌种含量。自 2014 年 1 月 1 日起食品生产企业应按照以上规定在预包装食品标签上标示相关菌种。2014 年 1 月 1 日前已生产销售的预包装食品，可继续使用现有标签，在食品保质期内继续销售。

10）进口预包装食品应标签标示要求

进口预包装食品的食品标签可以同时使用中文和外文，也可以同时使用繁体字。《食品安全国家标准 预包装食品标签通则》（GB 7718—2011）中强制要求标示的内容应全部标示，推荐标示的内容可以选择标示。进口预包装食品同时使用中文与外文时，其外文应与中文强制标识内容和选择标示的内容有对应关系，即中文与外文含义应基本一致，外文字号不得大于相应中文汉字字号。对于特殊包装形状的进口食品，在同一展示面上，中文字体高度不得小于外文对应内容的字体高度。

对于采用在原进口预包装食品包装外加贴中文标签方式进行标示的情况，加贴中文标签应按照《食品安全国家标准 预包装食品标签通则》（GB 7718—2011）的方式标示；原外文标签的图形和符号不应有违反《食品安全国家标准 预包装食品标签通则》（GB 7718—2011）及相关法律法规要求的内容。

进口预包装食品外文配料表的内容均须在中文配料表中有对应内容，原产品外文配料表中没有标注，但根据我国的法律、法规和标准应标注的内容，也应标注在中文配料表中（包括食品生产加工过程中加入的水和单一原料等）。

进口预包装食品应标示原产国或原产地区的名称，以及在中国依法登记注册的代理商、进口商或经销者的名称、地址和联系方式；可不标示生产者的名称、地址和联系方式。原有外文的生产者的名称地址等不需要翻译成中文。

进口预包装食品的原产国国名或地区区名，是指食品成为最终产品的国家或地区名称，包括包装（或灌装）国家或地区名称。进口预包装食品中文标签应当如实准确标示原产国国名或地区区名。

进口预包装食品可免于标示相关产品标准代号和质量（品质）等级。如果标示了产品标准代号和质量（品质）等级，应确保真实、准确。

进口预包装食品仅有保质期和最佳食用日期，应根据保质期和最佳食用日期，以加贴、补印等方式如实标示生产日期。

11）绿色食品标签的标识

根据《食品安全国家标准 预包装食品标签通则》（GB 7718—2011）4.1.10 规定，预包装食品（不包括进口预包装食品）应标示产品所执行的标准代号。标准代号是指预包装食品产品所执行的涉及产品质量、规格等内容的标准，可以是食品安全国家标准、食品安全地方标准、食品安全企业标准，或其他相关国家标准、行业标准、地方标准。按照《绿色食品标志管理办法》（农业部令 2012 年第 6 号）规定，企业在产品包装上使用绿色食品标志，即表明企业承诺该产品符合绿色食品标准。企业可以在包装上标示产品执行的绿色食品标准，也可以标示其生产中执行的其他标准。

复习巩固

1．名词解释：

食品流通　食品接触材料及制品　食品标签　食品接触材料及制品标签

2．食品包装的作用是什么？

3．什么是预包装食品？

实践训练

食品标签的制作

（1）每班学生3～4人分成一个小组，每组学生集思广益确定一种自制创意食品。

（2）根据自制创意食品特点及本章所学食品标签内容，制作内容适宜、新颖的食品标签。

（3）将小组设计并制作的食品标签介绍给全班同学。

拓展资源

《食品安全国家标准 预包装食品标签通则》（GB 7718—2011）

项目十　国际食品标准与法规基础知识

☞ 学习目标

1. 了解相关国际食品标准组织。
2. 熟悉发达国家食品标准与法规的内容。
3. 掌握《国际食品法典》、国际标准化组织的相关情况。
4. 提高信息获取能力和国际思维意识。

国际食品标准与法规基础知识

项目导入

你知道哪些国际食品标准组织

国际上存在众多制定食品领域标准的组织，如联合国粮农组织（FAO）和世界卫生组织（WHO）联合建立的政府间国际组织——国际食品法典委员会（CAC）、国际非政府组织——国际标准化组织（International Organization for Standardization，ISO）、国际乳品行业成立的国际乳品联合会（International Dairy Federation，IDF）等。其中国际食品法典委员会受到世界贸易组织（World Trade Organization，WTO）的认可，其制定的国际标准可以作为各世界贸易组织成员在食品贸易争端时的仲裁标准，因此食品安全领域的国际标准一般指《国际食品法典》标准体系。

此外，《世界贸易组织实施卫生与植物卫生措施协定》（简称《WTO/SPS 协定》）将国际食品法典委员会、世界动物卫生组织（World Organization for Animal Health，OIE）和国际植物保护公约（International Plant Protection Convention，IPPC）作为协调国际食品、动物产品和植物产品贸易的三个国际组织（俗称“三姐妹组织”），其制定的国际标准可以作为各世贸成员在食品贸易争端时的仲裁标准。

基础知识

一、国际食品法典委员会（CAC）标准

（一）国际食品法典委员会简介

CAC 是联合国粮农组织和世界卫生组织于 1961 年建立的以保障消费者健康和确保食品贸易公平为宗旨的一个政府间协调食品标准的国际组织，受 FAO 和 WHO 领导，委

员会的章程和程序规则的制定、修订均需经过这两个组织的批准。

CAC 目前已有 185 个成员国和欧共体，以及 50 个国际政府间组织、154 个非政府组织、16 个联合国机构组成的 220 个国际食品法典观察员，其成员国覆盖了世界人口的 99%，并且发展中国家的数目迅速增长并占据绝大多数，这些事实进一步表明 CAC 在全世界的影响力越来越大。

CAC 的组织机构包括全体成员国大会、常设秘书处、执行委员会和技术附属机构（各类分委员会）。技术附属机构可分为综合主题委员会、商品委员会、区域协调委员会和政府间特设工作组 4 类，每类委员会下设具体专业委员会。

（二）《国际食品法典》

《国际食品法典》是国际公认的、由 CAC 采纳并以统一形式提出的国际食品标准汇集。

1.《国际食品法典》的构成

《国际食品法典》标准体系中的标准可分为通用标准和商品标准 2 类。通用标准是由一般专题分委员会制定的各种通用的技术标准、法规和良好规范，包括食品添加剂的使用、污染物限量、食品的农药与兽药残留、食品卫生（食品微生物污染及其控制）、食品进出口检验和出证系统以及食品标签等。商品标准则是由各商品分委员会制定的，也是《国际食品法典》数量最多的具体标准，主要规定了食品非安全性的质量要求，如该标准的适用范围、产品的描述、重要组成成分、使用的添加剂、污染物的最高限量、卫生要求、重量和容量以及标签的制定。

若按标准的具体内容分，可将 CAC 标准分为商品标准（CODEX STAN）、最大残留限量标准（CAC/MRL）、推荐操作规范（CAC/RCP）、指南文件（CAC/GL）和分类标准（CAC/MISC）5 类。

1）商品标准

主要商品有：①特殊营养食品（包括婴幼儿食品）；②加工和速冻水果和蔬菜；③新鲜水果和蔬菜；④果汁及相关产品；⑤谷物、豆类及其制品以及植物蛋白；⑥油脂及其制品；⑦鱼及鱼制品；⑧肉及肉制品（包括浓汤和清汤）；⑨糖、可可制品、巧克力及其制品；⑩乳及乳制品。

商品标准的特点：①商品标准覆盖面广，涉及国际食品贸易中重要的大宗商品，且注重与国际上食品贸易的交流协作；②商品标准是《国际食品法典》标准体系中的主要内容，占标准总数的 2/3；③标准注重内容从简，摒除了冗杂的内容。如对于已经给出最大农药残留限量、兽药残留限量的商品，在该种食品的商品标准中只对该标准进行引用，不再出现具体的限量指标。

2）最大残留限量标准

限量标准共有 3 项，分别为食品中农药残留最大限量标准、食品中兽药残留最大限量标准和外来污染物最大残留标准。

3）推荐操作规范

《国际食品法典》为保障食品良好品质、安全及卫生建立了良好的国际推荐操作规范。这是一种全方位立体式控制整个食品质量的体系，包括良好操作规范、良好实验室规范和卫生操作指南等。

4）指南文件

这类标准涵盖了食品卫生、食品标签机包装、食品添加剂、污染物、取样和分析方法、食品进出口检验和认证体系、特殊膳食和营养食品、食品加工、贮藏规范等多个方面。

5）分类标准

分类标准主要是食品、饲料及与食品质量与安全方面相关的分类及定义标准，包括婴幼儿喂养声明、食品与饲料分类标准、术语和定义词汇表（食品中的兽药残留）和《食品法典》规范的食品添加剂名单。

2.《国际食品法典》的主要内容

《国际食品法典》各项标准的编排如下：

第 1A 卷　一般要求
第 1B 卷　食品卫生的要求
第 2A 卷　食品中农药残留的分析和采样方法
第 2B 卷　食品中农药最大残留量的限量标准
第 3 卷　食品中兽药残留
第 4 卷　特殊营养食品（包括婴幼儿食品）
第 5A 卷　加工和速冻水果和蔬菜
第 5B 卷　新鲜水果和蔬菜
第 6 卷　果汁及相关产品
第 7 卷　谷物、豆类及其制品以及植物蛋白
第 8 卷　油脂及其制品
第 9 卷　鱼及鱼制品
第 10 卷　肉及肉制品（包括浓汤和清汤）
第 11 卷　糖、可可制品、巧克力及其制品
第 12 卷　乳及乳制品
第 13 卷　推荐的分析方法

各卷包括了一般原则、一般标准、定义、法典、商品标准、分析方法和推荐性技术标准等内容，每卷所列内容都可按照一定顺序排列以便查阅参考。各卷标准分别用英文、法文、西班牙文、阿拉伯语等六国语言出版。

二、国际标准化组织（ISO）标准

（一）国际标准化组织简介

ISO 是当今世界上最大、最权威的标准化机构，是非政府性的由各国标准化团体组成的世界性联合会。其宗旨是在全球范围内促进标准化工作的发展，以利于国际资源的交流和合理配置，扩大各国科学技术和经济领域的合作，其主要活动是制定国际标准。

ISO 的组织机构包括全体大会、理事会、中央秘书处、技术管理局（委员会）、政策发展委员会、常务委员会等。

（二）与食品相关的 ISO 标准

ISO 系列标准自颁布以来，在全世界 100 多个国家、地区或集团和无数企业中推行，成为了许多国家的标准和许多行业的标准，包括食品行业。与食品行业密切相关的有 3 个系列标准，即 ISO 9000、ISO 14000、ISO 22000，这三者分别对食品生产的质量、环境、安全进行了管理与指导，为食品生产过程提供了合理的指导。

1. ISO 9000 系列标准

ISO 指定 ISO/TC176（ISO 质量管理和质量保证技术委员会）制定 ISO 9000 质量管理体系。

1）系列组成

ISO 9000 系列标准是一个质量管理标准，其制定的目的在于指导各类企业在质量管理方面使用正确的管理手段，以满足在全球范围内顾客对产品质量的要求。ISO 9000 系列标准的总体结构如表 10-1 所示。

表 10-1　ISO 9000 系列标准的总体结构

核心标准	其他标准	技术规范	手册
ISO 9000 ISO 9001 ISO 9004 ISO 19011	ISO/TS 10002 ISO/TS 10019	ISO/TS 10005 ISO/TS 10006 ISO/TS 10007 ISO/TS 100013 ISO/TS 100014 ISO/TS 100017 ISO/TS 100018	《质量管理原则》 《选择和使用指南》 《小型企业的应用》

ISO 9001 族标准为 ISO 9000 系列标准中核心标准的主体标准，其包含了 ISO 9001、ISO 9002 和 ISO 9003，这 3 种标准内容是逐次包容的关系。ISO 9001 规定了 20 项要求，比 ISO 9002 多 1 项要求，比 ISO 9003 多 4 项要求。不能笼统地说哪一个模式的保证程度高，只能说质量保证能力不同：ISO 9001 针对企业设计和生产合格产品的过程控制能

力；ISO 9002 针对企业生产合格产品的过程控制能力；ISO 9003 针对企业对成品实施检验或试验的能力。

2）主要内容

ISO 9000 系列标准是 ISO 发布的 12 000 多个标准中最畅销、最普遍的标准，其主要功能包括：组织内部的质量管理；用于第二方评价、认定或注册的依据；用于第三方质量管理体系认证或注册；为规范管理引用，作为强制性要求；用于建立行业的质量管理体系要求的基础；提高产品的竞争力。

在现代企业的管理中，ISO 9001 标准是企业普遍采用的管理体系，是 ISO 9000 系列标准的核心标准，其主要内容如表 10-2 所示。

表 10-2　ISO 9001 标准的主要内容

序号	章名	序号	章名
0	引言	7.3	意识
1	范围	7.4	沟通
2	规范性引用文件	7.5	成文信息
3	术语和定义	8	运行
4	组织环境	8.1	运行的策划和控制
4.1	理解组织及其环境	8.2	产品和服务的要求
4.2	理解相关方的需求和期望	8.3	产品和服务的设计和开发
4.3	确定质量管理体系的范围	8.4	外部提供的过程、产品和服务的控制
4.4	质量管理体系及其过程	8.5	生产和服务提供
5	领导作用	8.6	产品和服务的放行
5.1	领导作用和承诺	8.7	不合格输出的控制
5.2	方针	9	绩效评价
5.3	组织的岗位、职责和权限	9.1	监视、测量、分析和评价
6	策划	9.2	内部审核
6.1	应对风险和机遇的措施	9.3	管理评审
6.2	质量目标及其实现的策划	10	改进
6.3	变更的策划	10.1	总则
7	支持	10.2	不合格和纠正措施
7.1	资源	10.3	持续改进
7.2	能力		

2. ISO 14000 系列标准

ISO 积极响应“可持续发展”的号召，于 1993 年 6 月成立 ISO/TC 207 以展开环境管理国际标准的制定工作，并于 1996 年发布了 ISO 14000 环境管理系列标准，而后在实践的基础上进行了修订。

1）系列组成

ISO 14000 是一个系列的环境管理标准，包括了环境管理体系、环境审核、环境标志、生命周期分析等国际环境管理领域内的许多焦点问题，旨在指导各类组织（企业、公司）取得和表现正确的环境行为，使之与社会经济发展相适应，改善生态环境。ISO 14000 系列标准共预留 100 个标准号。该系列标准共分七个系列，其标准号为 ISO 14001～14100，如表 10-3 所示。

表 10-3 ISO 14000 系列标准

编号	名称	标准号
SC1	环境管理体系（EMS）	14001～14009
SC2	环境审核（EA）	14010～14019
SC3	环境标志（EL）	14020～14029
SC4	环境行为评价（EPE）	14030～14039
SC5	生命周期评估（LCA）	14040～14049
SC6	术语和定义（T&D）	14050～14059
WG1	产品标准中的环境指标	14060
备用		14061～14100

其中 ISO 14001 是环境管理体系标准的主干标准，是企业建立和实施环境管理体系并通过认证的依据。与 ISO 9000 系列标准一样，ISO 14000 系列标准对消除非关税贸易壁垒即“绿色壁垒”、促进世界贸易具有重大作用。

2）主要内容

ISO 14001 作为 ISO 14000 的核心标准，其中主要包含 5 个基本部分、17 个要素。

（1）环境方针。一个组织应制定环境方针，并确保对环境管理和对环境管理体系的承诺，且方针中需要应用非专业语言，以使大众能够理解。该方针应针对所有员工与公众，且将所有重要的产品和服务都考虑进去。环境管理体系（EMS）提供的是初始的基础和方向，所以比 ISO 9000 方针更加严格。

（2）规划。组织在实施自身的 EMS 前应先进行规划，规划中应分析确认当地有可能发生的环境影响因素，然后在考虑了法律和指标的基础上再根据实际情况确定基本环境目标，从而规定路线方针及采用的方法。

（3）实施与运行。为了系统能够有效地运行，组织应提供为实现其环境方针、目标和指标所需的财力、物力、人力和保障机制，在这之前还需要对相关人员在能力和意识等方面进行培训。除此之外还需要注意信息的交流、文件的管理和运行模式的控制等。

（4）检查与纠正措施。EMS 需要有一个有计划、周期性的审核，应通过该审核来测量、监测和评价其环境绩效，这样才有利于企业管理的改善。因此，识别关键过程的特点是十分必要的。

（5）管理评审。一个组织应以改进总体环境绩效为目标，评审并不断改进其环境管理体系。

这 5 个基本部分包含了环境管理体系的建立过程和建立后有计划地评审及持续改进的循环，以保证组织内部环境管理体系的不断完善和提高。将环境管理体系视为一个组织框架，它需要不断监测和定期评审，以适应变化着的内外部因素，有效引导组织的环境活动。组织的每一个成员都应承担环境改进的职责。

17 个要素指的是：环境方针；环境因素；法律与其他要求；目标和指标；环境管理方案；机构和职责；培训、意识与能力；信息交流；环境管理体系文件编制；文件管理；运行控制；应急准备和响应；监测；违章、纠正与预防措施；记录；环境管理体系审核；管理评审。

3. ISO 22000 系列标准

ISO 于 2005 年 9 月 1 日发布了由 ISO/TC34/SC17 分技术委员会制定的《食品安全管理体系—对整个食品供应链的要求》（ISO 22000:2005）标准，ISO 22000 应运而生。

1）系列组成

《食品安全管理体系：食品链中任何组织的要求》（ISO 22000:2005）是 ISO 22000 系列标准中的第一份文件，是食品安全管理体系的核心原则和框架，规定了整个食品链中各类组织的食品安全管理体系要求。与食品行业有关的其他食品安全标准、规范和（或）要求可与该框架一起使用。2018 年 6 月，ISO 发布了 ISO 22000:2018 食品安全管理体系标准的最终版本，这标识着获证组织 3 年过渡期的开始。该版本是自 2005 年以来该标准的第一次修订，标准的发布意味着全部修订的完成。

ISO 22000 系列标准还包括《食品安全管理体系 ISO 22000:2005 应用指南》（ISO/TS 22004:2005）、《饲料与食品供应链中的可追溯性：系统设计和实施的一般原则与基本要求》（ISO 22005:2007）、《食品安全的前提方案　第 1 部分　食品生产》（ISO/TS 22002-1:2009）、《食品安全的前提方案　第 3 部分　耕作》（ISO/TS 22002-3:2011）、《食品安全管理体系认证与审核机构要求》（ISO/TS 22003:2007）等。

2）主要内容

与 ISO 22000:2005 相比，ISO 22000:2018 采用高阶结构（HLS），章节数由 8 个章节调整为 10 个章节，可使组织内建立一个跨系统的整合管理，如 ISO 9001＋14001＋22000 等系统整合。ISO 22000:2018 新增名词解释，比旧版新增 28 个术语。在高阶结构（HLS）的标准结构下，ISO 22000:2018 正文部分共设 7 个章节，分别为 4 组织环境、5 领导作用、6 策划、7 支持、8 运行、9 绩效评价和 10 改进。

ISO 22000 标准体系是适用于整个食品供应链的食品安全管理体系框架，它将食品安全管理体系从侧重对 HACCP、GMP、SSOP 等技术方面的要求，扩展到了整个食品供应链，并且作为一个体系对食品安全进行管理，增加了运用的灵活性。ISO 22000:2018 采用过程方法，该方法结合了 PDCA（策划、实施、检查、处置）循环与基于风险的思维。

过程方法能使组织策划其过程及其相互作用。PDCA 循环使得组织确保对其过程进行恰当管理，提供充足资源，确定改进机会并采取行动。基于风险的思维使得组织能确定可能导致其过程和食品安全管理体系偏离策划结果的各种因素，采取控制措施，防止或最大限度地降低不利影响。

ISO 22000 的目标是协调全球食品安全管理的要求。该标准有助于确保从农田到餐桌整个食品供应链的食品安全。ISO 22000:2018 采用了所有 ISO 标准所通用的 ISO 高阶结构（HLS）。由于它遵循与其他广泛应用的 ISO 标准（如 ISO 9001 和 ISO 14001）相同的结构，因此与其他管理体系的整合更加容易，以满足当今食品安全的挑战。获得认证的组织必须在 2021 年 6 月 19 日之前过渡到 2018 版标准。在此日期之后，2005 版标准将被撤销。

三、部分发达国家的法规及标准

（一）美国食品法律法规与标准

1. 美国食品法律法规

美国关于食品的法律法规包括两方面内容：一是议会通过的法案称为法令，如《美国法典》第 7 卷农业、第 9 卷动物和动物产品和第 21 卷食品与药品，《行政管理程序法令》，《联邦咨询委员会法令》，《新闻自由法令》等；二是由权力机构根据议会的授权制定规则和命令，如《联邦食品、药物和化妆品法》、《联邦肉类检验法》等，这些法规在联邦公报（Federal Register，FR）中颁布，公众可查询到这些法规的电子版材料。

美国联邦政府及各州政府共设置了 20 多个食品安全监管机构，但政府部门的职责相对明确，各部门依照法律授权各司其职。主要食品安全监管机构有食品药品监督管理局（Food and Drug Administration，FDA）、美国农业部下属机构食品安全检验局（Food Safety and Inspection Service，FSIS）、动植物卫生检验局（Animal and Plant Health Inspection Service，APHIS）及联邦环境保护署（Environmental Protection Agency，EPA）。

1）《美国法典》

《美国法典》是美国联邦政府执行机构和部门在联邦公报（Federal Register，FR）中发表与公布的一般性和永久性规则的集成，具有普遍适用性和法律效应。

《美国法典》与食品有关的内容主要是第 7 卷（农业）、第 9 卷（动物和动物产品）、第 21 卷（食品与药品）和第 40 卷（环境保护），这些法规涵盖了所有食品，并为食品安全制定了非常具体的标准及监管程序。

2）《联邦食品、药品和化妆品法》

《联邦食品、药品和化妆品法》是美国食品安全法律的核心，它为美国食品安全的管理提供了基本原则和框架。它要求 FDA 管辖除肉、禽和部分蛋类以外的国产和进口食品的生产、加工、包装、贮存。此外，还包括对新型动物药品、加药饲料和所有可能成为食品成分的食品添加剂的销售许可和监督。

该法规定：禁止销售须经 FDA 批准而未获得批准的食品、未获得相应报告的食品，以及拒绝对规定设施进行检查的厂家生产的食品。禁止销售由于不洁贮藏条件而引起的含有令人厌恶的或污物的食品。禁止出售带有病毒的产品，并要求食品必须在卫生设施良好的房间中生产。

3）《公共卫生服务法》

美国国会于 1994 年通过的《公共卫生服务法》，是美国关于防范传染病的联邦法律。该法明确了严重传染病的界定程序，制定传染病控制条例，规定检疫官员的职责，同时对来自特定地区的人员、货物、有关检疫站、检疫场所与港口、民航与民航飞机的检疫等均做出了详尽规定；此外，还对战争时期的特殊检疫进行了规范。它要求美国食品药品管理局负责制定防止传染病传播方面的法规，并向州和地方政府相应机构提供有关传染病法规的协助。

4）《食品质量保护法》

1996 年，美国国会一致通过了《食品质量保护法》。该法对应用于所有食品的全部杀虫剂制定了一个单一的、以健康为基础的标准，为婴儿和儿童提供了特殊的保护；对安全性提高的杀虫剂进行快速批准，要求定期对杀虫剂的注册和容许量进行重新评估，以确保杀虫剂注册的数据不过时。

5）肉、禽、蛋制品检验法

这三部法律用来规范肉、禽、蛋类制品的生产，确保销售给消费者的畜肉类、禽类和蛋类产品是卫生安全的，并对产品进行正确的标记和包装。畜肉类、禽类和蛋类产品只有在盖有美国农业部的检验合格标记后，才允许销售和运输。这三部法律还要求向美国出口畜肉类、禽类和蛋类产品的国家必须具有等同于美国检验项目的检验能力。这种等同性要求不仅针对各国的检验体系，而且也包括在该体系中生产的产品质量的等同性。

6）《联邦杀虫剂、杀真菌剂和灭鼠剂法》

《联邦杀虫剂、杀真菌剂和灭鼠剂法》赋予美国环境保护署对用于特定作物的杀虫剂的审批权，并要求：环境保护署规定食品中最高残留限量（允许量）；保证人们在工作中使用或接触杀虫剂、食品清洁剂和消毒杀菌剂时是安全的；避免环境中的其他化学物质，包括空气和水中的细菌污染物混入食品中，以及那些可能威胁食品供应链安全性的其他物质。

7）《食品安全现代化法案》

美国 FDA 于 2011 年签署了《食品安全现代化法案》，该法案是美国自 20 世纪 30 年代建立食品安全监管体系以来最为严格的一项法规，从多个方面对《联邦食品、药品和化妆品法》进行了修订与补充，这是美国食品安全监管体系最大的一次调整。

2. 美国食品标准

截至 2005 年 5 月，美国的食品安全标准约有 660 项，主要是检验检测方法标准和被技术法规引用后的肉类、水果、乳制品等产品的质量分级分组标准两大类。这些标准的制定机构主要有经过美国国家标准学会认可的与食品安全有关的行业协会、标准化技术委员会和政府部门 3 类。

1）行业协会制定的标准

美国官方分析化学师协会（Association of Official Agricultural Chemists，AOAC）：负责制定检验与各种标准分析方法的标准。

美国谷物化学师协会（American Association of Cereal Chemists，AACC）：负责制定谷物化学分析方法和谷物加工工艺的标准。

美国饲料管理协会（Association of American Feed Control Officials，AAFCO）：负责制定各种动物饲料生产的法规与标准。

美国乳制品协会（American Dairy Products Institute，ADPI）：负责制定乳制品的标准。

美国饲料工业协会（American Feed Industry Association，AFIA）：负责制定联邦与州有关动物饲料的法规和标准。

美国油料化学师协会（American Oil Chenists，Society，AOCS）：负责制定动物、海洋生物和植物油脂的研究。

美国公共卫生协会（American Public Health Association，APHA）：负责制定工作程序标准、人员条件要求及操作规程等。

2）标准化技术委员会标准

3A 卫生标准：3A 卫生标准是由 3A 卫生标准公司制定的关于乳制品行业设备卫生设计的标准，3A 卫生标准成员由 4 个协会组成：美国乳制品协会、国际乳制品协会、食品加工供应商协会和国际食品保护协会。

烘烤业卫生标准委员会：从事标准的制定、设备的认证、卫生设施的设计与建筑、食品加工设备的安装等。由政府和工业部门的代表参加标准的编制工作，特殊的标准与标准的修改由协会的工作委员会负责。协会的标准为制造商和烘烤业执法机关所采用。

（3）政府部门制定标准

涉及食品安全管理的部门主要有农业部（United States Department of Agriculture，USDA）、食品药品监督管理局（FDA）、环境保护署（EPA）。政府部门以普通会员身份在相关的领域参与民间团体的标准化活动，作为相关方参与标准的制定，需要时以购买者的身份采购标准。例如，农业部发布的《美国有机认证标准》（NOP），FDA 发布的《食品生产企业 GMP 和 HACCP 法规》。

（二）日本食品法律法规与标准

1. 日本食品法律法规

日本保障食品质量安全的法律法规体系由两大基本法和其他相关法律法规组成。《食品安全基本法》和《食品卫生法》是两大基本法律。除上述基本法外，与食品相关的法律法规还包括《转基因食品标识法》《包装容器法》《农药取缔法》《健康增进法》《家禽传染病预防法》《日本农业标准化法》《新食品标识法》等。

根据相关的法律规定，分别由厚生劳动省与农林水产省承担食品卫生安全方面的行政管理职能。其中，厚生劳动省负责稳定的食物供应和食品安全，农林水产省负责食品生产和质量保证。

1）《食品安全基本法》

《食品安全基本法》颁布于 2003 年 5 月，是一部旨在保护公众健康、确保食品安全的基础性和综合性法律。该法明确了在食品安全监管方面，国家、地方公共团体、食品相关经营者以及消费者的责任和义务，国家及地方公共团体的责任和义务是综合制定确保食品安全性的政策；销售商的责任和义务是具有确保食品安全性的意识，为确保食品的安全性，对食品供给过程中各阶段应恰当地采取需要的措施。消费者则要掌握并理解食品安全性知识，同时就食品安全性方面，充分表明个人意见。

2）《食品卫生法》

《食品卫生法》是日本控制食品质量安全最重要的法律，适用于国内产品和进口产品。该法规定了食品和食品添加剂的标准和成分规格，容器包装，农药残留标准，食品的标识和广告，进口食品的监控指导计划，以及进口食品监督检查等。同时，还规定了国内食品生产、加工、流通、销售商的设施监督检查及相关的处罚条例。

3）《日本农业标准化法》

《日本农业标准化法》也称《日本有机农业标准》（JAS），主要规定了农产品质量规格标准的制修订、评审程序、认证机构工作流程和标签标志规定制定、实施的条例，以及与之相关的处罚条例。JAS 中确立了两种规范：JAS 标志制度（日本农产品标识制度）和食品品质标志标准。依据 JAS，市售的农渔产品皆须标示 JAS 标志及原产地等信息。JAS 法在内容上，不仅确保了农林产品与食品的安全性，还为消费者能够简单明了地掌握食品的有关质量等信息提供了方便。

4）《农药管理法》

《农药管理法》由农林水产省负责。其主要规定如下：一是所有农药（包括进口的）在日本使用或销售前，必须依据该法进行登记注册（农林水产省负责农药的登记注册）；二是在农药注册之前，农林水产省应就农药的理化作用等进行充分研究，以确保登记注册的合理；三是环境省负责研究注册农药使用后对环境的影响。

5）《植物防疫法》

《植物防疫法》适用于进口植物检疫，农林水产省管辖的植物防疫站为其执行机构。该法规定：凡属日本国内没有的病虫害，来自或经过其发生国家的植物和土壤均严禁进口。日本还制定了《植物防疫法实施细则》，详细规定了禁止进口植物的具体区域和种类以及进口植物的具体要求等。

6）《家畜传染病预防法》

《家畜传染病预防法》适用于进口动物检疫，农林水产省管辖的动物检疫站为其执行机构。进口动物检疫的对象包括动物活体和加工产品（如肉、内脏、火腿、肉肠等）。

7）《屠宰场法》

《屠宰场法》适用于屠宰场的运作以及食用牲畜的加工。

8）《家禽屠宰商业控制和家禽检查法》

《家禽屠宰商业控制和家禽检查法》规定，只有取得地方政府的准许，方可宰杀家禽以及去除羽毛及内脏，还规定了家禽的检查制度，其与《屠宰场法》规定的牲畜检查制度类似。

9）《食品标识法》

自2015年4月1日，日本开始实施新《食品标识法》。该法整合了JAS、《食品卫生法》、《健康增进法》中食品标识相关内容，统一规定食品标识相关整体内容。新《食品标识法》中的营养成分标示从自愿变为强制，要进行标示的营养成分有能量、蛋白质、脂肪、碳水化合物和钠，其中钠用相当量的食盐标示。

2. 日本食品标准

日本食品标准体系分为国家标准、行业标准和企业标准。从标准适用范围上看，日本食品安全标准的类型可分为成分规格标准、技术标准、标识标准、设施标准四类。

1）国家标准

国家标准即JAS，主要以农、林、畜、水产品及其加工制品和优质品为对象，在整个日本食品安全标准体系中具有权威性和指导性作用。国家标准的制定机构是厚生劳动省，其从本国实际出发，结合了90%以上国际标准的内容而制定的。

2）行业标准

行业标准是指在国家食品安全相关机构许可下，由行业团体、行业协会或社会组织制定的，仅用于本行业范围内有效的食品安全技术标准，对国家标准具有补充和技术贮备的作用。

3）企业标准

企业标准是企业生产的食品在没有国家和行业标准参照的情况下，由各株式会社制定的操作规程或技术标准，以此作为本企业食品安全生产的依据。企业标准的特点是种类齐全、标准科学、先进实用、目的明确、与法律法规紧密相连、与国际标准接轨。

（三）欧盟食品法律法规与标准

欧洲联盟（European Union，EU），总部设在比利时首都布鲁塞尔，是由欧洲共同体（European Community，EC）发展而来的。

1. 欧盟食品法律法规

欧盟食品法律法规体系涵盖了从农田到餐桌的整个食物链的安全要求，是世界上较完善的食品安全法律体系。欧盟食品法律法规的主要框架包括“一个路线图，七部法规”。“一个路线图”是指《食品安全白皮书》，“七部法规”是指在《食品安全白皮书》公布后制定的有关欧盟食品基本法、食品卫生法以及食品卫生的官方控制等一系列相关法规。

欧盟于 2002 年 1 月制定了欧洲议会和理事会第 178/2002 号法规，该法规就是著名的《食品基本法》。《食品基本法》包括三大部分：第一部分规定了食品立法的基本原则和要求；第二部分确定了欧洲食品安全局的建立；最后一部分给出了在食品安全问题上的程序。2004 年，欧盟食品链与动物健康委员会通过了《食品基本法》主要要求实施方法的指南文件。

1）《食品安全白皮书》

《食品安全白皮书》确立了欧盟食品安全法规体系的基本原则。《食品安全白皮书》对欧盟食品安全法规体系进行了完整的规划，确立了三个方面的战略思想：第一，倡导建立欧洲食品安全局，负责食品安全风险分析和提供该领域的科学咨询；第二，在食品立法当中始终贯彻从农田到餐桌的方法；第三，确立了食品和饲料从业者对食品安全负有主要责任的原则。

2）《食品安全基本法》（EC 178/2002）

EC 178/2002 法规是 2002 年 1 月 28 日颁布的，包含 5 章 65 项条款，主要拟订了食品法规的一般原则和要求、建立欧洲食品局（EFSA） 和拟订食品安全事务的程序，是欧盟的又一个重要法规。

3）《食品卫生条例》（EC 852/2004）

EC 852/2004 法规规定了食品企业经营者确保食品卫生的通用规则，主要内容包括：①企业经营者承担食品安全的主要责任；②从食品的初级生产开始确保食品生产、加工和分销的整体安全；③全面推行危害分析和关键控制点（hazard analysis critical control point，HACCP）；④建立微生物准则和温度控制要求；⑤确保进口食品符合欧洲标准或与之等效的标准。

4）《动物源性食品特殊卫生规则》（EC 853/2004）

EC 853/2004 法规规定了动物源性食品的卫生准则，主要内容包括：①只能用饮用水对动物源性食品进行清洗；②食品生产加工设施必须在欧盟获得批准和注册；③动物源性食品必须加贴识别标志；④只允许从欧盟许可清单所列国家进口动物源性食品等。

5）《供人类消费的动物源性食品的官方控制组织细则》（EC 854/2004）

EC854/2004 法规规定了对动物源性食品实施官方控制的规则，主要内容包括：①欧盟成员国官方机构实施食品控制的一般原则；②食品企业注册的批准，对违法行为的惩罚，如限制或禁止投放市场、限制或禁止进口等；③在附录中分别规定对肉、双壳软体动物、水产品、原乳和乳制品的专用控制措施；④进口程序，如允许进口的第三国或企业清单。

6）《确保符合饲料和食品法、动物健康和动物福利法规规定的官方控制》（EC 882/2004）

EC 882/2004 法规是一部侧重对食品与饲料、动物健康与福利等法律实施监管的条例。它提出了官方监控的两项基本任务，即预防、消除或减少通过直接方式或环境渠道等间接方式对人类与动物造成的安全风险；严格食品和饲料标志管理，保证食品与饲料贸易的公正，保护消费者利益。官方监管的核心工作是检查成员国或第三国是否正确履行了欧盟食品和饲料法律、动物健康与福利条例所要求的职责，确保欧盟对食品和饲料法律及动物健康福利条例遵循情况进行核实。

7）《关于供人类消费的动物源性产品的生产、加工、销售及引进的动物卫生法》（EC 99/2002）

EC 99/2002 法规要求各成员国 2005 年前转换成本国法律。该法规提出了动物源性食品在生产、加工、销售等环节中的动物健康条件的官方要求。法规中还包括了相关的兽医证书要求、兽药使用的官方控制要求、自第三国进口动物源性食品的卫生要求等。

8）《饲料卫生要求》（EC 183/2005）

许多食品问题始于被污染的饲料。为了确保饲料和食品的安全，EC 183/2005 法规规定对动物饲料的生产、运输、存贮和处理做了规定。和食品生产商一样，饲料商应该确保投放市场的产品安全、可靠，而且负主要责任，如果违反欧盟法规，饲料生产商应支付损失成本，如产品退货以及饲料的损坏。

2. 欧盟食品标准

欧盟的食品标准是欧盟食品安全体系的重要组成部分，是以欧盟指令的形式体现的。指令中只列出基本的要求，而具体要求则由技术标准来规定。因此，形成了上层为欧盟指令、下层为具体要求，厂商可自愿选择的技术标准组成的二层结构的欧盟指令和技术标准体系。该体系有效消除了欧盟内部市场的贸易障碍，但欧盟同时规定，属于指令范围内的产品必须满足指令的要求才能在欧盟市场上销售，达不到要求的产品不允许流通。

1）农药残留标准

欧盟成员国实行统一的农产品和食品的农药残留标准。新的农药残留标准体系中农药残留限量数量由原来的 39 000 多个增加到 118 000 多个，对于没有设立残留限量的农药，和日本一样，欧盟一般也是要求小于 0.01mg/kg。

2）食品包装、贮运与标志标准

在欧盟内流通的商品都必须符合产品包装、运输和标志的有关标准规定，具体标注的方法是：在出售食品的旁边放一个说明标签 （而不是印在食品包装上），如果食品中的转基因含量超过 1%，且产品有配料成分清单，则须在配料单上注明“配料是由转基因大豆（或玉米）制成的”，或标明“添加剂和香精为转基因产品”；如果没有，则在产品标签上直接注明“此食品不含有转基因成分”。

3）农产品进口标准

要进入欧盟市场的产品必须满足以下三个条件之一：①符合欧洲标准，取得欧洲标准化委员会（CEN） 认证标志；②与人身安全有关的产品，要取得欧盟安全认证标志（CE）；③进入欧盟市场的产品厂商，要取得 ISO 9000 合格证书。同时，欧盟还明确要求进入欧盟市场的产品凡涉及欧盟指令的，必须通过认定，才允许进入欧盟市场。

项目解析

中欧食品贸易“氯霉素事件”

“氯霉素事件”在中欧食品贸易中是一件影响很大的事件，也是欧盟委员会运用技术性贸易壁垒的典型案例。

氯霉素曾是一种广泛使用的人用和兽用抗生素，后来医学研究发现，它可能引起一些比较严重的副作用，因此欧盟开始限制氯霉素的使用。20 世纪末，曾经发生过中国对欧盟出口的食品中氯霉素含量超标的事件，欧盟也曾予以警告和采取相关措施，但在当时，双方并没有对此予以特别重视。

2001 年初，一名奥地利消费者因食用虾仁出现氯霉素过敏。经查，虾仁来自中国，当地绿色组织很快介入此事并通报欧盟。4 月，在舟山进行的检测结果证实，出口虾仁氯霉素残留量超过欧盟食品标准；7 月，国家质量监督检验检疫总局就此急电浙江省；8 月，国际新闻传媒公开报道；10 月，国家质量监督检验检疫总局向欧盟委员会健康与消费者保护总司通报：“已查出污染源。浙江出口的虾是海捕虾，本身不含有氯霉素，出口欧盟冻虾中含有氯霉素是由于个别剥虾工人为消除手掌发痒搽氯霉素后未能彻底洗手所致。”并承诺将采取有效措施杜绝此类事件再次发生； 11 月，欧盟考察团到中国实地考察，最后得出结论：“目前中国无法向欧盟充分保证向欧盟出口的动物源性食品不含有害兽药残留和其他有害物质”。此后，陆续发现 55 批中国水产品存在药物残留超标问题。

2002 年 1 月 31 日，欧盟官方公报发布欧盟委员会决定 2002/69/EC（之后被 2002/994/EC 替代）：自当日起禁止从中国进口供人类消费或用作动物饲料的动物源性产品，只有肠衣及在海上捕捞、冷冻、最终包装并直接运抵欧盟境内的渔业产品（甲壳类除外）不在禁止进口之列。至此，中国水产食品被全面禁止进入欧盟，而此时美国和日本也对此做出反应，对我国动物产品实施严格检查。

本来作为个别批次进口食品的氯霉素残留只是个别事件，很难成为禁止中国进口食品的借口和理由，但欧盟在考察报告中将事件的主题明显上升到原则，即由简单个别批次虾仁氯霉素残留转向中国缺乏生产符合欧盟食品质量要求的环境、制度和程序。正是由于攻击点的扩散和原则化才形成欧盟禁令的根本原因和对中国的致命一击。根据《TBT 协定》规则：成员国有权出于保护人类健康和安全的正当理由构建技术性贸易壁垒。因此，对于欧盟采取的各种制裁措施，中国没有采取对等报复措施的权利。

欧盟制裁措施出台后，中国驻欧盟使团大使会见了欧盟委员会健康与消费者保护总司总司长，就欧盟禁止进口我国动物源性产品一事再次向欧盟进行交涉，并向欧盟通报了中方在改进残留监控工作方面已经和即将采取的措施。通过谈判，仍然只有少量水产品得到解禁。

欧盟采取分期逐批次的方式解禁相关产品进口，同时附加严格的苛刻条件（一些产品解禁了，苛刻条件却留了下来，一些苛刻条件的解除甚至比产品禁令解除更困难），并且使得中国食品在欧洲消费者心中的形象受损。同时，欧盟获得了更多的有利因素，除浙江省外，江苏省出口欧盟的淡水小龙虾、福建省出口欧洲的鳗鱼制品中又相继被查出氯霉素含量超标。

“氯霉素事件”对于我国的教训是沉重的。虽然我国为加入 WTO 持续努力了十几年，但是却没有完成适应规则的整体机制的转变，如争端解决的规则和技巧、技术性贸易壁垒的预警和应对，以及在技术和标准方面的根本转变和提高等。此事件涉及中国十余万人的就业和数亿美金的经济损失，更有甚者，荷兰等国对于我国相关进口产品不是采取退货方式就是进行就地销毁，以致我方对荷兰进口产品的违禁和超标同样采取销毁方式以示报复，但此时已经无力改变整个局面。

值得欣慰的是，“氯霉素事件”催生了禁止氯霉素的国质检食函〔2001〕510 号、国质检食函〔2001〕578 号文件，推进了《水产养殖禁用药物名单》的修订，引起了食品行业各有关方面的重视，加快了我国相关体制的适应性转变的进程。

复习巩固

1. 国际食品法典委员会的宗旨是什么？
2. 简述《国际食品法典》的一般原则。
3. 与食品相关的 ISO 标准有哪些？简述它们之间的关系。
4. 简述美国的食品法律法规制度。

实践训练

企业遇到技术性贸易措施问题该怎么办

（一）措施内容不清不实的，及时咨询

为认真履行 WTO 有关透明度的义务，我国设立了 TBT（Technical Barriers to Trade，技术性贸易壁垒）/SPS（Sanitary and Phytosanitary Standard）国家咨询点（暨中华人民共和国 WTO/TBT-SPS 国家通报咨询中心），统一代表中国政府机构、行业协会、企业和个人向其他 WTO 成员进行咨询，开展通报和评议。目前，该中心设在海关总署国际检验检疫标准与法规研究中心（简称“标法中心”）。

企业在遇到国外技术性贸易措施实施时间不清、细则不明、无法核实等问题，又无法通过其他渠道获取准确信息时，可直接向当地海关反映，通过海关总署国际合作司或中华人民共和国 WTO/TBT-SPS 国家通报咨询中心对外咨询。

案例 10. 1

2020 年 11 月，针对食品设备企业反映某进口国要求食品设备上标注电子标签的例外条款适用不清的问题，深圳海关积极行动，收集整理相关技术性贸易措施通报内容，组织企业、第三方机构进行分析研讨，提出建议意见报送中华人民共和国 WTO/TBT-SPS 国家通报咨询中心对外咨询，促使外方在回复中阐明了例外条款适用情况，为企业快速解决了信息不对称的问题。

案例 10.2

2020 年有企业反映，韩国对我国出口辣椒种子要求在出口前进行 6 种病毒（病原微生物）的检测，但检测结果不需在植物检疫证书中备注注明，韩国对进口的辣椒种子实施针对 6 种病原微生物的抽样检测。济南海关在确认韩方此前未向 WTO 通报此措施的前提下，组织企业、研究机构收集整理韩国现行法律法规，通过分析比对，提出建议意见通过海关总署国际合作司对外咨询，敦促外方明确目录清单、检疫方法及判定标准等内容。

（二）措施刚发布还未实施的，积极评议

按照 WTO 有关透明度的义务规定，WTO 成员在制修订和实施技术法规、标准及合格评定程序等技术性贸易措施时，须向其他 WTO 成员通报，给予其他成员合理时间（通常为 60d）提出书面意见，并给出答复，以保证其他成员及时了解并采取措施适应变化。而对其他成员发布的技术性贸易措施通报进行评议，是我国作为 WTO 成员的重要权利。

目前，海关总署国际合作司负责海关系统技术性贸易措施通报评议工作，各地海关均有开展技术性贸易措施通报评议的职责。企业遇到新发布还未实施的技术性贸易措施时，认为其存在不合理、不科学要求，影响企业出口时，可向当地海关提出评议需求，积极参与海关部门组织的通报评议，提出要求国外推迟、更改、甚至取消实施相关措施的意见建议，报海关总署国际合作司、中华人民共和国 WTO/TBT-SPS 国家通报咨询中心对外发出意见，以维护产业利益。

案例 10.3

针对韩国 2020 年 8 月向 WTO 通报的《保健功能食品标准与规范》草案，济南海关积极配合海关总署国际合作司、标法中心开展对外评议工作，依据 WTO 规则提出其缺少外观检测方法及判断标准、部分物质制定标准缺少风险分析等评议意见，并通过中华人民共和国 WTO/TBT-SPS 国家通报咨询中心向韩方通报。韩方采纳中方意见并于 10 月 10 日回函称其已在官网公布外观检测方法和判断标准，为我国保健功能食品合规输韩提供了标准依据。

（三）措施拟实施或已实施的，提出关注

WTO 分别设有 TBT 及 SPS 两个委员会。上述委员会每年分别召开三次例会。在例会上，各成员可对其他 WTO 成员拟实施或已实施的，不符合 TBT、SPS 协定原则、对贸易造成不必要障碍的措施和做法，提出“特别贸易关注”，敦促其他成员对相关措施进行澄清、修改、废止、推迟实施等，共同维护 WTO 成员利益。

目前，各地海关均会在 WTO/TBT 和 WTO/SPS 例会召开前，按照海关总署国际合作司的要求，向企业征集出口遭遇的国外技术性贸易措施阻碍情况。企业遇到拟实施或已实施的技术性贸易措施阻碍时，可向当地海关反映，参与海关部门组织的行业研讨，提出诉求和意见，海关总署国际合作司将通过国际合作机制，积极推动问题解决或向好发展。

案例 10.4

2020 年 2 月，针对关区医疗器械企业反映遭遇某国拟实施技术性贸易措施制约，短时间内无法取得认证出口问题，深圳海关立即组织调研行业协会和相关企业，系统开展法规分析研究，提出特别贸易关注报送海关总署。3 月，在 WTO/TBT 例会上，总署国际合作司向该国提出“延迟实施医疗器械新法规”等意见，获得多个 WTO 成员支持，推动外方最终推迟实施该法规，为中国企业合规出口和支持全球抗疫争取了宝贵时间。

案例 10.5

2020 年 6 月，针对企业反映泰国出台农药残留检测新规、要求输泰保鲜果蔬批批进行 134 项农残检测、我相关产品出口面临停滞风险的问题，济南海关立即收集泰国新规并组织关区技贸专家进行研究分析，从检测项目、检测频率、涉及范围等几方面提出贸易关注，海关总署国际合作司通过多双边渠道多次开展对外交涉，促使泰国调整进口保鲜果蔬合理管控措施，有关检测项目和企业检测费用降幅分别达 86.6%和 80%以上，为我企业年均节省检测成本 36 亿元以上，货物滞港时间预计缩短 5～7 个工作日，保障年约 100 亿元保鲜果蔬正常输泰。

思考：

1. 企业为什么要重视技术性贸易措施？
2. 企业忽视技术性贸易措施会受到哪些伤害？
3. 企业遇到的技术性贸易措施有哪些类型？

企业遇到技术性贸易措施问题解析

拓展资源

《质量管理体系　要求》（GB/T 19001—2016/ISO 9001:2015）

项目十一　食品许可制度

☞ 学习目标

1. 熟悉食品生产许可和经营许可的条件。
2. 熟悉食品生产许可和经营许可的申请材料。
3. 掌握食品生产许可的现场核查内容。
4. 增强用法律法规与标准约束食品生产的意识。

食品许可制度

项目导入

你知道如何查询食品生产许可证的真伪吗

（1）首先进入国家市场监督管理总局门户网站。

（2）在首页中找到“服务”，将鼠标移至“服务”找到“我要查”。

（3）单击“我要查”，进入新的页面，找到“食品生产许可证企业信息查询”。

（4）单击“食品生产许可获证企业信息查询”，进入查询页面，输入企业名称即可。

基础知识

一、食品生产许可的认证程序

食品生产许可实行一企一证的原则，即同一个食品生产者从事食品生产活动，应取得一个食品生产许可证。

（一）食品生产许可的申请与受理

1. 申请

申请食品生产许可，应先行取得营业执照等合法主体资格。企业法人、合伙企业、个人独资企业、个体工商户等，以营业执照载明的主体作为申请人。

申请食品生产许可，应按照以下食品类别提出：粮食加工品，食用油、油脂及其制品，调味品，肉制品，乳制品，饮料，方便食品，饼干，罐头，冷冻饮品，速冻食品，薯类和膨化食品，糖果制品，茶叶及相关制品，酒类，蔬菜制品，水果制品，炒货食品及坚果制品，蛋制品，可可及焙烤咖啡产品，食糖，水产制品，淀粉及淀粉制品，糕点，豆制品，蜂产品，保健食品，特殊医学用途配方食品，婴幼儿配方食品，特殊膳食食品，其他食品，等等。

申请食品生产许可，应符合下列条件。

（1）具有与生产的食品品种、数量相适应的食品原料处理和食品加工、包装、贮存等场所，保持该场所环境整洁，并与有毒、有害场所及其他污染源保持规定的距离。

（2）具有与生产的食品品种、数量相适应的生产设备或者设施，有相应的消毒、更衣、盥洗、采光、照明、通风、防腐、防尘、防蝇，防鼠、防虫、洗涤以及处理废水、存放垃圾和废弃物的设备或者设施；保健食品生产工艺有原料提取、纯化等前处理工序的，需要具备与生产的品种、数量相适应的原料前处理设备或处理设施。

（3）有专职或者兼职的食品安全管理人员和保证食品安全的规章制度。

（4）具有合理的设备布局和工艺流程，防止待加工食品与直接入口食品、原料与成品交叉污染，避免食品接触有毒物、不洁物。

（5）法律、法规规定的其他条件。

申请食品生产许可，应提交食品生产许可申请书、食品生产设备布局图和食品生产工艺流程图等材料。申请保健食品、特殊医学用途配方食品、婴幼儿配方食品的生产许可，还应提交与所生产食品相适应的生产质量管理体系文件以及相关注册和备案文件。

从事食品添加剂生产活动，应依法取得食品添加剂生产许可。申请食品添加剂生产许可，应具备与所生产食品添加剂品种相适应的场所、生产设备或者设施、食品安全管理人员、专业技术人员和管理制度。申请食品添加剂生产许可，应提交食品添加剂生产许可申请书、食品添加剂生产设备布局图等材料。申请人应如实向食品药品监督管理部门提交有关材料和反映真实情况，对申请材料的真实性负责，并在申请书等材料上签名或者盖章。

在申请食品生产许可证时企业应符合的具体条件可参照不同食品类别审查细则，见表 11-1。

表 11-1　不同食品类别审查细则明细

序号	审查细则名称	序号	审查细则名称
1	小麦粉生产许可证审查细则	11	味精生产许可证审查细则
2	大米生产许可证审查细则	12	鸡精调味料生产许可证审查细则
3	挂面生产许可证审查细则	13	酱类生产许可证审查细则
4	其他粮食加工品生产许可证审查细则	14	调味料产品生产许可证审查细则
5	食用植物油生产许可证审查细则	15	肉制品生产许可证审查细则
6	食用油脂制品生产许可证审查细则	16	饮料产品生产许可证审查细则（2017 版）
7	食用动物油脂生产许可证审查细则	17	方便食品生产许可证审查细则
8	酱油生产许可证审查细则	18	其他方便食品生产许可证审查细则
9	食醋生产许可证审查细则	19	饼干生产许可证审查细则
10	糖生产许可证审查细则	20	罐头食品生产许可证审查细则

续表

序号	审查细则名称	序号	审查细则名称
21	冷冻饮品生产许可证审查细则	41	蜜饯生产许可证审查细则
22	膨化食品生产许可证审查细则	42	水果制品生产许可证审查细则
23	薯类食品生产许可证审查细则	43	炒货食品及坚果制品生产许可证审查细则
24	糖果制品生产许可证审查细则	44	蛋制品生产许可证审查细则
25	糖果生产许可证审查细则	45	可可制品生产许可证审查细则
26	巧克力及巧克力制品生产许可证审查细则	46	焙炒咖啡生产许可证审查细则
27	果冻生产许可证审查细则	47	水产加工品生产许可证审查细则
28	茶叶生产许可证审查细则	48	干制水产品生产许可证审查细则
29	边销茶生产许可证审查细则	49	盐渍水产品生产许可证审查细则
30	含茶制品和代用茶生产许可证审查细则	50	鱼糜制品生产许可证审查细则
31	含茶制品生产许可证审查细则	51	其他水产加工品生产许可证审查细则
32	代用茶产品生产许可证审查细则	52	淀粉及淀粉制品生产许可证审查细则
33	葡萄酒及果酒生产许可证审查细则	53	淀粉糖生产许可证审查细则
34	啤酒生产许可证审查细则	54	糕点生产许可证审查细则
35	黄酒生产许可证审查细则	55	其他豆制品生产许可证审查细则
36	其他酒生产许可证审查细则	56	豆制品生产许可证审查细则
37	蔬菜制品生产许可证审查细则	57	蜂产品生产许可证审查细则
38	蔬菜干制品生产许可证审查细则	58	蜂花粉及蜂产品制品生产许可证审查细则
39	食用菌制品生产许可证审查细则	59	婴幼儿及其他配方谷粉产品生产许可证审查细则
40	酱腌菜生产许可证审查细则		

2. 受理

县级以上地方市场监督管理部门对申请人提出的食品生产许可申请，应根据下列情况分别做出处理。

（1）申请事项依法不需要取得食品生产许可的，应即时告知申请人不受理。

（2）申请事项依法不属于市场监督管理部门职权范围的，应即时做出不予受理的决定，并告知申请人向有关行政机关申请。

（3）申请材料存在可以当场更正的错误的，应允许申请人当场更正，由申请人在更正处签名或者盖章，注明更正日期。

（4）申请材料不齐全或者不符合法定形式的，应当场或者在规定工作日内一次告知申请人需要补正的全部内容。当场告知的，应将申请材料退回申请人；在规定工作日内告知的，应收取申请材料并出具收到申请材料的凭据。逾期不告知的，自收到申请材料之日起即为受理。

（5）申请材料齐全、符合法定形式，或者申请人按照要求提交全部补正材料的，应受理食品生产许可申请。县级以上地方市场监督管理部门对申请人提出的申请决定予以受理的，应出具受理通知书；决定不予受理的，应出具不予受理通知书，说明不予受理的理由，并告知申请人依法享有申请行政复议或者提起行政诉讼的权利。

（二）食品生产许可审查与决定

县级以上地方市场监督管理部门应对申请人提交的申请材料进行审查。需要对申请材料的实质内容进行核实的，应进行现场核查。申请保健食品、特殊医学用途配方食品、婴幼儿配方乳粉生产许可，在产品注册时经过现场核查的，可以不再进行现场核查。在食品生产许可现场核查时，可以根据食品生产工艺流程等要求，核查试制食品检验合格报告。在食品添加剂生产许可现场核查时，可以根据食品添加剂品种特点，核查试制食品添加剂检验报告和复配食品添加剂配方等。现场核查应由符合要求的核查人员进行。核查人员不得少于 2 人。

现场核查范围主要包括生产场所、设备设施、设备布局和工艺流程、人员管理、管理制度及其执行情况，以及按规定需要查验试制产品检验合格报告。

在生产场所方面，核查申请人提交的材料是否与现场一致，其生产场所周边和厂区环境、布局和各功能区划分、厂房及生产车间相关材质等是否符合有关规定和要求。申请人在生产场所外建立或者租用外设仓库的，应承诺符合《食品、食品添加剂生产许可现场核查评分记录表》中关于库房的要求，并提供相关影像资料。必要时，核查组可以对外设仓库实施现场核查。

在设备设施方面，核查申请人提交的生产设备设施清单是否与现场一致，生产设备设施材质、性能等是否符合规定并满足生产需要；申请人自行对原辅料及出厂产品进行检验的，是否具备审查细则规定的检验设备设施，性能和精度是否满足检验需要。

食品、食品添加剂生产许可现场核查评分记录表

在设备布局和工艺流程方面，核查申请人提交的设备布局图和工艺流程图是否与现场一致，设备布局、工艺流程是否符合规定要求，并能防止交叉污染。

在人员管理方面，核查申请人是否配备申请材料所列明的食品安全管理人员及专业技术人员；是否建立生产相关岗位的培训及从业人员健康管理制度；从事接触直接入口食品工作的食品生产人员是否取得健康证明。

在管理制度方面，核查申请人的进货查验记录、生产过程控制、出厂检验记录、食品安全自查、不安全食品召回、不合格品管理、食品安全事故处置及审查细则规定的其他保证食品安全的管理制度是否齐全，内容是否符合法律法规等相关规定。

在试制产品检验合格报告方面，现场核查时，核查组可以根据食品生产工艺流程等要求，按申请人生产食品所执行的食品安全标准和产品标准核查试制食品检验合格报

告。试制产品检验合格报告可以由申请人自行检验，或者委托有资质的食品检验机构出具。试制产品检验报告的具体要求按审查细则的有关规定执行。

核查人员应自接受现场核查任务之日起规定工作日内，完成对生产场所的现场核查。除可以当场做出行政许可决定的外，县级以上地方市场监督管理部门应自受理申请之日起规定工作日内做出是否准予行政许可的决定。对符合条件的，做出准予生产许可的决定，并自做出决定之日起规定工作日内向申请人颁发食品生产许可证；对不符合条件的，应及时做出不予许可的书面决定并说明理由，同时告知申请人依法享有申请行政复议或者提起行政诉讼的权利。

食品添加剂生产许可申请符合条件的，由申请人所在地县级以上地方市场监督管理部门依法颁发食品生产许可证，并标注食品添加剂。食品生产许可证发证日期为许可决定做出的日期，有效期为 5 年。

二、食品生产许可证的管理

（一）证书式样和编号

1. 证书式样

食品生产许可证分为正本、副本。正本、副本具有同等法律效力。

食品生产许可证应载明：生产者名称、社会信用代码、法定代表人（负责人）、住所、生产地址、食品类别、许可证编号、有效期、发证机关、发证日期和二维码。副本还应载明食品明细。生产保健食品、特殊医学用途配方食品、婴幼儿配方食品的，还载明产品或者产品配方的注册号或者备案登记号；接受委托生产保健食品的，还应载明委托企业名称及住所等相关信息。

2. 证书编号

食品生产许可证编号由 SC（“生产”的汉语拼音字母缩写）和 14 位阿拉伯数字组成。数字从左至右依次为：3 位食品类别编码、2 位省（自治区、直辖市）代码、2 位市（地）代码、2 位县（区）代码、4 位顺序码、1 位校验码。

食品生产者不得伪造、涂改、出租、出借、转让食品生产许可证。

（二）证书的变更、延续与注销

1. 变更

食品生产许可证有效期内，现有设备布局和工艺流程、主要生产设备设施、食品类别等事项发生变化，需要变更食品生产许可证载明的许可事项的，食品生产者应在变化后 10 个工作日内提出变更申请。

食品生产者的生产场所发生迁址的，应重新申请食品生产许可。

食品生产许可证副本载明的同一食品类别内的事项发生变化的，食品生产者应在变化后 10 个工作日内报告。

申请变更食品生产许可的，应提交下列申请材料。

（1）食品生产许可变更申请书。

（2）与变更食品生产许可事项有关的其他材料。

市场监督管理部门决定准予变更的，应向申请人颁发新的食品生产许可证。食品生产许可证编号不变，发证日期为做出变更许可决定的日期，有效期与原证书一致。因迁址等原因而进行全面现场核查的，其换发的食品生产许可证有效期自发证之日起计算。

2. 延续

食品生产者需要延续依法取得的食品生产许可的有效期的，应在该食品生产许可有效期届满规定工作日前提出申请。

食品生产者申请延续食品生产许可，应提交下列材料：

（1）食品生产许可延续申请书。

（2）与延续食品生产许可事项有关的其他材料。

市场监督管理部门决定准予延续的，应向申请人颁发新的食品生产许可证，许可证编号不变，有效期自做出延续许可决定之日起计算。

3. 注销

食品生产者终止食品生产，食品生产许可被撤回、撤销，应在规定工作日内申请办理注销手续。食品生产者申请注销食品生产许可的，应提交食品生产许可注销申请书。

（三）监督检查

国家市场监督管理总局可以定期或者不定期组织对全国食品生产许可工作进行监督检查。县级以上地方市场监督管理部门应依据法律法规规定的职责，对食品生产者的许可事项进行监督检查。

食品生产许可颁发、许可事项检查、日常监督检查、许可违法行为查处等情况记入食品生产者食品安全信用档案，并向社会公布；对有不良信用记录的食品生产者增加监督检查频次。建立食品生产许可档案管理制度，将办理食品生产许可的有关材料、发证情况及时归档。

（四）法律责任

未取得食品生产许可从事食品生产活动的，由县级以上地方市场监督管理部门依照《食品安全法》的规定给予处罚。

许可申请人隐瞒真实情况或者提供虚假材料申请食品生产许可的，给予警告，申请人在 1 年内不得再次申请食品生产许可。被许可人以欺骗、贿赂等不正当手段取得食品生产许可的，撤销许可，并处1万元以上3万元以下罚款，被许可人在3年内不得再次申请食品生产许可。

食品生产者伪造、涂改、倒卖、出租、出借、转让食品生产许可证的，责令改正，给予警告，并处1万元以下罚款；情节严重的，处1万元以上3万元以下罚款。

食品生产许可证副本载明的同一食品类别内的事项发生变化，食品生产者未按规定报告的，或者食品生产者终止食品生产，食品生产许可被撤回、撤销或者食品生产许可证被吊销，未按规定申请办理注销手续的，责令改正；拒不改正的，给予警告，并处罚款。

被吊销生产许可证的食品生产者及其法定代表人、直接负责的主管人员和其他直接责任人员自处罚决定做出之日起5年内不得申请食品生产经营许可，或者从事食品生产经营管理工作、担任食品生产经营企业食品安全管理人员。

三、食品经营许可的认证程序

（一）食品经营许可的申请与受理

食品经营主体业态分为食品销售经营者、餐饮服务经营者、单位食堂。食品经营者申请通过网络经营、建立中央厨房或者从事集体用餐配送的，应在主体业态后以括号标注。

食品经营项目分为预包装食品销售（含冷藏冷冻食品、不含冷藏冷冻食品）、散装食品销售（含冷藏冷冻食品、不含冷藏冷冻食品）、特殊食品销售（保健食品、特殊医学用途配方食品、婴幼儿配方乳粉、其他婴幼儿配方食品）、其他类食品销售;热食类食品制售、冷食类食品制售、生食类食品制售、糕点类食品制售、自制饮品制售、其他类食品制售等。

列入其他类食品销售和其他类食品制售的具体品种应报批后执行，并明确标注。具有热、冷、生、固态、液态等多种情形，难以明确归类的食品，可以按照食品安全风险等级最高的情形进行归类。

食品经营许可实行一地一证原则，即食品经营者在一个经营场所从事食品经营活动，应取得一个食品经营许可证。

1. 申请

申请食品经营许可，应先行取得营业执照等合法主体资格。企业法人、合伙企业、个人独资企业、个体工商户等，以营业执照载明的主体作为申请人。机关、事业单位、社会团体、民办非企业单位、企业等申办单位食堂，以机关或者事业单位法人登记证、社会团体登记证或者营业执照等载明的主体作为申请人。

申请食品经营许可，应符合下列条件。

（1）具有与经营的食品品种、数量相适应的食品原料处理和食品加工、销售、贮存等场所，保持该场所环境整洁，并与有毒、有害场所以及其他污染源保持规定的距离。

（2）具有与经营的食品品种、数量相适应的经营设备或者设施，有相应的消毒、更衣、盥洗、采光、照明、通风、防腐、防尘、防蝇、防鼠、防虫、洗涤及处理废水、存放垃圾和废弃物的设备或者设施。

（3）有专职或者兼职的食品安全管理人员和保证食品安全的规章制度。

（4）具有合理的设备布局和工艺流程，防止待加工食品与直接入口食品、原料与成品交叉污染，避免食品接触有毒物、不洁物。

（5）法律、法规规定的其他条件。

申请食品经营许可，应提交下列材料。

（1）食品经营许可申请书。

（2）营业执照或者其他主体资格证明文件复印件。

（3）与食品经营相适应的主要设备设施布局、操作流程等文件。

（4）食品安全自查、从业人员健康管理、进货查验记录、食品安全事故处置等保证食品安全的规章制度。利用自动售货设备从事食品销售的，申请人还应提交自动售货设备的产品合格证明、具体放置地点，经营者名称、住所、联系方式、食品经营许可证的公示方法等材料。申请人委托他人办理食品经营许可申请的，代理人应提交授权委托书以及代理人的身份证明文件。

2. 受理

县级以上地方市场监督管理部门对申请人提出的食品经营许可申请，应根据下列情况分别做出处理。

（1）申请事项依法不需要取得食品经营许可的，应即时告知申请人不受理。

（2）申请事项依法不属于市场监督管理部门职权范围的，应即时做出不予受理的决定，并告知申请人向有关行政机关申请。

（3）申请材料存在可以当场更正的错误的，应允许申请人当场更正，由申请人在更正处签名或者盖章，注明更正日期。

（4）申请材料不齐全或者不符合法定形式的，应当场或者在5个工作日内一次告知申请人需要补正的全部内容。当场告知的，应将申请材料退回申请人；在5个工作日内告知的，应收取申请材料并出具收到申请材料的凭据。逾期不告知的，自收到申请材料之日起即为受理。

（5）申请材料齐全、符合法定形式，或者申请人按照要求提交全部补正材料的，应受理食品经营许可申请。

县级以上地方市场监督管理部门对申请人提出的申请决定予以受理的，应出具受理通知书；决定不予受理的，应出具不予受理通知书，说明不予受理的理由，并告知申请人依法享有申请行政复议或者提起行政诉讼的权利。

（二）食品经营许可的审查与决定

县级以上地方市场监督管理部门应对申请人提交的许可申请材料进行审查。需要对申请材料的实质内容进行核实的，应进行现场核查。仅申请预包装食品销售（不含冷藏冷冻食品）的，以及食品经营许可变更不改变设施和布局的，可以不进行现场核查。

现场核查应当由符合要求的核查人员进行。核查人员不得少于2人。核查人员应出示有效证件，填写食品经营许可现场核查表，制作现场核查记录，经申请人核对无误后，由核查人员和申请人在核查表和记录上签名或者盖章。申请人拒绝签名或者盖章的，核查人员应注明情况。

市场监督管理部门可以委托下级市场监督管理部门，对受理的食品经营许可申请进行现场核查。

核查人员应当自接受现场核查任务之日起10个工作日内，完成对经营场所的现场核查。

除可以当场做出行政许可决定的外，县级以上地方市场监督管理部门应当自受理申请之日起20个工作日内做出是否准予行政许可的决定。因特殊原因需要延长期限的，经本行政机关负责人批准，可以延长10个工作日，并应当将延长期限的理由告知申请人。

县级以上地方市场监督管理部门应当根据申请材料审查和现场核查等情况，对符合条件的，做出准予经营许可的决定，并自做出决定之日起10个工作日内向申请人颁发食品经营许可证；对不符合条件的，应当及时做出不予许可的书面决定并说明理由，同时告知申请人依法享有申请行政复议或者提起行政诉讼的权利。

四、食品经营许可证的管理

（一）证书式样与编号

1. 证书式样

食品经营许可证分为正本、副本。正本、副本具有同等法律效力。

食品经营许可证应载明：经营者名称、社会信用代码（个体经营者为身份证号码）、法定代表人（负责人）、住所、经营场所、主体业态、经营项目、许可证编号、有效期、日常监督管理机构、日常监督管理人员、投诉举报电话、发证机关、签发人、发证日期和二维码。在经营场所外设置仓库（包括自有和租赁）的，还应当在副本中载明仓库具体地址。

2. 证书编号

食品经营许可证编号由JY（“经营”的汉语拼音字母缩写）和14位阿拉伯数字组成。数字从左至右依次为：1位主体业态代码、2位省（自治区、直辖市）代码、2位市（地）

代码、2位县（区）代码、6位顺序码、1位校验码。食品经营许可证发证日期为许可决定做出的日期，有效期为5年。

（二）证书的变更、延续、补办与注销

1. 变更、延续

食品经营许可证载明的许可事项发生变化的，食品经营者应在变化后10个工作日内申请变更经营许可。经营场所发生变化的，应重新申请食品经营许可。外设仓库地址发生变化的，食品经营者应在变化后10个工作日内报告。

食品经营者需要延续依法取得的食品经营许可的有效期的，应当在该食品经营许可有效期届满规定工作日前提出申请。

2. 补办

食品经营许可证遗失、损坏的，应申请补办。材料符合要求的，县级以上地方市场监督管理部门应在受理后20个工作日内予以补发。因遗失、损坏补发的食品经营许可证，许可证编号不变，发证日期和有效期与原证书保持一致。

3. 注销

食品经营者终止食品经营，食品经营许可被撤回、撤销或者食品经营许可证被吊销的，应当在30个工作日内申请办理注销手续。食品经营许可被注销的，许可证编号不得再次使用。

（三）监督检查

县级以上地方市场监督管理部门应依据法律法规规定的职责，对食品经营者的许可事项进行监督检查。应建立食品许可管理信息平台，便于公民、法人和其他社会组织查询。应将食品经营许可颁发、许可事项检查、日常监督检查、许可违法行为查处等情况记入食品经营者食品安全信用档案，并依法向社会公布；对有不良信用记录的食品经营者应增加监督检查频次。

县级以上地方市场监督管理部门日常监督管理人员负责所管辖食品经营者许可事项的监督检查，必要时，应依法对相关食品仓贮、物流企业进行检查。日常监督管理人员应当按照规定的频次对所管辖的食品经营者实施全覆盖检查。县级以上地方市场监督管理部门及其工作人员履行食品经营许可管理职责，应自觉接受食品经营者和社会监督。接到有关工作人员在食品经营许可管理过程中存在违法行为的举报，市场监督管理部门应及时进行调查核实。情况属实的，应立即纠正。

县级以上地方市场监督管理部门应建立食品经营许可档案管理制度，将办理食品经营许可的有关材料、发证情况及时归档。国家市场监督管理总局可以定期或者不定期组织对全国食品经营许可工作进行监督检查；省、自治区、直辖市市场监督管理部门可以定期或者不定期组织对本行政区域内的食品经营许可工作进行监督检查。

（四）法律责任

未取得食品经营许可从事食品经营活动的，由县级以上地方市场监督管理部门依照《食品安全法》的规定给予处罚。

许可申请人隐瞒真实情况或者提供虚假材料申请食品经营许可的，由县级以上地方市场监督管理部门给予警告。申请人在 1 年内不得再次申请食品经营许可。被许可人以欺骗、贿赂等不正当手段取得食品经营许可的，由原发证的市场监督管理部门撤销许可，并处 1 万元以上 3 万元以下罚款。被许可人在 3 年内不得再次申请食品经营许可。

食品经营者伪造、涂改、倒卖、出租、出借、转让食品经营许可证的，由县级以上地方市场监督管理部门责令改正，给予警告，并处 1 万元以下罚款；情节严重的，处 1 万元以上 3 万元以下罚款。食品经营者未按规定在经营场所的显著位置悬挂或者摆放食品经营许可证的，由县级以上地方市场监督管理部门责令改正；拒不改正的，给予警告。食品经营许可证载明的许可事项发生变化，食品经营者未按规定申请变更经营许可的，由原发证的市场监督管理部门责令改正，给予警告；拒不改正的，处 2 000 元以上 1 万元以下罚款。食品经营者外设仓库地址发生变化，未按规定报告的，或者食品经营者终止食品经营，食品经营许可被撤回、撤销或者食品经营许可证被吊销，未按规定申请办理注销手续的，由原发证的市场监督管理部门责令改正；拒不改正的，给予警告，并处 2 000 元以下罚款。

被吊销经营许可证的食品经营者及其法定代表人、直接负责的主管人员和其他直接责任人员自处罚决定做出之日起 5 年内不得申请食品生产经营许可，或者从事食品生产经营管理工作、担任食品生产经营企业食品安全管理人员。市场监督管理部门对不符合条件的申请人准予许可，或者超越法定职权准予许可的，依照《食品安全法》的规定给予处分。

项目解析

肉制品的生产许可认证

（一）发证产品范围及申证单元

实施食品生产许可证管理的肉制品是指以鲜、冻畜禽肉为主要原料，经选料、修整、腌制、调味、成型、熟化（或不熟化）和包装等工艺制成的肉类加工食品。

肉制品的申证单元为 5 个：腌腊肉制品；酱卤肉制品；熏烧烤肉制品；熏煮香肠火腿制品；发酵肉制品。腌腊肉制品申证单元包括咸肉类、腊肉类、风干肉类、中国腊肠类、中国火腿类、生培根类和生香肠类等；酱卤肉制品申证单元包括白煮肉类、酱卤肉类、肉糕类、肉冻类、油炸肉类、肉松类和肉干类等；熏烧烤肉制品申证单元包括熏烧烤肉类、肉脯类和熟培根类等；熏煮香肠火腿制品申证单元包括熏煮香肠类和熏煮火腿类等；发酵肉制品申证单元包括发酵香肠类和发酵肉类等。

在生产许可证上应注明获证产品名称即肉制品及申证单元名称，即肉制品（腌腊肉制品、酱卤肉制品、熏烧烤肉制品、熏煮香肠火腿制品、发酵肉制品）。肉制品生产许可证有效期为3年，其产品类别编号为0401。

（二）基本生产流程及关键控制环节

肉制品产品的基本生产流程及关键控制环节如表11-2所示。

表11-2　肉制品产品的基本生产流程及关键控制环节

申证单元名称	基本生产流程	关键控制环节	容易出现的质量安全问题
腌腊肉制品	选料→修整→配料→腌制→灌装→晾晒→烘烤→包装 注：中国腊肠类、生香肠类需经灌装工序	1. 原辅料质量 2. 加工过程的温度控制 3. 添加剂 4. 产品包装和贮运	食品添加剂超量，产品氧化，酸败及污染
酱卤肉制品	选料→修整→配料→煮制→（炒松→烘干→）冷却→包装 注：肉松类需经炒松、擦松、跳松和拣松工序；肉干类需经烘干工序；肉糕、肉冻等需经成型工序。油炸肉类需油炸工序	1. 原辅料质量 2. 添加剂 3. 热加工温度和时间 4. 产品包装和贮运	食品添加剂超量及微生物污染
熏烧烤肉制品	选料→修整→配料→腌制→熏烤→冷却→包装	1. 原辅料质量 2. 添加剂 3. 热加工温度和时间 4. 产品包装和贮运	食品添加剂超量、苯并［a］芘及微生物污染
熏煮香肠火腿制品	选料→修整→配料→腌制→灌装（或成型）→熏烤→蒸煮→冷却→包装	1. 原辅料质量 2. 添加剂 3. 热加工温度和时间 4. 产品包装和贮运	食品添加剂超量及微生物污染
发酵肉制品	选料→修整→配料→腌制→灌装（或成型）→发酵→晾挂→包装	1. 原辅料质量 2. 添加剂 3. 发酵温度和时间 4. 产品包装和贮运	食品添加剂超量及微生物污染

（三）必备的生产资源

1. 生产场所

厂区应有良好的给、排水系统，厂区内不得有臭水沟、垃圾堆或其他有碍卫生的场所。厂房设计应符合从原料进入到成品出厂的生产工艺流程要求，避免交叉污染。原辅材料和成品的存放场所必须分开设置。厂房地面和墙壁应使用防水、防潮、可冲洗、无毒的材料，地面应平整，无大面积积水，明地沟应保持清洁，排水口须设网罩防鼠。地面、墙壁、门窗及天花板不得有污物聚集。加工场所应有防蝇虫设施，废弃物存放设施应便于清洗消毒，防止害虫滋生。车间人员入口应设有与人数相适应的更衣室、手清洗消毒设施和工作靴（鞋）消毒池。生产车间的厕所应设置在车间外侧，并一律为水冲式，备有手清洗消毒设施和排臭装置，其出入口不得正对车间门，要避开通道，其排污管道应与车间排水管道分设。原料冷库的温度应能保持原料肉冻结，成品库的温度应符合产品明示的保存条件。

（1）腌腊肉制品。企业应具有原料冷库、辅料库，有原料解冻、选料、修整、配料、腌制车间、包装车间和成品库。生产生香肠类的企业，还应具有灌装（或成型）车间。生产中国腊肠类的企业，还应具有灌装（或成型）、晾晒及烘烤车间。生产中国火腿类的企业，还应具有发酵及晾晒车间。

（2）酱卤肉制品、熏烧烤肉制品、熏煮香肠火腿制品。企业应具有原料冷库、辅料库、生料加工间（原料解冻、选料、修整和配料等）、热加工间、熟料加工区（冷却间、包装车间和成品库等）。加工车间布局应避免生熟交叉污染，热加工车间应为生熟加工区的分界线，热加工车间应有生料入口和熟料出口，分别通往生料加工区和熟料加工区。生料加工区和熟料加工区应分别设置工作人员入口、更衣室和手清洗消毒设施。生产熏煮香肠火腿制品的企业，还应具有灌装（或成型）、滚揉或腌制间。

（3）发酵肉制品。企业应具有原料冷库、辅料库、生料加工间（原料解冻、选料、修整和配料等）、发酵间、晾挂间、包装车间和成品库等。加工车间布局应避免生熟交叉污染，发酵间应为生熟加工区的分界线，发酵间应有生料入口和熟料出口，分别通往生料加工区和熟料加工区。生料加工区和熟料加工区应分别设置工作人员入口、更衣室和手清洗消毒设施。

2. 必备的生产设备

厂房应有温度控制设施，能满足不同加工工序的要求。直接用于生产加工的设备、设施及用具均应采用无毒、无害、耐腐蚀、不生锈、易清洗消毒，不易于微生物滋生的材料制成，并应具备与生产能力相适应的包装设备和运输工具。

（1）腌腊肉制品。企业应具有选料、修整、配料、腌制和包装等设备或设施。生产腊肉类还应具有晾晒及烘烤设备或设施；生产生香肠还应具有灌装设备或设施；生产中国腊肠类还应具有灌装、晾晒及烘烤设备或设施；生产中国火腿类还应具有发酵及晾晒设备或设施。

（2）酱卤肉制品。企业应具有选料、修整、配料、煮制和包装等设备或设施。生产肉松类还应具有炒松设备或设施；生产肉干类还应具有烘烤设备或设施；生产肉糕、肉冻类还应具有成型设备或设施；生产油炸肉类还应具有油炸设备或设施。

（3）熏烧烤肉制品。企业应具有选料、修整、配料、腌制、熏烤和包装等设备或设施。

（4）熏煮香肠火腿制品。企业应具有选料、修整、配料、搅拌（或滚揉）、腌制、绞肉（或斩拌）、灌装（填充或成型）、蒸煮和包装等设备或设施。

（5）发酵肉制品。企业应具有选料、修整、配料、腌制、发酵、晾挂和包装等设备或设施。生产发酵香肠还应具有搅拌（或滚揉）、绞肉（或斩拌）和灌装等设备或设施。

3. 必备的出厂检验设备

肉制品产品必备的出厂检验设备如表 11-3 所示。

表 11-3　肉制品产品必备的出厂检验设备

产品类别	必备的出厂检验设备
腌腊肉制品	1．分析天平（0.1mg）；2．干燥箱；3．分光光度计（生产中国火腿类产品应具备）
酱卤肉制品	1．天平（0.1g）；2．灭菌锅；3．微生物培养箱；4．无菌室或超净工作台；5．生物显微镜；6．干燥箱（生产肉松及肉干产品应具备）；7．分析天平（0.1mg，生产肉松及肉干产品应具备）
熏烧烤肉制品	1．天平（0.1g）；2．灭菌锅；3．微生物培养箱；4．无菌室或超净工作台；5．生物显微镜；6．干燥箱；7．分析天平（0.1mg，生产肉脯产品应具备）
熏煮香肠火腿制品	1．天平（0.1g）；2．灭菌锅；3．微生物培养箱；4．无菌室或超净工作台；5．生物显微镜
发酵肉制品	1．天平（0.1g）；2．灭菌锅；3．微生物培养箱；4．无菌室或超净工作台；5．生物显微镜；6．分析天平（0.1mg）

（四）产品相关标准

肉制品产品相关标准如表 11-4 所示。

表 11-4　肉制品产品相关标准

单元名称	产品种类名称	国家标准	行业标准
腌腊肉制品	咸肉类	《食品安全国家标准 腌腊肉制品》（GB 2730—2015）	《腌猪肉》（SB/T 10294—2012）
	腊肉类		
	风干肉类		
	生培根类		
	生香肠类		
	中国腊肠类		《中式香肠》（GB/T 23493—2009）
	中国火腿类	《食品安全国家标准 腌腊肉制品》（GB 2730—2015），《地理标志产品 宣威火腿》（GB/T 18357—2008），《地理标志产品 金华火腿》（GB/T 19088—2008）	《中国火腿》（SB/T 10004—1992）
酱卤肉制品	白煮肉类	《食品安全国家标准 熟肉制品》（GB 2726—2016）	
	酱卤肉类		
	肉松类（肉松、油酥肉松、肉粉松）		《肉松》（GB/T 23968—2009）
	肉干类		《肉干》（GB/T 23969—2009）

续表

单元名称	产品种类名称	国家标准	行业标准
酱卤肉制品	油炸肉类	《食品安全国家标准 熟肉制品》（GB 2726—2016）	
	肉糕类		
	肉冻类		
熏烧烤肉制品	熏烤肉类		
	烧烤肉类		
	肉脯类（肉脯、肉糜脯）		《肉脯》（GB/T 31406—2015）
	熟培根类		
熏煮香肠火腿制品	熏煮香肠类		《熏煮香肠》（GB/T 10279—2017）、《火腿肠》（GB/T 20712—2006）
	熏煮火腿类		《熏煮火腿》（GB/T 20711—2006）
发酵肉制品	发酵香肠类		
	发酵肉类		

（五）产品的抽样检验

1. 抽样方法

根据企业申请取证的产品品种，在企业的成品库内，按种类（咸肉类、腊肉类、风干肉类、中国腊肠类、中国火腿类、生培根类、生香肠类、白煮肉类、酱卤肉类、肉糕类、肉冻类、油炸肉类、肉松类、肉干类、熏烧烤肉类、肉脯类、熟培根类、熏煮香肠类、熏煮火腿类、发酵香肠类和发酵肉类等）分别随机抽取 1 种产品进行发证检验。所抽样品须为同一批次保质期内的产品，抽样基数不少于 20kg，每批次抽样样品数量为 4kg（不少于 4 个包装），分成 2 份，1 份检验，1 份备查。样品确认无误后，由抽样人员与被抽查单位在抽样单上签字、盖章，当场封存样品，并加贴封条，封条上应有抽样人员签名、抽样单位盖章及抽样日期。

2. 检验项目

肉制品的发证检验、监督检验、出厂检验分别按照表 11-5～表 11-15 中所列出的相应检验项目进行。企业的出厂检验项目中注有“*”标记的，企业应当每年检验 2 次。

（1）腌腊肉制品。腌腊肉制品主要包括咸肉类、腊肉类、中国腊肠类、中国火腿类和其他产品。其发证检验、监督检验、出厂检验项目见表 11-5～表 11-9。

表 11-5　咸肉类检验项目

序号	检验项目	发证检验	监督检验	出厂检验	备注
1	感官检验	√	√	√	
2	酸价	√	√	√	
3	挥发性盐基氮含量	√	√	√	腌猪肉检验此项目
4	过氧化值	√	√	√	
5	铅含量	√	√	*	
6	无机砷含量	√	√	*	
7	镉含量	√	√	*	
8	总汞量	√	√	*	
9	亚硝酸钠含量	√	√	*	
10	食品添加剂（山梨酸、苯甲酸）量	√	√	*	
11	净含量	√	√	√	定量包装产品检验此项目
12	标签	√	√		

表 11-6　腊肉类检验项目

序号	检验项目	发证检验	监督检验	出厂检验	备注
1	感官检验	√	√	√	
2	酸价	√	√	√	
3	过氧化值	√	√	√	
4	铅含量	√	√	*	
5	无机砷含量	√	√	*	
6	镉含量	√	√	*	
7	总汞量	√	√	*	
8	亚硝酸盐含量	√	√	*	
9	食品添加剂（山梨酸、苯甲酸、胭脂红）量	√	√	*	
10	净含量	√	√	√	定量包装产品检验此项目
11	标签	√	√		

表 11-7　中国腊肠类检验项目

序号	检验项目	发证检验	监督检验	出厂检验	备注
1	感官检验	√	√	√	
2	含水量	√	√	√	
3	盐含量	√	√	*	
4	蛋白质含量	√	√	*	香肚不检验此项目
5	酸价	√	√	√	
6	过氧化值	√	√	√	

续表

序号	检验项目	发证检验	监督检验	出厂检验	备注
7	铅含量	√	√	*	
8	无机砷含量	√	√	*	
9	镉含量	√	√	*	
10	总汞量	√	√	*	
11	亚硝酸盐含量	√	√	*	
12	食品添加剂（山梨酸、苯甲酸、胭脂红）量	√	√	*	
13	净含量	√	√	√	定量包装产品检验此项目
14	标签	√	√		

表 11-8　中国火腿类检验项目

序号	检验项目	发证检验	监督检验	出厂检验	备注
1	感官检验	√	√	√	
2	过氧化值	√	√	√	
3	三甲胺氮含量	√	√	√	
4	铅含量	√	√	*	
5	无机砷含量	√	√	*	
6	镉含量	√	√	*	
7	总汞量	√	√	*	
8	亚硝酸盐含量	√	√	√	
9	瘦肉比率	√	√	√	宣威火腿和金华火腿检验此项目
10	含水量	√	√	√	宣威火腿和金华火腿检验此项目
11	盐含量	√	√	√	宣威火腿和金华火腿检验此项目
12	质量	√	√	√	金华火腿检验此项目
13	食品添加剂（山梨酸、苯甲酸）量	√	√	*	
14	净含量	√	√	√	定量包装产品检验此项目
15	标签	√	√		

表 11-9　其他产品检验项目

序号	检验项目	发证检验	监督检验	出厂检验	备注
1	感官检验	√	√	√	
2	酸价	√	√	√	
3	过氧化值	√	√	√	
4	铅含量	√	√	*	
5	无机砷含量	√	√	*	
6	镉含量	√	√	*	

续表

序号	检验项目	发证检验	监督检验	出厂检验	备注
7	总汞量	√	√	*	
8	亚硝酸钠含量	√	√	*	
9	食品添加剂（山梨酸、苯甲酸）量	√	√	*	
10	净含量	√	√	√	定量包装产品检验此项目
11	标签	√	√		

（2）酱卤肉制品。酱卤肉制品主要包括肉松类和肉干类，白煮肉类、酱卤肉类、肉糕类、肉冻类、油炸肉类和其他产品。其发证检验、监督检验和出厂检验项目分别如表 11-10 和表 11-11 所示。

表 11-10　肉松类和肉干类检验项目

序号	检验项目	发证检验	监督检验	出厂检验	备注
1	感官检验	√	√	√	
2	铅含量	√	√	*	
3	无机砷含量	√	√	*	
4	镉含量	√	√	*	
5	总汞量	√	√	*	
6	菌落总数	√	√	√	
7	大肠菌群	√	√	√	
8	致病菌	√	√	*	
9	含水量	√	√	√	
10	脂肪含量	√	√	*	
11	蛋白质含量	√	√	*	
12	氯化物含量	√	√	*	
13	总糖量	√	√	*	
14	淀粉含量	√	√	*	
15	食品添加剂（山梨酸、苯甲酸）量	√	√	*	
16	净含量	√	√	√	定量包装产品检验此项目
17	标签	√	√		

表 11-11　白煮肉类、酱卤肉类、肉糕类、肉冻类、油炸肉类和其他产品检验项目

序号	检验项目	发证检验	监督检验	出厂检验	备注
1	感官检验	√	√	√	
2	铅含量	√	√	*	
3	无机砷含量	√	√	*	
4	镉含量	√	√	*	

续表

序号	检验项目	发证检验	监督检验	出厂检验	备注
5	总汞量	√	√	*	
6	菌落总数	√	√	√	
7	大肠菌群	√	√	√	
8	致病菌	√	√	*	
9	亚硝酸钠含量	√	√	*	
10	食品添加剂（山梨酸、苯甲酸）量	√	√	*	
11	净含量	√	√	√	定量包装产品检验此项目
12	标签	√	√		

（3）熏烧烤肉制品。熏烧烤肉制品的发证检验、监督检验、出厂检验项目见表 11-12。

表 11-12　熏烧烤肉制品检验项目

序号	检验项目	发证检验	监督检验	出厂检验	备注
1	感官检验	√	√	√	
2	铅含量	√	√	*	
3	无机砷含量	√	√	*	
4	镉含量	√	√	*	
5	总汞量	√	√	*	
6	细菌总数	√	√	√	
7	大肠菌群	√	√	√	
8	致病菌	√	√	*	
9	苯并［a］芘	√	√	*	烧烤产品检验此项目
10	亚硝酸钠含量	√	√	*	
11	食品添加剂（山梨酸、苯甲酸）量	√	√	*	
12	含水量	√	√	√	肉脯类检验此项目
13	脂肪含量	√	√	*	肉脯类检验此项目
14	蛋白质含量	√	√	*	肉脯类检验此项目
15	氯化物含量	√	√	*	肉脯类检验此项目
16	总糖量	√	√	*	肉脯类检验此项目
17	净含量	√	√	√	定量包装产品检验此项目
18	标签	√	√		

（4）熏煮香肠火腿制品。熏煮香肠火腿制品包括熏煮香肠类和熏煮火腿类，其发证检验、监督检验、出厂检验项目见表 11-13 和表 11-14。

表 11-13　熏煮香肠类检验项目

序号	检验项目	发证检验	监督检验	出厂检验	备注
1	感官检验	√	√	√	
2	铅含量	√	√	*	
3	无机砷含量	√	√	*	
4	镉含量	√	√	*	
5	总汞量	√	√	*	
6	菌落总数	√	√	√	
7	大肠菌群	√	√	√	
8	致病菌	√	√	*	
9	亚硝酸盐含量	√	√	*	
10	食品添加剂（山梨酸、苯甲酸、胭脂红）量	√	√	*	
11	蛋白质含量	√	√	*	
12	淀粉含量	√	√	*	
13	脂肪含量	√	√	*	
14	氯化物含量	√	√	*	
15	净含量	√	√	√	定量包装产品检验此项目
16	标签	√	√		

表 11-14　熏煮火腿类检验项目

序号	检验项目	发证检验	监督检验	出厂检验	备注
1	感官检验	√	√	√	
2	铅含量	√	√	*	
3	无机砷含量	√	√	*	
4	镉含量	√	√	*	
5	总汞量	√	√	*	
6	菌落总数	√	√	√	
7	大肠菌群	√	√	√	
8	致病菌	√	√	*	
9	亚硝酸盐含量	√	√	*	
10	食品添加剂（山梨酸、苯甲酸、胭脂红）量	√	√	*	
11	苯并［a］芘	√	√	*	经熏烤的产品应检验此项目
12	蛋白质含量	√	√	*	
13	脂肪含量	√	√	*	
14	淀粉含量	√	√	*	
15	含水量	√	√	*	
16	氯化物含量	√	√	*	
17	净含量	√	√	√	定量包装产品检验此项目
18	标签	√	√		

（5）发酵肉制品。发酵肉制品的发证检验、监督检验、出厂检验见表 11-15。

表 11-15　发酵肉制品检验项目

序号	检验项目	发证检验	监督检验	出厂检验	备注
1	过氧化值	√	√	√	
2	铅含量	√	√	*	
3	无机砷含量	√	√	*	
4	镉含量	√	√	*	
5	总汞量	√	√	*	
6	亚硝酸盐含量	√	√	*	
7	大肠菌群	√	√	√	
8	致病菌	√	√	*	
9	净含量	√	√	√	定量包装产品检验此项目
10	标签	√	√		

复习巩固

1．食品生产许可认证的条件是什么？

2．食品生产许可认证的申请材料包括哪些？

3．食品生产许可的现场核查内容有哪些？

实践训练

食品生产许可申请书的填写

查找肉制品生产许可审查细则等相关资料，填写肉制品生产许可的申请书。

食品生产许可申请书

拓展资源

为落实《中华人民共和国食品安全法》和《食品生产许可管理办法》的有关规定，加强食品生产监督管理，规范食品生产许可审查活动，2016 年 8 月 10 日，国家食品药品监督管理总局印发了《食品药品监管总局关于印发食品生产许可审查通则的通知》（食药监食监一〔2016〕103 号），正式发布《食品生产许可审查通则》，于 2016 年 10 月 1 日起施行。

《食品生产许可审查通则》

项目十二　良好生产规范（GMP）

☞ 学习目标

1. 掌握食品企业良好生产规范（GMP）的内容和要求。

2. 能针对某厂房车间，指出不符合良好生产规范（GMP）要求之处，并提出改造建议。

3. 提高食品生产的卫生规范意识。

良好生产规范（GMP）

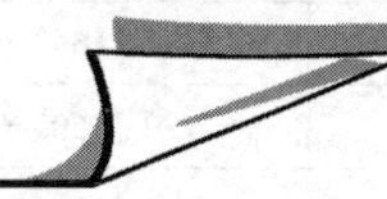

项目导入

食品企业良好生产规范（GMP）是国家强制性的要求吗

自 1988 年卫生部开始制定食品企业卫生规范，以强制性国家标准的形式予以发布，《食品安全国家标准 食品生产通用卫生规范》相当于我国食品企业 GMP 的管理方法。

基础知识

一、GMP 简介

GMP 是 good manufacturing practice 的缩写，意思是良好生产规范或良好操作规范，良好生产规范是通过对产品生产加工应具备的硬件条件（如厂房、设施、设备和用具等）和管理要求（如生产和加工控制、包装、仓储和分销、人员卫生、培训等）加以规定，并在生产的全过程实施科学管理和严格监控来获得产品预期质量的全面质量管理制度。

良好生产规范（GMP）起源于美国药品生产，1963 年美国食品药品管理局（FDA）制定了世界上第一部药品 GMP。1969 年，美国又公布了《食品制造、加工、包装贮存的现行规范》（简称“FGMP 基本法”），同年，世界卫生组织（WHO）向各成员国首次推荐 GMP，很多国家开始积极引进食品企业 GMP。

二、我国食品企业 GMP 相关标准

至今我国发布并修订了三个食品及相关企业通用卫生规范和多个专用卫生规范。三个通用卫生规范包括《食品安全国家标准 食品生产通用卫生规范》（GB 14881—2013）、《食品安全国家标准 食品添加剂生产通用卫生规范》（GB 31647—2018）和《食品安全国家标准 食品接触材料及制品生产通用卫生规范》（GB 31603—2015）。专用卫生

规范包括《食品安全国家标准 罐头食品生产卫生规范》（GB 8950—2016）、《熟肉制品企业生产卫生规范》（GB 19303—2003）、《食品安全国家标准 饮料生产卫生规范》（GB12695—2016）、《食品安全国家标准 乳制品良好生产规范》（GB 12693—2010）等。

除上述国家标准之外，还包括《进出口食品包装卫生规范 第1部分：通则》（SN/T 1880.1—2007）等行业标准和《食品安全地方标准 发酵肉制品生产卫生规范》（DB 31/2017—2013）等地方标准。我国部分食品企业GMP标准见表12-1。

表12-1　我国部分食品企业GMP标准

序号	标准编号	标准名称
1	GB 14881—2013	食品安全国家标准 食品生产通用卫生规范
2	GB 31647—2018	食品安全国家标准 食品添加剂生产通用卫生规范
3	GB 31603—2015	食品安全国家标准 食品接触材料及制品生产通用卫生规范
4	GB 31605—2020	食品安全国家标准 食品冷链物流卫生规范
5	GB 19304—2018	食品安全国家标准 包装饮用水生产卫生规范
6	GB 8953—2018	食品安全国家标准 酱油生产卫生规范
7	GB 31646—2018	食品安全国家标准 速冻食品生产和经营卫生规范
8	GB 12695—2016	食品安全国家标准 饮料生产卫生规范
9	GB 8950—2016	食品安全国家标准 罐头食品生产卫生规范
10	GB 8951—2016	食品安全国家标准 蒸馏酒及其配制酒生产卫生规范
11	GB 12696—2016	食品安全国家标准 发酵酒及其配制酒生产卫生规范
12	GB 8955—2016	食品安全国家标准 食用植物油及其制品生产卫生规范
13	GB 8957—2016	食品安全国家标准 糕点、面包卫生规范
14	GB 12694—2016	食品安全国家标准 畜禽屠宰加工卫生规范
15	GB 20799—2016	食品安全国家标准 肉和肉制品经营卫生规范
16	GB 20941—2016	食品安全国家标准 水产制品生产卫生规范
17	GB 17403—2016	食品安全国家标准 糖果巧克力生产卫生规范
18	GB 8952—2016	食品安全国家标准 啤酒生产卫生规范
19	GB 21710—2016	食品安全国家标准 蛋与蛋制品生产卫生规范
20	GB 18524—2016	食品安全国家标准 食品辐照加工卫生规范
21	GB 13122—2016	食品安全国家标准 谷物加工卫生规范
22	GB 17404—2016	食品安全国家标准 膨化食品生产卫生规范
23	GB 8954—2016	食品安全国家标准 食醋生产卫生规范
24	GB 8956—2016	食品安全国家标准 蜜饯生产卫生规范
25	GB 31641—2016	食品安全国家标准 航空食品卫生规范
26	GB 22508—2016	食品安全国家标准 原粮储运卫生规范
27	GB 31621—2014	食品安全国家标准 食品经营过程卫生规范
28	GB 19303—2003	熟肉制品企业生产卫生规范

续表

序号	标准编号	标准名称
29	GB/T 16568—2006	奶牛场卫生规范
30	GB/T22469—2008	禽肉生产企业兽医卫生规范
31	NY/T 1620—2016	种鸡场动物卫生规范
32	SN/T 1880.1—2007	进出口食品包装卫生规范 第 1 部分：通则
33	SN/T 1880.2—2007	进出口食品包装卫生规范 第 2 部分：聚对苯二甲酸乙二醇酯包装
34	SN/T 1880.3—2007	进出口食品包装卫生规范 第 3 部分：软包装
35	SN/T 1880.4—2007	进出口食品包装卫生规范 第 4 部分：一次性包装
36	SN/T 1880.5—2007	进出口食品包装卫生规范 第 5 部分：金属包装
37	SN/T 1881.1—2007	进出口易腐食品货架储存卫生规范 第 1 部分：液态乳制品
38	SN/T 1881.2—2007	进出口易腐食品货架储存卫生规范 第 2 部分：新鲜果蔬
39	SN/T 1881.3—2007	进出口易腐食品货架储存卫生规范 第 3 部分：糕点类食品
40	SN/T 1881.4—2007	进出口易腐食品货架储存卫生规范 第 4 部分：熟肉制品
41	SN/T 1879.1—2007	进出口食品储运场所与人员卫生规范 第 1 部分：储藏库房
42	SN/T 1879.2—2007	进出口食品储运场所与人员卫生规范 第 2 部分：储运人员
43	SN/T 1892.2—2007	进出口食品包装场所与人员卫生规范 第 2 部分：包装人员
44	NY/T 3467—2019	牛羊饲养场兽医卫生规范
45	SN/T 1995—2007	进出口食品冷藏、冷冻集装箱卫生规范
46	SN/T 1882.1—2007	进出口粮食储运卫生规范 第 1 部分：粮食储藏
47	SN/T 1882.2—2007	进出口粮食储运卫生规范 第 2 部分：粮食运输
48	SN/T 1883.1—2007	进出口肉类储运卫生规范 第 1 部分：肉类储藏
49	SN/T 1883.2—2007	进出口肉类储运卫生规范 第 2 部分：肉类运输
50	SN/T 1884.1—2007	进出口水果储运卫生规范 第 1 部分：水果储藏
51	SN/T 1884.2—2007	进出口水果储运卫生规范 第 2 部分：水果运输
52	SN/T 1885.1—2007	进出口水产品储运卫生规范 第 1 部分：水产品保藏
53	SN/T 1885.2—2007	进出口水产品储运卫生规范 第 2 部分：水产品运输
54	DBS52/ 043—2020	食品安全地方标准 食品生产加工小作坊卫生规范
55	DBS52/ 044—2020	食品安全地方标准 食品摊贩卫生规范
56	DBS62/ 006—2020	食品安全地方标准 餐饮食品外卖卫生规范
57	DBS62/ 004—2020	食品安全地方标准 当归生产卫生规范
58	DB33/ 3010—2020	食品安全地方标准 粽子生产卫生规范
59	DBS52/ 040—2019	食品安全地方标准 米豆腐、豌豆凉粉加工小作坊卫生规范
60	DBS23/ 009—2019	食品安全地方标准 龙江小烧酒小作坊生产卫生规范
61	DB31/ 2028—2019	食品安全地方标准 即食食品自动售卖（制售）卫生规范
62	DBS52/ 039—2019	食品安全地方标准 豆制品加工小作坊卫生规范
63	DBS53/ 028—2018	食品安全地方标准 食品生产加工小作坊卫生规范
64	DB33/ 3009—2018	食品安全地方标准 食品小作坊通用卫生规范

续表

序号	标准编号	标准名称
65	DBS43/ 007—2018	食品安全地方标准 米粉生产卫生规范
66	DBS52/ 032—2018	食品安全地方标准 鱼酱酸调味料生产卫生规范
67	DBS32/ 013—2017	食品安全地方标准 食品小作坊卫生规范
68	DBS53/ 026—2017	食品安全地方标准 云南省餐具、饮具集中消毒服务单位卫生规范
69	DBS52/ 025—2017	食品安全地方标准 贵州米粉（米皮）加工卫生规范
70	DBS52/ 026—2017	食品安全地方标准 贵州省凉拌菜加工卫生规范
71	DBS52/ 028—2017	食品安全地方标准 贵州省现榨饮品加工卫生规范
72	DBS52/ 027—2017	食品安全地方标准 贵州省食用冰加工卫生规范
73	DBS44/ 008—2017	食品安全地方标准 预包装冷藏、冷冻膳食生产经营卫生规范
74	DBS61/0010—2016	食品安全地方标准 豆芽生产卫生规范
75	DBS32/ 010—2016	食品安全地方标准 餐具、饮具集中消毒服务卫生规范
76	DBS15/ 008—2016	食品安全地方标准 蒙古族传统乳制品生产卫生规范
77	DBS44/ 004—2014	食品安全地方标准 生鲜家禽加工经营卫生规范
78	DBS12/ 001—2014	食品安全地方标准 工业化豆芽生产卫生规范
79	DB31/ 2017—2013	食品安全地方标准 发酵肉制品生产卫生规范
80	DB31/ 2019—2013	食品安全地方标准 食品生产加工小作坊卫生规范

三、食品生产企业 GMP（《食品安全国家标准 食品生产通用卫生规范》）的内容和要求

我国食品生产企业 GMP（《食品安全国家标准 食品生产通用卫生规范》）是规范食品企业生产行为，防止食品生产过程的各种污染，生产安全且适宜食用的食品的基础性食品安全国家标准。该标准主要包括以下内容和要求。

（一）加工环境的要求

1. 企业选址

厂区不应选择对食品有显著污染的区域，如某地对食品安全和食品宜食用性存在明显的不利影响，且无法通过采取措施加以改善，应避免在该地址建厂。厂区不应选择有害废弃物以及粉尘、有害气体、放射性物质和其他扩散性污染源不能有效清除的地址。厂区不宜选择易发生洪涝灾害的地区，难以避开时应设计必要的防范措施。厂区周围不宜有虫害大量滋生的潜在场所，难以避开时应设计必要的防范措施。

2. 厂区环境

企业应考虑环境给食品生产带来的潜在污染风险，并采取适当的措施将其降至最低水平。厂区应合理布局，各功能区域划分明显，并有适当的分离或分隔措施，防止交叉污染。厂区内的道路应铺设混凝土、沥青或者其他硬质材料；空地应采取必要措施，如

铺设水泥、地砖或草坪等方式，保持环境清洁，防止正常天气下扬尘和积水等现象的发生。厂区绿化应与生产车间保持适当距离，植被应定期维护，以防止虫害的滋生。厂区应有适当的排水系统。宿舍、食堂、职工娱乐设施等生活区应与生产区保持适当距离或分隔。

（二）厂房和车间的要求

1. 厂房和车间的设计与布局

厂房和车间的设计应根据生产工艺合理布局，满足食品卫生操作要求，避免食品生产中发生交叉污染，预防和降低产品受污染的风险。厂房和车间应根据产品特点、生产工艺、生产特性以及生产过程对清洁程度的要求合理划分作业区，并采取有效分离或分隔。通常可划分为清洁作业区、准清洁作业区和一般作业区，也可只划分为清洁作业区和一般作业区，一般作业区应与其他作业区域分隔。厂房内设置的检验室应与生产区域分隔。厂房的面积和空间应与生产能力相适应，便于设备安置、清洁消毒、物料存贮及人员操作。

2. 厂房内部结构的要求

建筑内部结构应易于维护、清洁或消毒。应采用适当的耐用材料建造。

1）顶棚

顶棚应使用无毒、无味、与生产需求相适应、易于观察清洁状况的材料建造，若直接在屋顶内层喷涂涂料作为顶棚，应使用无毒、无味、防霉、不易脱落、易于清洁的涂料。顶棚应易于清洁、消毒，在结构上不利于冷凝水垂直滴下，防止虫害和霉菌滋生。蒸汽、水、电等配件管路应避免设置于暴露食品的上方，如确需设置，应有能防止灰尘散落及水滴掉落的装置或措施。

2）墙壁

墙面、隔断应使用无毒、无味的防渗透材料建造，在操作高度范围内的墙面应光滑、不易积累污垢且易于清洁，若使用涂料，应无毒、无味、防霉、不易脱落、易于清洁。墙壁、隔断和地面交界处应结构合理、易于清洁，能有效避免污垢积存，如设置漫弯形交界面等。

3）门窗

门窗应闭合严密。门的表面应平滑、防吸附、不渗透，并易于清洁、消毒，应使用不透水、坚固、不变形的材料制成。清洁作业区和准清洁作业区与其他区域之间的门应能及时关闭。窗户玻璃应使用不易碎材料，若使用普通玻璃，应采取必要的措施防止玻璃破碎后对原料、包装材料及食品造成污染。窗户如设置窗台，其结构应能避免灰尘积存且易于清洁，可开启的窗户应装有易于清洁的防虫害窗纱。

4）地面

地面应使用无毒、无味、不渗透、耐腐蚀的材料建造，地面的结构应有利于排污和清洗的需要，地面应平坦防滑、无裂缝、并易于清洁、消毒，并有适当的措施防止积水。

（三）设施和设备的要求

1. 设施的要求

1）供水设施

企业应能保证水质、水压、水量及其他要求符合生产需要。食品加工用水的水质应符合《生活饮用水卫生标准》（GB 5749—2006）的规定，对加工用水水质有特殊要求的食品应符合相应规定。间接冷却水、锅炉用水等食品生产用水的水质应符合生产需要。食品加工用水与其他不与食品接触的用水（如间接冷却水、污水或废水等）应以完全分离的管路输送，避免交叉污染。各管路系统应明确标识以便区分。自备水源及供水设施应符合有关规定。供水设施中使用的涉及饮用水卫生安全产品还应符合国家相关规定。

2）排水设施

排水系统的设计和建造应保证排水畅通、便于清洁维护，同时适应食品生产的需要，保证食品及生产、清洁用水不受污染。排水系统入口应安装带水封的地漏等装置，以防止固体废弃物进入及浊气逸出。排水系统出口应有适当措施以降低虫害风险。室内排水的流向应由清洁程度要求高的区域流向清洁程度要求低的区域，且应有防止逆流的设计。污水在排放前应经适当方式处理，以符合国家污水排放的相关规定。

3）清洁消毒设施

企业应配备足够的食品、工器具和设备的专用清洁设施，必要时应配备适宜的消毒设施。应采取措施避免清洁、消毒工器具带来的交叉污染。

4）废弃物存放设施

企业应配备设计合理、防止渗漏、易于清洁的存放废弃物的专用设施，车间内存放废弃物的设施和容器应标识清晰，必要时应在适当地点设置废弃物临时存放设施，并依废弃物特性分类存放。

5）个人卫生设施

企业应在生产场所或生产车间入口处设置更衣室，必要时特定的作业区入口处可按需要设置更衣室。更衣室应保证工作服与个人服装及其他物品分开放置。生产车间入口及车间内必要处，应按需设置换鞋（穿戴鞋套）设施或工作鞋靴消毒设施，如设置工作鞋靴消毒设施，其规格尺寸应能满足消毒需要。

企业应根据需要设置卫生间，卫生间的结构、设施与内部材质应易于保持清洁，卫生间内的适当位置应设置洗手设施。卫生间不得与食品生产、包装或贮存等区域直接连通。企业应在清洁作业区入口设置洗手、干手和消毒设施，如有需要，应在作业区内适当位置加设洗手和（或）消毒设施，与消毒设施配套的水龙头其开关应为非手动式。洗手设施的水龙头数量应与同班次食品加工人员数量相匹配，必要时应设置冷热水混合器。洗手池应采用光滑、不透水、易清洁的材质制成，其设计及构造应易于清洁消毒。企业应在临近洗手设施的显著位置标示简明易懂的洗手方法，根据对食品加工人员清洁程度的要求，必要时应可设置风淋室、淋浴室等设施。

6）通风设施

企业应具有适宜的自然通风或人工通风措施，必要时应通过自然通风或机械设施有效控制生产环境的温度和湿度。通风设施应避免空气从清洁度要求低的作业区域流向清洁度要求高的作业区域。企业应合理设置进气口位置，进气口与排气口和户外垃圾存放装置等污染源保持适宜的距离和角度，进、排气口应装有防止虫害侵入的网罩等设施。通风排气设施应易于清洁、维修或更换，若生产过程需要对空气进行过滤净化处理，应加装空气过滤装置并定期清洁。根据生产需要，必要时应安装除尘设施。

7）照明设施

厂房内应有充足的自然采光或人工照明，光泽和亮度应能满足生产和操作需要，光源应使食品呈现真实的颜色。如需在暴露食品和原料的正上方安装照明设施，应使用安全型照明设施或采取防护措施。

8）仓储设施

企业应具有与所生产产品的数量、贮存要求相适应的仓储设施。仓库应以无毒、坚固的材料建成，仓库地面应平整，便于通风换气。仓库的设计应能易于维护和清洁，防止虫害藏匿，并应有防止虫害侵入的装置。

原料、半成品、成品、包装材料等应依据性质的不同分设贮存场所或分区域码放，并有明确标志，防止交叉污染。必要时仓库应设有温湿度控制设施。贮存物品应与墙壁、地面保持适当距离，以利于空气流通及物品搬运。清洁剂、消毒剂、杀虫剂、润滑剂、燃料等物质应分别安全包装、明确标识并应与原料、半成品、成品、包装材料等分隔放置。

9）温控设施

应根据食品生产的特点，配备适宜的加热、冷却、冷冻等设施，以及用于监测温度的设施。根据生产需要，可设置控制室温的设施。

2. 设备的要求

企业应建立设备保养和维修制度，加强设备的日常维护和保养，定期检修并及时记录。

1）生产设备

企业应配备与生产能力相适应的生产设备，并按工艺流程有序排列，避免引起交叉污染。与原料、半成品、成品接触的设备与用具，应使用无毒、无味、抗腐蚀、不易脱落的材料制作，并应易于清洁和保养。设备、工器具等与食品接触的表面应使用光滑、无吸收性、易于清洁保养和消毒的材料制成，在正常生产条件下不会与食品、清洁剂和消毒剂发生反应，并应保持完好无损。所有生产设备应从设计和结构上避免零件、金属碎屑、润滑油或其他污染因素混入食品，并应易于清洁消毒、检查和维护。设备应不留空隙地固定在墙壁或地板上，或在安装时与地面和墙壁间保留足够空间，以便清洁和维护。

2）监控设备

企业应定期校准与维护用于监测、控制、记录的设备，如压力表、温度计、记录仪等。

（四）卫生管理的要求

企业应制定食品加工人员和食品生产卫生管理制度以及相应的考核标准，明确岗位职责，实行岗位责任制。企业应根据食品的特点及生产、贮存过程的卫生要求，建立对保证食品安全具有显著意义的关键控制环节的监控制度，良好实施并定期检查，发现问题及时纠正。企业应制定针对生产环境、食品加工人员、设备及设施等的卫生监控制度，确立内部监控的范围、对象和频率，记录并存档监控结果，定期对执行情况和效果进行检查，发现问题及时整改。企业应建立清洁消毒制度和清洁消毒用具管理制度，清洁消毒前后的设备和工器具应分开放置并妥善保管，避免交叉污染。

1. 厂房及设施卫生管理

厂房内各项设施应保持清洁，出现问题及时维修或更新。厂房地面、屋顶、天花板及墙壁有破损时，应及时修补。生产、包装、贮存等设备及工器具、生产用管道、裸露食品接触表面等应定期清洁消毒。

2. 食品加工人员健康管理与卫生要求

企业应建立并执行食品加工人员健康管理制度。食品加工人员每年应进行健康检查，取得健康证明，上岗前应接受卫生培训。食品加工人员如患有痢疾、伤寒、甲型病毒性肝炎、戊型病毒性肝炎等消化道传染病，以及患有活动性肺结核、化脓性或者渗出性皮肤病等有碍食品安全的疾病，或有明显皮肤损伤未愈合的，应调整到其他不影响食品安全的工作岗位。

食品加工人员卫生要求包括：进入食品生产场所前应整理个人卫生，防止污染食品；进入作业区域应规范穿着洁净的工作服，并按要求洗手、消毒；头发应藏于工作帽内或使用发网约束；进入作业区域不应佩戴饰物、手表，不应化妆、染指甲、喷洒香水；不得携带或存放与食品生产无关的个人用品；使用卫生间、接触可能污染食品的物品或从事与食品生产无关的其他活动后，再次从事接触食品、食品工器具、食品设备等与食品生产相关的活动前应洗手消毒。

3. 虫害控制

企业应保持建筑物完好、环境整洁，防止虫害侵入及滋生，制定和执行虫害控制措施，并定期检查。生产车间及仓库应采取有效措施（如纱帘、纱网、防鼠板、防蝇灯、风幕等），防止鼠类昆虫等侵入。企业应准确绘制虫害控制平面图，标明捕鼠器、粘鼠板、灭蝇灯、室外诱饵投放点、生化信息素捕杀装置等放置的位置。厂区应定期进行除虫灭害工作，若发现有虫鼠害痕迹时，应追查来源，消除隐患。

企业采用物理、化学或生物制剂进行处理时，不应影响食品安全和食品应有的品质，不应污染食品接触表面、设备、工器具及包装材料。使用各类杀虫剂或其他药剂前，应做好预防措施避免对人身、食品、设备工具造成污染；不慎污染时，应及时将被污染的设备、工具彻底清洁，消除污染。除虫灭害工作应有相应的记录。

4. 废弃物处理

企业应制定废弃物存放和清除制度，有特殊要求的废弃物其处理方式应符合有关规定。企业应定期清除废弃物，易腐败的废弃物应及时清除。提高易腐败废弃物的清除频率。车间外废弃物放置场所应与食品加工场所隔离防止污染，应防止不良气味或有害有毒气体逸出并防止虫害滋生。

5. 工作服管理

企业应根据食品的特点及生产工艺的要求配备专用工作服，如衣、裤、鞋靴、帽和发网等，必要时还可配备口罩、围裙、套袖、手套等。企业应制定工作服的清洗保洁制度，必要时应及时更换；生产中应注意保持工作服干净完好。工作服的设计、选材和制作应适应不同作业区的要求，降低交叉污染食品的风险；企业应合理选择工作服口袋的位置、使用的连接扣件等，降低内容物或扣件掉落污染食品的风险。

（五）食品原料、食品添加剂和相关产品的要求

企业应建立食品原料、食品添加剂和食品相关产品的采购、验收、运输和贮存管理制度，确保所使用的食品原料、食品添加剂和食品相关产品符合国家有关要求。不得将任何危害人体健康和生命安全的物质添加到食品中。

1. 食品原料

采购的食品原料应查验供货者的许可证和产品合格证明文件，对无法提供合格证明文件的食品原料，应依照食品安全标准进行检验。食品原料必须经过验收合格后方可使用，经验收不合格的食品原料应在指定区域与合格品分开放置并明显标记，并应及时进行退、换货等处理。加工前宜进行感官检验，必要时应进行实验室检验，不得使用食品安全项目指标异常的原料。

食品原料运输及贮存中应避免日光直射、备有防雨防尘设施。根据食品原料的特点和卫生需要，必要时还应具备保温、冷藏、保鲜等设施。食品原料运输工具和容器应保持清洁、维护良好，必要时应进行消毒。食品原料不得与有毒、有害物品同时装运，避免污染食品原料。

食品原料仓库应设专人管理，建立管理制度，定期检查质量和卫生情况，及时清理变质或超过保质期的食品原料。仓库出货顺序应遵循先进先出的原则，必要时应根据不同食品原料的特性确定出货顺序。

2. 食品添加剂

采购食品添加剂应当查验供货者的许可证和产品合格证明文件。食品添加剂必须经过验收合格后方可使用。运输食品添加剂的工具和容器应保持清洁、维护良好，并能提供必要的保护，避免污染食品添加剂。食品添加剂的贮藏应有专人管理，定期检查质量和卫生情况，及时清理变质或超过保质期的食品添加剂。仓库出货顺序应遵循先进先出的原则，必要时应根据食品添加剂的特性确定出货顺序。

3. 食品相关产品

采购食品包装材料、容器、洗涤剂、消毒剂等食品相关产品应查验产品的合格证明文件，实行许可管理的食品相关产品还应查验供货者的许可证。食品包装材料等食品相关产品必须经过验收合格后方可使用。

运输食品相关产品的工具和容器应保持清洁、维护良好，并能提供必要的保护，避免污染食品原料和交叉污染。食品相关产品的贮藏应有专人管理，定期检查质量和卫生情况，及时清理变质或超过保质期的食品相关产品。仓库出货顺序应遵循先进先出的原则。

盛装食品原料、食品添加剂、直接接触食品的包装材料的包装或容器，其材质应稳定、无毒无害，不易受污染，符合卫生要求。食品原料、食品添加剂和食品包装材料等进入生产区域时应有一定的缓冲区域或外包装清洁措施，以降低污染风险。

（六）生产过程的食品安全控制

企业应通过危害分析方法明确生产过程中的食品安全关键环节，并设立食品安全关键环节的控制措施。在关键环节所在区域，应配备相关的文件以落实控制措施，如配料（投料）表、岗位操作规程等。鼓励采用危害分析与关键控制点体系（HACCP）对生产过程进行食品安全控制。

1. 生物污染的控制

企业应根据原料、产品和工艺的特点，针对生产设备和环境制定有效的清洁消毒制度，降低微生物污染的风险。清洁消毒制度应包括以下内容：清洁消毒的区域、设备或器具名称；清洁消毒工作的职责；使用的洗涤、消毒剂；清洁消毒方法和频率；清洁消毒效果的验证及不符合的处理；清洁消毒工作及监控记录。企业应确保实施清洁消毒制度并如实记录，及时验证消毒效果，发现问题及时纠正。

企业应根据产品特点确定关键控制环节进行微生物监控，必要时应建立食品加工过程的微生物监控程序，包括生产环境的微生物监控和过程产品的微生物监控。食品加工过程的微生物监控程序应包括：微生物监控指标、取样点、监控频率、取样和检测方法、评判原则和整改措施等，具体可参照《食品安全国家标准 食品生产通用卫生规范》（GB 14881—2013）附录 A“食品加工过程的微生物监控程序指南”的要求，结合生产工艺及产品特点制定。微生物监控应包括致病菌监控和指示菌监控，食品加工过程的微生物监控结果应能反映食品加工过程中对微生物污染的控制水平。

《食品安全国家标准　食品生产通用卫生规范》（GB 14881—2013）附录A 食品加工过程的微生物监控程序指南

2. 化学污染的控制

企业应建立防止化学污染的管理制度，分析可能的污染源和污染途径，制定适当的控制计划和控制程序。企业应当建立食品添加剂和食品工业用加工助剂的使用制度，按照《食品安全国家标准 食品添加剂使用标准》（GB 2760—2014）的要求使用食品添加剂。企业不得在食品加工中添加食品添加剂以外的非食用化学物质和其他可能危害人体健康的物质。生产设备上可能直接或间接接触食品的活动部件若需润滑，应使用食用油脂或能保证食品安全要求的其他油脂。企业应建立清洁剂、消毒剂等化学品的使用制度。除清洁消毒必需和工艺需要，不应在生产场所使用和存放可能污染食品的化学制剂。食品添加剂、清洁剂、消毒剂等均应采用适宜的容器妥善保存，且应明显标示、分类贮存，领用时应准确计量，做好使用记录。

3. 物理污染的控制

企业应建立防止异物污染的管理制度，分析可能的污染源和污染途径，并制定相应的控制计划和控制程序。通过采取设备维护、卫生管理、现场管理、外来人员管理及加工过程监督等措施，最大程度地降低食品受到玻璃、金属、塑胶等异物污染的风险。设置筛网、捕集器、磁铁、金属检查器等有效措施降低金属或其他异物污染食品的风险。当进行现场维修、维护及施工等工作时，应采取适当措施避免异物、异味、碎屑等污染食品。

（七）对实验室检验与成品管理的要求

1. 实验室检验

企业应通过自行检验或委托具备相应资质的食品检验机构对原料和产品进行检验，建立食品出厂检验记录制度。自行检验应具备与所检项目适应的检验室和检验能力，由具有相应资质的检验人员按规定的检验方法检验，检验仪器设备应按期检定。

检验室应有完善的管理制度，妥善保存各项检验的原始记录和检验报告。应建立产品留样制度，及时保留样品。应综合考虑产品特性、工艺特点、原料控制情况等因素合理确定检验项目和检验频次以有效验证生产过程中的控制措施。净含量、感官要求以及其他容易受生产过程影响而变化的检验项目的检验频次应大于其他检验项目。同一品种不同包装的产品，不受包装规格和包装形式影响的检验项目可以一并检验。

2. 食品的贮存和运输

企业应根据食品的特点和卫生需要选择适宜的贮存和运输条件，必要时应配备保温、冷藏、保鲜等设施。不得将食品与有毒、有害或有异味的物品一同贮存运输。企业应建立和执行适当的仓储制度，发现异常应及时处理。贮存、运输和装卸食品的容器、工器具和设备应当安全、无害，保持清洁，降低食品污染的风险。贮存和运输过程中应避免日光直射、雨淋、显著的温湿度变化和剧烈撞击等，防止食品受到不良影响。

3. 产品召回管理

企业应根据国家有关规定建立产品召回制度。当发现生产的食品不符合食品安全标准或存在其他不适于食用的情况时，应立即停止生产，召回已经上市销售的食品，通知相关生产经营者和消费者，并记录召回和通知情况。对被召回的食品，应进行无害化处理或者予以销毁，防止其再次流入市场。对因标签、标志或者说明书不符合食品安全标准而被召回的食品，应采取能保证食品安全且便于重新销售时向消费者明示的补救措施。企业应合理划分记录生产批次，采用产品批号等方式进行标识，便于产品追溯。

（八）人员及管理的要求

企业应配备食品安全专业技术人员、管理人员，并建立保障食品安全的管理制度。食品安全管理制度应与生产规模、工艺技术水平和食品的种类特性相适应，应根据生产实际和实施经验不断完善食品安全管理制度。管理人员应了解食品安全的基本原则和操作规范，能够判断潜在的危险，采取适当的预防和纠正措施，确保有效管理。

企业应建立食品生产相关岗位的培训制度，对食品加工人员以及相关岗位的从业人员进行相应的食品安全知识培训。应通过培训促进各岗位从业人员遵守食品安全相关法律法规标准和执行各项食品安全管理制度的意识和责任，提高相应的知识水平。应根据食品生产不同岗位的实际需求，制定和实施食品安全年度培训计划并进行考核，做好培训记录。当食品安全相关的法律法规标准更新时，应及时开展培训。应定期审核和修订培训计划，评估培训效果，并进行常规检查，以确保培训计划的有效实施。

（九）记录和文件的要求

企业应建立记录制度，对食品生产中采购、加工、贮存、检验、销售等环节详细记录。记录内容应完整、真实，确保对产品从原料采购到产品销售的所有环节都可进行有效追溯。

企业应如实记录食品原料、食品添加剂和食品包装材料等食品相关产品的名称、规格、数量、供货者名称及联系方式、进货日期等内容。企业应如实记录食品的加工过程（包括工艺参数、环境监测等）、产品贮存情况及产品的检验批号、检验日期、检验人员、检验方法、检验结果等内容。企业应如实记录出厂产品的名称、规格、数量、生产日期、生产批号、购货者名称及联系方式、检验合格单、销售日期等内容。企业应如实记录发生召回的食品名称、批次、规格、数量、发生召回的原因及后续整改方案等内容。

食品原料、食品添加剂和食品包装材料等食品相关产品进货查验记录、食品出厂检验记录应由记录和审核人员复核签名，记录内容应完整。保存期限不得少于 2 年。

对客户提出的书面或口头意见、投诉，企业相关管理部门应做记录并查找原因，妥善处理。

企业应建立文件的管理制度，对文件进行有效管理，确保各相关场所使用的文件均为有效版本。

项目解析

GMP 在糕点、面包企业的应用

（一）选址及厂区环境的要求

1. 选址

饼店（面包坊）应选择有给排水条件和电力供应的地区，不应选择对食品有显著污染的区域，远离粪坑、污水池、暴露垃圾场（站）、旱厕等污染源。设置在超市、商店、市场内的饼店（面包坊），应距离畜禽产品、水产品销售或加工场所 10m 以上，难以避开时应设计必要的防范措施。

2. 厂区环境

厂区内污水处理设施锅炉房等应远离生产区域和主干道并位于主风向的下风处，排放应符合相关规定。使用小型天然气或电热锅炉设备的，应与生产区域进行分隔。生产区建筑物与外源公路或道路应保持一定距离或封闭隔离并设有防护措施。厂区内禁止饲养禽、畜。

（二）厂房和车间的要求

1. 设计和布局

生产面包产品等有发酵工艺的企业，应设有发酵室（或发酵设施）。直接使用鸡蛋作为原料的企业，应设有洗蛋间，并设置洗蛋、消毒设施。厂房设置应按生产工艺流程需要和卫生要求进行有序、合理布局，避免原材料与半成品、成品之间交叉污染。各生产车间或内部区域应依其清洁要求程度分为清洁作业区、准清洁作业区及一般作业区，各区之间应防止交叉污染。清洁作业区如半成品冷却区与暂存区、内包装间、冷加工间、清洗消毒区等应为独立间隔，清洁作业区空气中的菌落总数应结合生产实际情况确定监控指标限值。生产车间（含包装间）应有足够的空间，生产机械设备距屋顶及墙（柱）的间距应考虑清洁、安装及检修的方便。

饼店（面包坊）应对加工和销售等区域合理布局，如设置原料贮存、生产加工、半成品和成品贮存、包装、人员和工器具清洗消毒和更衣室等区域，并应具备符合产品特性要求的陈列设施。饼店（面包坊）冷加工与热加工的操作区应分开，防止产品在制作、存放、销售过程中的交叉污染，避免产品接触有毒物和不洁物。

2. 建筑内部结构与材料

饼店（面包坊）地面应采用耐磨、不渗水、易清洁的材料，地面应平整无裂缝。饼店（面包坊）生产加工场所墙壁应使用无毒、无异味、不透水、平滑、不易积垢、易于清洁的材料铺设到顶。饼店（面包坊）门窗户应采用表面平滑、防吸附、不渗透、易于清洁消毒的材料。

（三）设施与设备的要求

1. 设施

产生大量蒸汽或油烟的食品加工区域上方应设置有效的机械排风设施。饼店（面包坊）根据加工制作和销售的需要，在适当位置配备相适宜的洗手、消毒、照明、通风、排水、温控等设施，并具备防尘、防蝇、防虫、防鼠，以及存放垃圾和废弃物等保证生产经营场所卫生条件的设施。

饼店（面包坊）冷加工食品的制作区域应符合下列要求：采用封闭式独立隔间；内设手部清洗消毒用流动水池和消毒用品；不应设置明沟，墙面、隔断应使用无毒、无味的防渗透、易于清洁材料建造；需有空调设施、温度显示装置、空气消毒设施（如紫外线灯）、流动水源、工器具清洗消毒设施和冷藏设施。

2. 设备

饼店（面包坊）中接触食品的各种设备、工具、容器等应由无毒、无异味、耐腐蚀、不易发霉且可重复清洗和消毒、符合食品安全的材料制造。接触生制食品与熟制食品的设备、工具、容器应能明显区分。饼店（面包坊）应根据产品需要，配备专用的冷藏或冷冻设备（冰箱、冰柜等），冷藏、冷冻设备应有温度显示装置。

（四）卫生管理的要求

1. 卫生管理制度

企业应配备与加工人员相适宜的、经培训考核合格的卫生管理监督人员。饼店（面包坊）应符合以下要求：应根据食品的特点及经营过程的卫生要求，建立对保证食品安全具有显著意义的关键控制环节的监控制度，确保有效实施并定期检查，现问题及时纠正；应制定针对经营环境、食品经营人员、设备及设施、原材料等的卫生监控制度，确立内部监控的范围、对象和频率。记录并存档监控结果，定期对执行情况和效果进行检查，发现问题及时纠正。

2. 厂房及设施卫生管理

工器具应按类别存放在专用区域内。饼店（面包坊）的食品制售环境（包括地面排水沟、墙壁、天花板、门窗等）和设施应及时清洁，保持良好清洁状况。

3. 食品加工、经营人员的卫生要求

加工人员不得穿戴工作服、工作帽、工作鞋进入与生产无关的场所。加工人员应遵守各项卫生制度，养成良好的卫生习惯，不得在车间内吸烟、随地吐痰、乱扔废弃物。操作前应洗手消毒，衣帽整齐，清洁区的操作人员应佩戴口罩。

食品加工、经营人员使用卫生间、接触可能污染食品的物品后，再次从事接触食品、食品工具、容器、食品设备、包装材料等与食品经营相关的活动前，应洗手消毒；食品加工、经营人员接触直接入口或不需清洗即可加工的散装食品时，应佩戴手套和帽子；冷加工产品操作人员还应佩戴口罩；食品经营人员应符合国家相关规定对人员健康的要求，进入经营场所应保持个人卫生和衣帽整洁，防止污染食品；在食品经营过程中，不应饮食、吸烟、随地吐痰、乱扔废弃物、触碰私人物品（如手机）等。

4. 虫害控制

饼店（面包坊）采用物理、化学或生物制剂进行虫害消杀处理时，应避免污染食品接触表面、设备、工具、容器及包装材料；不慎污染时，应及时彻底清洁，消除污染。饼店（面包坊）中的清洁剂、消毒剂、杀虫剂等物品应明确标识，并与食品及包装材料分隔存放。

5. 废弃物处理

饼店（面包坊）中的废弃物容器应加盖密闭。废弃物应日产日清，易腐败的废弃物应及时清除。清除废弃物后的容器应及时清洗，必要时进行消毒；饼店（面包坊）餐厨废弃油脂处理应按照相关规定执行。

（五）食品原料、食品添加剂和相关产品的要求

1. 食品原料

必要时企业应对供应商的食品安全管理情况进行实地检查评估。实行统一配送经营方式的饼店（面包坊），可以由企业总部或下属工厂统一查验供货者的许可证和食品合格证明文件，进行食品进货查验记录。肉、蛋、奶、速冻食品等容易腐败变质的食品原料应建立相应的温度控制等食品安全控制措施并严格执行。

2. 食品添加剂

实行统一配送经营方式的饼店（面包坊），可以由企业总部或下属工厂统一查验供货者的许可证和食品合格证明文件，进行食品进货查验记录。饼店（面包坊）运输食品添加剂的工具和容器应保持清洁、维护良好并能提供必要的保护，避免污染食品添加剂。

饼店（面包坊）食品添加剂的贮藏应有专人管理，定期检查，及时清理变质或超过保质期的食品添加剂。仓库出货顺序应遵循先进先出的原则，必要时应根据食品添加剂的特性确定出货顺序。

3. 食品相关产品

直接接触产品的包装纸、盒及塑料薄膜等包装材料，应符合相关标准的规定。生产过程中使用烘焙包装用纸时，应考虑颜色可能对产品的迁移并控制有害物质的迁移量。企业不应使用有荧光增白剂的烘烤纸或二次回收的材料作为与食品接触的内包装使用。周转用外包装再次使用前应清洗干净，避免发生交叉污染。

（六）生产过程的食品安全控制

企业应严格按照产品工艺要求进行操作，尤其注意对时间和温度有控制要求的工序，如醒发、烘烤、蒸煮、油炸、冷却等。

蛋液的制作应包括选蛋（去除劣质蛋）、洗蛋、消毒、敲打、蛋壳去除等工序过程。蛋液应在较低温度下保存，防止蛋液变质，鼓励企业采用先进的自动敲蛋设备进行自动化操作，减少污染。

原料使用应遵循先进先出的原则，冷冻原料如果在使用前要解冻的，解冻方式应能防止原料变质。当班生产的未用完剩余原辅料，应根据原辅料的特点妥善保存，并标注原辅料名称、原始包装开封时间等信息。生产过程中产生的不适于进入下一工序的物料，成型后不完整、内包装不合格等存在偏差的产品需要重新进入生产线时，其使用条件、使用方式和使用量等内容应在危害评估的基础上确定，并应有相应的使用制度和控制程序。有非可食性内包装的产品返回生产线时，内包装应去除，无法去除时按废弃物处理。

饼店（面包坊）中与食品直接接触的材料应符合相关标准，食品包装应能在正常的贮存、运输、销售条件下最大限度地保护食品的安全性和食品品质，使用包装材料时应核对标志，避免误用。

1. 生物污染的控制

加工时重复使用的烤盘，使用前应擦拭去除残渣保持清洁，使用后应做好防护；长期未使用的烤盘使用前应对烤盘进行洗刷、消毒。操作台、机器设备、工器具用前应仔细检查，是否符合卫生要求，使用后应清洁消毒，并做好防护。

工厂包装用的复合纸罐、纸杯、PET 杯等包装材料，根据微生物污染的状况，必要时应进行灭菌处理，如紫外线杀菌或其他有效的灭菌方式，确保包装材料表面无污染。饼店（面包坊）现制现售产品的包装物外包装应密封，避免包装物被污染。

重复使用的食品周转箱（桶）等盛放用具，应保持清洁，妥善放置，避免受到二次污染。有醒发工艺的产品，醒发时应控制醒发温度、时间、湿度，并定期对醒发室进行清洗和消毒，防止杂菌污染。工厂加工过程的微生物监控程序可参照《食品安全国家标准 糕点、面包卫生规范》（GB 8957—2016）附录A“糕点、面包加工过程的微生物监控程序指南”。

《食品安全国家标准 糕点、面包卫生规范》（GB 8957—2016）附录A糕点、面包加工过程的微生物监控程序指南

2．化学污染的控制

油炸产品应控制生产过程中的油温和油炸时间，监控油炸过程中油的品质状况，及时添加新油或更新用油，防止油脂品质劣化，确保符合相关标准的要求。饼店（面包坊）应建立清洁剂、消毒剂等化学品的使用制度，食品添加剂、清洁剂、消毒剂等应明显标示、分类贮存。

3．物理污染的控制

采用挤压工艺的产品，应监控挤压设备的磨损情况，必要时及时更换。应根据生产需要设置金属检测装置，并保持有效运作。

（七）对实验室检验与成品管理的规范性要求

饼店（面包坊）应通过定期自行检验、企业总部的下属工厂或委托具备相应资质的食品检验机构对原料和产品进行抽查检验，建立食品检验记录制度。

食品运输过程中应避免交叉污染，有温度要求的食品，应根据其特性进行温度控制，确保食品安全。

企业应具有与经营食品品种、规模相适应的销售设施和设备。与食品表面接触的设备、工具和容器，应使用安全、无毒、无异味、防吸收、耐腐蚀且可承受反复清洗和消毒的材料制作，易于清洁和保养。销售有温度控制要求的食品，应配备相应的冷藏、冷冻设备并保持正常运转。应配备密闭、防止渗漏、易于清洁的废弃物存放专用设施，必要时应在适当地点设置废弃物临时存放设施，废弃物存放设施和容器应标识清晰并及时处理。如需在裸露食品的正上方安装照明设施，应使用安全型照明设施或采取防护措施。

（八）记录和文件管理

饼店（面包坊）应对食品及食品原料的进货、出货环节详细记录。记录内容应完整、真实、清晰、易于识别和检索；鼓励采用先进技术手段（如电子计算机信息系统），进行记录和文件管理。

复习巩固

1．食品企业良好生产规范（GMP）包括哪些内容？

2．食品企业对食品原料、食品添加剂和相关产品的要求是怎样的？

3．食品企业应怎样进行生产过程的食品安全控制？

实践训练

食品生产企业常见不符合项及整改措施解析

依据食品生产企业 GMP，指出常见不符合项及提出整改措施。

食品生产企业常见不符合项及整改措施解析

拓展资源

《食品安全国家标准 食品添加剂生产通用卫生规范》（GB 31647—2018）

项目十三　危害分析与关键控制点（HACCP）管理体系

☞ 学习目标

1. 掌握 HACCP 管理体系的基本原理。
2. 掌握 HACCP 管理体系的具体实施步骤。
3. 能制定某食品加工过程的 HACCP 计划。
4. 提高食品安全的风险意识。

危害分析与关键控制点（HACCP）管理体系

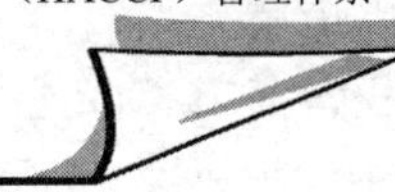

项目导入

我国政府强制推行食品 HACCP 管理体系的企业有哪些

卫生注册需评审 HACCP 管理体系的产品目录主要包括的产品类别有：罐头类；水产品类（活品、冰鲜、晾晒、腌制品除外）；肉及肉制品；速冻蔬菜；果蔬汁；含肉或水产品的速冻方便食品。

基础知识

一、HACCP 管理体系简介

食品生产加工过程（包括原材料采购、加工、包装、贮存、装运等）是预防、控制和防范食品安全危害的重要环节。

HACCP（hazard analysis critical control point）又称为危害分析与关键控制点。HACCP 管理体系是一种科学、合理、针对食品生产加工过程进行过程控制的预防性体系，这种体系的建立和应用可保证食品安全危害得到有效控制，以防止发生危害公众健康的问题。

HACCP 管理体系是 20 世纪 60 年代由皮尔斯伯公司联合美国国家航空航天局（National Aeronautics and Space Administrtion，NASA）和美国一家军方实验室（Natick 地区）共同制定的，体系建立的初衷是为太空作业的宇航员提供食品安全方面的保障。到目前为止，HACCP 管理体系已经成为国际上共同认可和接受的食品安全保证体系。

自 2002 年国家质监总局发布了《卫生注册需评审 HACCP 体系的产品目录》我国政府开始强制推行 HACCP 管理体系，要求凡是从事罐头、水产品、肉及其制品、速冻蔬菜、果蔬汁、含肉或水产品的速冻方便食品的生产企业均采用 HACCP 体系管理。

二、我国 HACCP 管理体系的相关标准

我国 HACCP 管理体系标准分为通用标准和专用标准。通用标准包括《危害分析与关键控制点（HACCP）体系 食品生产企业通用要求》（GB/T 27341—2009）、《危害分析与关键控制点（HACCP）体系及其应用指南》（GB/T 19538—2004）。《危害分析与关键控制点（HACCP）体系 食品生产企业通用要求》（GB/T 27341—2009）规定了食品生产企业危害分析与关键控制点（HACCP）体系的通用要求，使其有能力提供符合法律法规和顾客要求的安全食品。该标准适用于食品生产（包括配餐）企业 HACCP 体系的建立、实施和评价，包括原辅料和食品包装材料采购、加工、包装、贮存、装运等。《危害分析与关键控制点（HACCP）体系及其应用指南》（GB/T 19538—2004）给出了适用于从初级生产到最终消费整个食品链中危害分析与关键控制点（HACCP）体系的原理及其应用的通用指南。

我国 HACCP 管理体系专用标准包括《危害分析与关键控制点（HACCP）体系 乳制品生产企业要求》（GB/T 27342—2009）、《肉制品生产 HACCP 应用规范》（GB/T 20809—2006）等多项国家标准和《乳制品加工 HACCP 准则》（NY/T 1570—2007）等多项行业标准。其中《肉制品生产 HACCP 应用规范》（GB/T 20809—2006）规定了肉制品生产企业建立和实施 HACCP 体系的总要求以及文件、良好操作规范（GMP）、卫生标准操作程序（SSOP）、标准操作规程（SOP）、有害微生物检验和 HACCP 体系的建立规程方面的要求、提出了肉制品 HACCP 计划模式表。部分 HACCP 管理体系标准见表 13-1。

表 13-1 部分 HACCP 管理体系标准

序号	标准编号	标准名称
1	GB/T 27341—2009	危害分析与关键控制点（HACCP）体系 食品生产企业通用要求
2	GB/T 19538—2004	危害分析与关键控制点（HACCP）体系及其应用指南
3	GB/T 20572—2019	天然肠衣生产 HACCP 应用规范
4	GB/T 31115—2014	豆制品生产 HACCP 应用规范
5	GB/T 25007—2010	速冻食品生产 HACCP 应用准则
6	GB/T 24400—2009	食品冷库 HACCP 应用规范
7	GB/T 27342—2009	危害分析与关键控制点（HACCP）体系 乳制品生产企业要求
8	GB/T 23184—2008	饲料企业 HACCP 安全管理体系指南
9	GB/T 22098—2008	啤酒企业 HACCP 实施指南
10	GB/T 22656—2008	调味品生产 HACCP 应用规范
11	GB/T 20551—2006	畜禽屠宰 HACCP 应用规范
12	GB/T 20809—2006	肉制品生产 HACCP 应用规范
13	GB/T 19838—2005	水产品危害分析与关键控制点（HACCP）体系及其应用指南
14	GB/T 19537—2004	蔬菜加工企业 HACCP 体系审核指南
15	DB51/T 1504—2012	白酒生产企业 HACCP 应用指南

续表

序号	标准编号	标准名称
16	DB51/T 1503—2012	火锅底料生产企业 HACCP 应用指南
17	NY/T 1336—2007	肉用家畜饲养 HACCP 管理技术规范
18	NY/T 1337—2007	肉用家禽饲养 HACCP 管理技术规范
19	NY/T 1338—2007	蛋鸡饲养 HACCP 管理技术规范
20	NY/T 1570—2007	乳制品加工 HACCP 准则
21	NY/T 1242—2006	奶牛场 HACCP 饲养管理规范
22	NY/T 932—2005	饲料企业 HACCP 管理通则
23	SB/T 10751—2012	豆芽生产 HACCP 应用规范
24	SB/T 10483—2008	活畜养殖场 HACCP 应用规范
25	SC/T 0003—2006	水产企业 HACCP 管理体系认证指南
26	SN/T 4422—2016	出口中小食品企业 HACCP 应用指南
27	SN/T 3257—2012	出口食品添加剂生产企业 HACCP 应用指南
28	SN/T 2913—2011	出口食品用消毒剂生产企业 HACCP 应用指南
29	SN/T 1252—2003	危害分析及关键控制点（HACCP）体系及其应用指南
30	RB/T 154—2017	同线同标同质 HACCP 认证监督审核要求

三、HACCP 管理体系的 7 个原理

食品企业应根据以下 7 个原理的要求制订并组织实施食品的 HACCP 计划，系统控制显著危害，确保将这些危害防止、消除或降低到可接受水平，以保证食品安全。

（1）危害分析。

（2）关键控制点的确定。

（3）关键控制点关键限值的确定。

（4）关键控制点监控措施的建立。

（5）纠偏措施的建立。

（6）HACCP 管理体系的确认和验证。

（7）HACCP 管理体系记录的保持。

原理一：危害分析。危害分析是 HACCP 管理体系的基础，在制定 HACCP 管理体系的过程中，最重要的就是确定所有涉及食品安全性的显著危害，并针对这些危害采取相应的预防措施，对其加以控制。实际操作中可利用危害分析表，分析并确定潜在危害。

原理二：关键控制点（critial control points，CCP）的确定，即确定能够实施控制且可以通过正确的控制措施达到预防危害、消除危害，或将危害降低到可接受水平的 CCP。例如，奶油蛋糕生产中原料进货（巧克力碎屑和榛仁碎屑）的环节，控制点是主要关注供应商认证管理；确认烘烤温度是控制致病菌和产品质量的控制点；对产品金属探测，

以有效控制产品含金属污染的可能也是关键控制点。

原理三：关键控制点关键限值（critical limit，CL）的确定，即指出与 CCP 相应的预防措施必须满足的要求。例如，糕点烘烤温度的高低、时间的长短、pH 值的范围及盐浓度等是确保食品质量安全的 CL。每个 CCP 都必须有一个或多个 CL，一旦操作中偏离了 CL，必须采取相应的纠偏措施才能确保食品的安全性。

原理四：关键控制点监控措施的建立，即通过一系列有计划的观察和测定（如温度、时间、pH 值、含水量、压力等）活动来评估 CCP 是否在控制范围内，准确记录监控结果，针对没有满足 CCP 要求的过程或产品，应立即采取纠偏措施。凡是与 CCP 有关的记录和文件都应该有监控员的签名。例如，糕点厂原料监控室通过核对供应商名单及提供检查分析证书进行质量保证的 CCP；糕点烘烤的 CCP 是通过目测检查并签署烤炉记录图表来实施监控的。

原理五：纠偏措施的建立。如果监控结果表明加工过程失控，应立即采取适当的纠偏措施，减少或消除失控所导致的潜在危害，使加工过程重新处于控制之中。纠偏措施应在制定 HACCP 管理体系时预先确定，其功能包括：①决定是否销毁失控状态下生产的食品；②纠正或消除导致失控的原因；③保留纠偏措施的执行记录。

原理六：HACCP 管理体系的确认和验证。虽然经过了危害分析，实施了 CCP 的监控、纠偏措施并保持有效的记录，但是并不等于 HACCP 管理体系的建立和运行能确保食品的安全性，关键在于：①确认和验证各个 CCP 是否都按照 HACCP 管理体系严格执行的；②确认和验证整个 HACCP 管理体系的全面性和有效性；③确认和验证 HACCP 管理体系是否处于正常、有效的运行状态。这三项内容构成了 HACCP 管理体系的确认和验证程序。在整个 HACCP 管理体系执行程序中，分析潜在危害、识别加工中的 CCP 和建立 CCP 关键限值，这三个步骤构成了食品危险性评价操作，它属于技术范畴，由技术专家主持，而其他步骤则属于质量管理范畴。

原理七：HACCP 管理体系记录的保持。记录是 HACCP 管理体系成功实施的重要组成部分。需要保存的记录包括：HACCP 管理体系的目的和范围；产品描述和识别；加工流程图；危害分析；HACCP 管理体系审核表；确定关键限值的依据；对关键限值的验证；监控记录，包括关键限值的偏离记录；纠偏措施；验证活动的记录；校验记录；清洁记录；产品的标识与可追溯性记录；害虫控制记录；培训记录；签约经认可的供应商的记录；产品回收记录；审核记录；对 HACCP 管理体系的修改、复审材料记录。

四、HACCP 管理体系实施的基本步骤

根据 HACCP 管理体系的 7 个原理，食品企业制定 HACCP 管理体系和在具体操作实施时，一般要通过 12 个步骤才能实现（图 13-1），其中 5 个步骤为预备步骤，7 个步骤为危害分析与制定控制措施步骤。

任何影响 HACCP 管理体系有效性因素的变化，如产品配方、工艺、加工条件的改变等

都可能影响HACCP管理体系的改变，要对HACCP管理体系进行确认、验证，必要时进行更新。

（一）预备步骤

1. 成立HACCP管理体系实施小组

企业应组建一支专业素质好、技术水平高的HACCP管理体系实施小组，HACCP管理体系实施小组人员的能力应满足本企业食品生产专业技术要求，并由不同部门的人员组成，应包括卫生质量控制、产品研发、生产工艺技术、设备设施管理、原辅料采购、销售、仓储及运输部门的人员，必要时，可请外部专家参与。

小组成员应具有与企业的产品、过程、所涉及危害相关的专业技术知识和经验，并经过适当培训。最高管理者应指定一名HACCP管理体系组长，并应赋予以下方面的职责和权限。

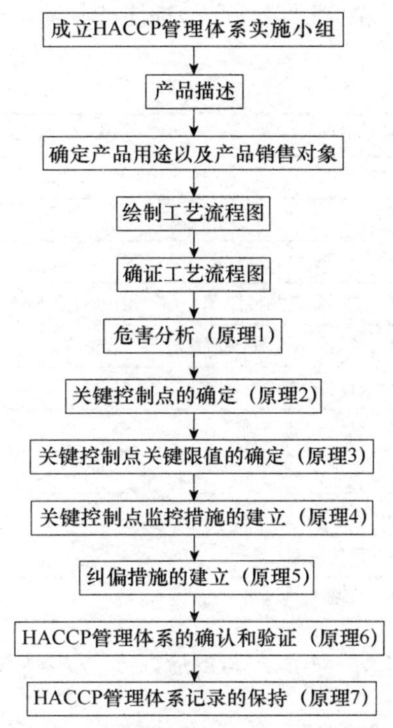

图13-1　HACCP管理体系实施的基本步骤

（1）确保HACCP管理体系所需的过程得到建立、实施和保持。

（2）向最高管理者报告HACCP管理体系的有效性、适宜性以及任何更新或改进的需求。

（3）领导和组织HACCP管理体系实施小组的工作，并通过教育、培训、实践等方式确保HACCP管理体系小组成员在专业知识、技能和经验方面得到持续提高。

企业应保持HACCP管理体系成员的学历、经历、培训、批准以及活动的记录。

2. 产品描述

HACCP管理体系实施小组应针对产品，识别并确定进行危害分析所需的下列适用信息。

（1）原辅料、食品包装材料的名称、类别、成分及其生物、化学和物理特性。

（2）原辅料、食品包装材料的来源，以及生产包装、贮藏、运输和交付方式。

（3）原辅料、食品包装材料接收要求、接收方式和使用方式。

（4）产品的名称、类别、成分及其生物、化学、物理特性。

（5）产品的加工方式。

（6）产品的包装、贮藏、运输和交付方式。

（7）产品的销售方式和标志。

（8）其他必要的信息。

企业应保持产品描述的记录。产品描述表见 13-2。

表 13-2 产品描述表

加工类别：	
产品类型：	
1．产品名称	
2．主要配料	
3．重要的产品特性（A_w 值、pH 值、防腐剂……）	
4．计划用途（主要消费对象、分销方法等）	
5．食用方法	
6．包装类型	
7．保质期	
8．标签说明	
9．销售地点	
10．特殊运输要求	

3．确定产品用途以及产品销售对象

HACCP 管理体系实施小组应在产品描述的基础上，识别并确定进行危害分析所需的下列适用信息。

（1）顾客对产品的消费或使用期望。

（2）产品的预期用途和贮藏条件，以及保质期。

（3）产品预期的食用或使用方式。

（4）产品预期的顾客对象。

（5）直接消费产品对易受伤害群体的适用性。

（6）产品非预期（极可能出现）的食用或使用方式。

（7）其他必要的信息。

企业应保持产品预期用途的记录。

4．绘制工艺流程图

HACCP 管理体系实施小组应在企业产品生产的范围内，根据产品的操作要求绘制产品的工艺流程图，此图应包括以下几个方面。

（1）每个步骤及其相应操作。

（2）这些步骤之间的顺序和相互关系。

（3）返工点和循环点（适宜时）。

（4）外部的过程和外包的内容。

（5）原料、辅料和中间产品的投入点。

（6）废弃物的排放点。

工艺流程图的制定应完整、准确、清晰。每个加工步骤的操作要求和工艺参数应在工艺描述中列出。适用时，企业应提供工厂位置图、厂区平面图、车间平面图、人流物流图、供排水网络图、防虫害分布图等。

5. 确认工艺流程图

企业应安排熟悉操作工艺的 HACCP 管理体系实施小组人员对所有操作步骤在操作状态下进行现场核查，确认并证实与所制定工艺流程图是否一致，并在必要时进行修改。企业应保持经确认的工艺流程图。

（二）危害分析与制定控制措施步骤

1. 危害分析

1）危害识别

HACCP 管理体系实施小组根据食品风险程度，在加工步骤中分析生物、化学、物理危害时，应考虑以下方面的因素。

（1）产品、操作和环境。

（2）消费者或顾客和法律法规对产品及原辅料、食品包装材料的安全卫生要求。

（3）产品食用使用安全的监控和评价结果。

（4）不安全产品处置、纠偏、召回和应急预案的状况。

（5）历史上和当前的流行病学、动植物疫情或疾病统计数据和食品安全事故案例。

（6）科技文献，包括相关类别产品的危害控制指南。

（7）危害识别范围内的其他步骤对产品产生的影响。

（8）人为的破坏和蓄意污染等情况。

（9）经验。

在从原料生产直到最终消费的范围内，针对需考虑的所有危害，识别其在每个操作步骤中有根据预期被引入、产生或增长的所有潜在危害及其原因。当影响危害识别结果的任何因素发生变化时，HACCP 管理体系小组应重新进行危害识别。企业应保持危害识别依据和结果的记录。

2）危害评估

HACCP 管理体系实施小组应针对识别的潜在危害，评估其发生的严重性和可能性，如果这种潜在危害在该步骤极可能发生且后果严重，则应确定为显著危害。企业应保持危害评估依据和结果的记录。

3）控制措施的制定

HACCP 管理体系实施小组应针对每种显著危害，制定相应的控制措施，并提供证实其有效性的证据。企业应明确显著危害与控制措施之间的对应关系，并考虑一项控制措施控制多种显著危害或多项控制措施控制一种显著危害的情况。

针对人为的破坏或蓄意污染等造成的显著危害，应建立食品防护计划作为控制措施。当这些措施涉及操作的改变时，应做出相应的变更，并修改工艺流程图。在现有技术条件下，某种显著危害不能制定有效控制措施时，企业应策划和实施必要的技术改造，必要时，应变更加工工艺、产品（包括原辅料）或预期用途，直至建立有效的控制措施。

企业应对所制定的控制措施予以确认。当控制措施有效性受到影响时，应评价、更新或改进控制措施，并再确认。企业应保持控制措施的制定依据和控制措施文件。

4）危害分析工作单

HACCP 管理体系实施小组应根据工艺流程、危害识别、危害评估、控制措施等结果提供形成文件的危害分析工作单，包括加工步骤、考虑的潜在危害、显著危害判断的依据、控制措施，并明确各因素之间的相互关系。

在危害分析工作单中，应描述控制措施与相应显著危害的关系，为确定关键控制点提供依据。HACCP 管理体系实施小组应在危害分析结果受到任何因素影响时，对危害分析工作单做出必要的更新或修订。企业应保持形成文件的危害分析工作单。危害分析工作单见表 13-3。

表 13-3　危害分析工作单

工厂名称：__________

工厂地址：__________　　产品名称：__________

签名：__________　　贮存和销售方法：__________

日期：__________　　预期用途和用户：__________

（1）配料/加工步骤	（2）确定本步骤引入的，受控的或增加的潜在危害	（3）潜在的食品安全危害是显著的吗？（是/否）	（4）对第三栏的判断提出依据	（5）应用什么预防措施来防止显著危害？	（6）这步骤是关键控制点吗？（是/否）

2. 关键控制点的确定

HACCP 管理体系实施小组应根据危害分析所提供的显著危害与控制措施之间的关系，识别针对每种显著危害控制的适当步骤，以确定关键控制点（CCP），确保所有显著危害得到有效控制。

CCP（关键控制点）判断树

企业应使用适宜方法来确定 CCP，如判断树表法等。但在使用 CCP 判断树表时，应考虑以下因素。

（1）判断树表仅是有助于确定 CCP 的工具，而不能代替专业知识。

（2）判断树表在危害分析后和显著危害被确定的步骤使用。

（3）随后的加工步骤对控制危害可能更有效，可能是更应该选择的CCP。

（4）加工中一个以上的步骤可以控制一种危害。

当显著危害或控制措施发生变化时，HACCP管理体系实施小组应重新进行危害分析，判定CCP。企业应保持CCP确定的依据和文件。如分析出以标准作业程序（SOP）进行控制可以等同于CCP控制的情况，要保持SOP确定的依据、参数和文件。

3. 关键控制点关键限值的确定

HACCP管理体系实施小组应为每个CCP建立关键限值。一个CCP可以有一个或一个以上的关键限值。关键限值的设立应科学、直观、易于监测，确保产品的安全危害得到有效控制，而不超过可接受水平。基于感知的关键限值，应由经评估且能够胜任的人员进行监控、判定。为了防止或减少偏离关键限值，HACCP管理体系实施小组宜建立CCP的操作限值。企业应保持关键限值确定依据和结果的记录。关键限值可以是时间、速率、温度、相对湿度、含水量、水活度、pH值、盐分含量等。

4. 关键控制点监控措施的建立

企业应针对每个CCP制定并实施有效的监控措施，保证CCP处于受控状态；监控措施包括监控对象、监控方法、监控频率、监控人员。

监控对象应包括每个CCP所涉及的关键限值；监控方法应准确、及时；监控频率一般应实施连续监控，若采用非连续监控时，其频次应能保证CCP受控的需要；监控人员应接受适当的培训，理解监控的目的和重要性，熟悉监控操作并及时准确地记录和报告监控结果。

当监控表明偏离操作限值时，监控人员应及时采取纠偏，以防止关键限值的偏离。当监控表明偏离关键限值时，监控人员应立即停止该操作步骤的运行，并及时采取纠偏措施。企业应保持监控记录。

5. 纠偏措施的建立

企业应针对CCP的每个关键限值的偏离预先制定纠偏措施，以便在偏离时实施。纠偏措施应包括实施纠偏措施和负责受影响产品放行的人员；偏离原因的识别和消除；受影响产品的隔离、评估和处理。

纠偏人员应熟悉产品、HACCP管理体系，经过适当培训并经授权。在评估受影响产品时，可进行生物、化学或物理特性的测量或检验，若核查结果表明危害处于可接受指标之内，可放行产品至后续操作；否则，应返工、降级、改变用途、废弃等。当某个关键限值的监视结果反复发生偏离或偏离原因涉及相应控制措施的控制能力时，HACCP管理体系实施小组应重新评估相关控制措施的有效性和适宜性，必要时对其予以改进并更新。企业应保持纠偏记录。纠偏记录表见13-4。

表 13-4　纠偏记录表

产品名称：＿＿＿＿＿＿＿＿

<table>
<tr><td colspan="2">关键点：</td><td colspan="2">日期：</td><td colspan="2">批次：</td></tr>
<tr><td colspan="2">纠偏项目：</td><td colspan="2">关键限值：</td><td colspan="2">实际值：</td></tr>
<tr><td>操作人员</td><td colspan="2"></td><td>检查人员</td><td colspan="2"></td></tr>
<tr><td>过程描述</td><td colspan="5"></td></tr>
<tr><td>纠偏措施</td><td colspan="5"></td></tr>
<tr><td>部门</td><td></td><td>人员</td><td></td><td>时间</td><td></td></tr>
<tr><td>验证结果</td><td colspan="5"></td></tr>
<tr><td>部门</td><td></td><td>人员</td><td></td><td>时间</td><td></td></tr>
</table>

6. HACCP 管理体系的确认和验证

企业应建立并实施对 HACCP 管理体系的确认和验证程序，以证实 HACCP 管理体系的完整性、适宜性、有效性。确认应在 HACCP 管理体系实施前或变更后。确认程序应包括对 HACCP 管理体系所有要素有效性的证实。

验证程序应包括：验证的依据和方法、验证的频次、验证的人员、验证的内容、验证结果及采取的措施、验证记录等。验证的结果需要输入管理评审中，以确保这些重要数据资源能被适当考虑并对整个 HACCP 管理体系持续改进起作用。当验证结果不符合要求时，应采取纠正措施并进行再验证。监控设备校准记录的审核，必要时，应通过有资格的检验机构，对所需的控制设备和方法进行技术验证，并提供形成文件的技术验证报告。

7. HACCP 管理体系记录的保持

企业应保持 HACCP 管理体系制定、运行、验证等记录。HACCP 管理体系记录（表 13-5）的控制应与体系记录的控制一致。

HACCP 管理体系记录应包括的相关信息有以下几个方面。

（1）产品描述记录：企业名称和地址、加工类别、产品类型、产品名称、产品配料、产品特性预期用途和顾客对象食用（使用）方法、包装类型、贮存条件和保质期、标签说明、销售和运输要求等。

（2）监控记录：企业名称和地址、产品名称、加工日期、操作步骤、CCP、显著危害、关键限值（操作限值）、控制措施、监控方法、监控频率、实际测量或观察结果、监控人员签名和监控日期、监控记录审核签名和日期等。

（3）纠偏记录：企业名称和地址、产品名称、加工日期、偏离的描述和原因、采取的纠偏措施及结果、受影响产品的批次和隔离位置、受影响产品的评估方法和结果、受影响产品的最终处置、纠偏人员签名和纠偏日期、纠偏记录审核签名和日期等。

（4）验证记录：HACCP 管理体系修改记录、半成品成品定期检测记录、CCP 监控审核记录、CCP 纠偏审核记录和 CCP 现场验证记录等。

表 13-5　HACCP 管理体系记录表（HACCP 计划表）

产品运输方式：________　　预期用途：________

销售方式：________　　商品名称：________

1 CCP	2 危害	3 关键限值	4	5	6	7	8 纠偏行动	9 记录	10 验证
			监控						
			对象	方法	频率	人员			

项目解析

HACCP 管理体系在乳制品生产企业的应用

（一）前提计划

1. 人力资源保障计划

从事乳制品生产、检验和管理的人员应符合《乳制品良好生产规范》（GB 12693—2010）要求。

2. 良好生产规范（GMP）

乳制品生产企业应按照相关法律法规和《乳制品良好生产规范》（GB 12693—2010）要求，建立、实施适合本企业的 GMP。

3. 卫生标准操作程序（SSOP）

（1）乳制品的循环使用包装物，应制定与实施相应的卫生操作程序，明确监控要求，检验合格方可投入使用。一次性预包装容器禁止回收使用。

（2）企业应规定就地清洗（cleaning in place，CIP）系统程序并对其有效性进行验证，明确各步骤的温度、时间、流速、酸、碱液浓度等要求，并按规定实施。CIP 清洗效果与化学残留应予以有效监控与检测（如电导仪、pH 试纸或其他监控、检测措施）。

（3）设备设施清洗、消毒时，保证无清洗、消毒盲区或死角。

（4）乳制品生产中，半成品贮存、发酵接种、充填及内包装车间等清洁作业区，应明确人流、物流、水流、气流的控制流向。

（5）应配备冷藏、冷冻设备或采取冷藏、冷冻措施，保证冷藏、冷冻乳制品的温度要求。

（6）制定适宜的检测控制规程，对乳制品包装材料、空气或员工手臂、生产设备、工器具等应进行卫生检测。

（7）与乳制品接触的设备及用具的清洗用水。应符合《生活饮用水卫生标准》（GB 5749—2006）的规定。

（8）乳粉包装时，应控制环境、人员、包装机、工器具的卫生。

4. 原辅料、包装材料安全卫生保障制度

（1）生鲜乳应源自具有生鲜乳收购许可证的奶畜养殖场、养殖小区和（或）生鲜乳收购站。运输生鲜乳的车辆应具备准运证明。应有生鲜乳交接单。

（2）为防止含有潜在或未知不安全成分的生鲜乳进入加工厂，乳制品生产企业应对奶源供应方建立合格评价，并适时对生鲜乳进行质量监控。

（3）对其他原辅料、添加剂和包装材料等建立安全卫生保障制度，采购的产品应来自符合法律法规要求的企业，并符合有关质量安全标准。

5. 维护保养计划

（1）当紧急维修时防止对其他在产的生产线造成影响和污染的措施。

（2）应确保设备处于良好状态，包括杀菌、灭菌及监视设备，自动程序控制系统，CIP 清洗系统，配料系统，供水设施系统，单一或组合式防混阀门，重要单元或部件的密封，重要计量和检测设施，无菌灌装、包装系统，蒸汽和压缩空气保障系统，空气净化系统，制冷系统等。

（3）设备、设施应满足生产所需的温度、压力等工艺要求。

（4）应及时检查和维护生产设备设施，防止金属和其他异物混入乳制品中。

（5）应合理标识设备、管道或管线。

6. 标识和追溯计划、乳制品召回

（1）从生鲜乳等原料、辅料、半成品到成品应标识清楚，具有可追溯性。成品标志符合《食品安全国家标准 预包装食品标签通则》（GB 7718—2011）、《食品安全国家标准 预包装特殊膳食用食品标签》（GB 13432—2013）等有关标准、法规的要求。

（2）生鲜乳应追溯到奶畜养殖场、养殖小区和（或）生鲜乳收购站。乳制品生产企业应当建立生鲜乳进货记录，如实记录供货者的名称以及联系方式、进货日期、数量等内容。

（3）乳制品生产企业对召回的不安全乳制品应采取无害化处理、销毁等措施，防止其再次流入市场。

（4）企业应记录所有产品发货的品种、规格、批号、数量及去向。

（5）企业应建立产品召回程序。乳制品生产企业发现其生产的乳制品不符合乳制品质量安全国家标准、存在危害人体健康和生命安全危险、存在可能危害婴幼儿身体健康或者生长发育的，应立即停止生产，报告有关主管部门，并应告知销售者、消费者，召

回已经出厂、上市销售的问题乳制品，并记录召回情况。

7. 应急预案

（1）突然的停电、停水、机械故障，自然灾害等。

（2）其他。

（二）HACCP 管理体系的建立和实施

1. HACCP 管理体系小组的组成

HACCP 管理体系实施小组的组成应满足乳制品生产企业的专业覆盖范围的要求，由多专业的人员组成，包括卫生质量控制人员、产品研发人员、乳制品生产工艺技术人员、设备管理人员、生鲜乳及辅料采购、销售、仓储及运输管理等人员。必要时，HACCP 管理体系实施小组的组成可聘请具有奶畜养殖和畜牧兽医专业知识的人员参加。

2. 产品描述

乳类为一乳白色的复杂乳胶体。其中最多的组成部分是水，约占 83%，乳中还含有乳糖、蛋白质、脂肪、水溶性盐类和维生素。乳制品包括消毒乳、乳粉、酸奶、炼乳、奶油、奶酪、冰淇淋和其他含乳饮料。鲜乳经过巴氏消毒直接供饮用的称为消毒乳。巴氏消毒的方式主要包括两种：低温巴氏消毒为 63℃保持 30min；另一种为高温巴氏消毒，即将奶加热到 90℃持续 6s。除巴氏消毒外，近年来趋向于超高温瞬间灭菌法。超高温瞬间灭菌法将乳加热至 130～150℃持续 0.5～2s。研究表明，超高温瞬间灭菌法可使乳中细菌几乎全部死亡，因此认为是目前理想的灭菌法。

以超高温灭菌乳为例，产品描述如表 13-6。

表 13-6　超高温灭菌乳产品描述

加工类别：超高温灭菌乳	产品类型：全脂灭菌纯乳
1．产品名称	100%纯牛乳
2．主要配料	新鲜牛乳（与食品标签相一致，执行 GB 7718—2016）
3．重要的产品特性	感官、色泽：均匀一致的乳白色或微黄色 滋味、气味：具有牛乳固有的滋味和气味，无异味 组织状态：均匀的液体，无凝块、黏稠
3．重要的产品特性	理化指标：蛋白质≥2.9% 脂肪≥3.1% 非脂乳固体≥8.1% 卫生指标：防腐剂不得检出，硝酸盐（以 $NaNO_3$ 计）≤11mg/kg，亚硝酸盐（以 $NaNO_2$）≤0.2mg/kg，黄曲霉毒素 M_1≤0.5μg/kg，商业无菌
4．计划用途及适宜消费者（主要消费对象、分销方法等）	普通消费者 批发、零售

续表

加工类别：超高温灭菌乳	产品类型：全脂灭菌纯乳
5．食用方法	开启后及时饮用
6．贮存方法	常温，开启后需冷藏，保质期 2d
7．包装类型	百利包
8．保质期	45d
9．标签说明	符合国家相关标准
10．运输、销售要求	常温

3．工艺流程图的制定和确认

以超高温灭菌乳为例，进行流程图的制定和确认。

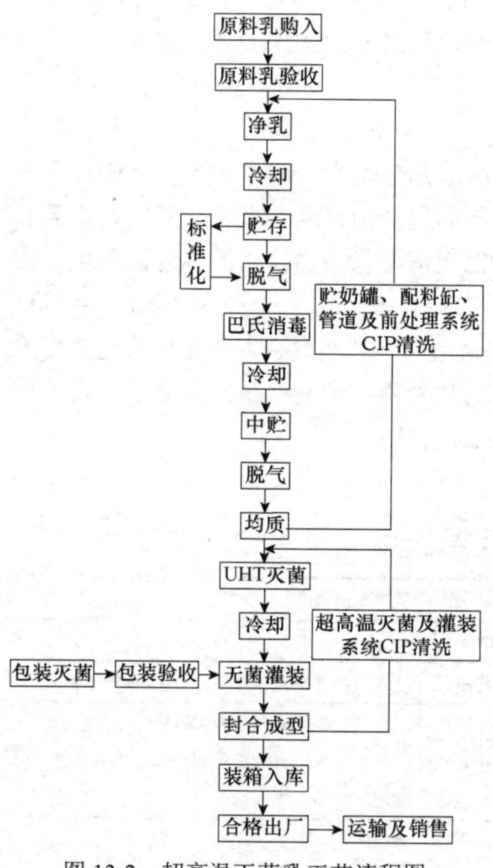

图 13-2　超高温灭菌乳工艺流程图

（1）超高温灭菌乳工艺流程图如图 13-2 所示。

（2）超高温灭菌乳工艺流程说明。

原料乳购入：选择合格的供应商，确定原料来源；收奶站或牧场原料乳贮存在 5℃以下，4h 内专车送往工厂。

原料乳验收：检验合格后方可接收。原料乳检验指标：感官、脂肪、蛋白质、酸度、杂质度、乳糖、干物质。异常乳检测指标：淀粉、无机盐、亚硝酸盐、糖、盐、抗生素。

净乳：采用高速离心机净化，去除乳中机械杂质，减少微生物数量。奶温 35℃。抽样检查净乳效果，杂质度小于等于 2mg/kg。

冷却：采用片式热交换器对净乳后的鲜乳立即冷却至 2～6℃。

贮存：冷却后的鲜乳打入贮存罐，冷藏贮存，贮存温度为 6～8℃，贮存时间不超过 2h，温升不超过 2～3℃。定时搅动乳液，防止乳成分分布不均。

标准化：检验原料乳指标：脂肪、蛋白质、干物质、酸度、杂质度、感官。按标准中规定的目标值，对原料乳进行标准化，调整鲜乳质量达到标准要求。

脱气：通过片式热交换器将乳打入脱气缸，脱出鲜乳中的空气。

巴氏消毒：用巴氏片式热交换器对标准化后的鲜乳预消毒，消毒温度为 85～90℃，时间为 15s，出口温度 50℃左右。

冷却：通过换热器迅速冷却至2～6℃。

中贮：打入贮奶缸，贮存温度不超过6～8℃，贮存时间不超过24h。

脱气：打入脱气缸脱掉乳中的空气，保证空气含量达到标准要求。

均质：均质压力15～20MPa，均质温度50～60℃。

UHT灭菌：采用UHT管式灭菌器，灭菌温度为140℃±2℃，保温2s。

冷却：通过换热器冷却，至20℃。

无菌灌装：采用无菌灌装机灌装，产品温度小于等于35℃。检查封口强度、有无漏奶，净含量按标准规定执行。

封合成型：按标准规定执行：安装包装材料；包装材料杀菌；调整封口温度200℃左右；试车灌装运行是否正常；开车安装。

装箱入库：产品装入外箱，送至仓库。

合格出厂：按标准规定的项目检验，应做贮存试验，产品处理按标准规定执行。检验合格的产品出具合格产品报告单，准予出厂；不合格产品出具不合格产品报告单，产品按不合格品控制程序执行。

运输及销售：文明装卸，轻拿轻放，避免剧烈碰撞导致的包装受损。

4. 危害分析

所有与产品或过程有关的从原料接收加工、贮存、运输和销售直至消费者使用以前，应对每一环节可能存在的生物性、化学性、物理性危害进行全面分析，包括已经建立、缺乏和即将建立控制措施的危害。在此基础上，确认加工过程中可能存在的危害，确定可以控制危害的措施，并形成文件。乳制品的危害分析应包括但不限于以下方面。

（1）从原料接收直至消费者使用以前所有可能发生的危害。

① 微生物危害：如致病菌、病毒、霉菌和酵母等污染。

② 化学性危害：如法律不允许的兽药和抗生素残留、农药残留、微生物代谢毒素、超范围或不允许使用的食品添加剂和色素、存在未声明可能影响健康的成分等。

③ 物理危害：如杂质、金属等。

（2）对原料和辅料、产品的特性（如pH值等）、加工参数和加工工艺、加工设备、设施和布局、贮存设施和贮存条件、包装及包装材料、销售方式和使用方法等进行评价，以确定对产品造成的影响。

乳制品在实施危害分析时还应考虑以下信息：①生鲜乳等掺杂掺假；②环境污染物（如重金属、硝酸盐及亚硝酸盐等）；③生物毒素（如黄曲霉毒素等）；④微生物繁殖适宜条件；⑤抗生素；⑥过敏原；⑦异物。

5. 制定控制措施

确定关键控制点（CCP）与关键限值（CL）应考虑以下因素。

（1）生鲜乳等原料的接收与贮存宜考虑，但不限于以下重要生产控制过程和因素。

①生鲜乳应符合《食品安全国家标准 生乳》（GB 19301—2010）质量与卫生指标等要求，并避免有毒、有害物质的污染。经检测合格，方可接收。②经验收的生鲜乳应尽快进行乳制品加工。当需要暂时贮存时，应迅速冷却至0～4℃，收入贮乳罐（奶仓）临时贮存，贮存温度不超过7℃、贮存时间不超过24h。③原料乳粉的接收应符合《食品安全国家标准 乳粉》（GB 19644—2010）的指标要求，原料乳清粉的接收应符合《食品安全国家标准 乳清粉和乳清蛋白粉》（GB 11674—2010）的指标要求。乳粉、乳清粉的贮存温度和湿度应符合规定。④企业检验部门未能涵盖的安全卫生指标，如黄曲霉毒素、农药兽药残留、重金属等，企业应定期送检，由具有相关资质的机构出具检验报告。⑤企业应对使用的维生素、微量元素等营养强化剂进行定期验证。

（2）添加剂、配料宜考虑，但不限于以下重要生产控制过程和因素：①乳制品中使用的食品添加剂的品种和加入量应符合《食品安全国家标准 食品添加剂使用标准》（GB 2760—2014）和《食品安全国家标准 食品营养强化剂使用标准》（GB 14880—2012）规定；②根据乳制品品种的不同，其配料工序应有复核程序，确保投料种类、顺序和数量正确；③生产配方乳粉时，对配料混合的均匀度应定期予以确认。当配方、原材料、设备、工艺等变更时，应及时进行再确认。

（3）杀菌、灭菌宜考虑，但不限于以下重要生产控制过程和因素。①采用加热杀菌、灭菌工艺时，应按不同种类产品要求制定有依据的加热参数并正确实施，确保产品的安全特性。巴氏消毒乳的杀菌温度与保持时间一般为63～65℃、30min或72～85℃、15～20s；超高温瞬时灭菌乳的灭菌温度与保持时间应在135℃以上、数秒；保持灭菌（二次灭菌）的灭菌温度与保持时间一般为不低于 110℃，10min 以上。应有相关杀菌、灭菌记录，必要时有自动温度记录。②杀菌、灭菌装置使用前，或对装置进行改造后及工艺调整后，应确认产品的杀菌、灭菌效果。

（4）发酵乳制品宜考虑，但不限于以下重要生产控制过程和因素：①发酵剂纯度、活力；②培养基的制备。

（5）包（灌）装宜考虑，但不限于以下重要生产控制过程和因素：①无菌灌装机的双氧水浓度或喷雾量、紫外线灯的使用寿命；②必要时，听装乳制品应进行叠接率检测；③乳制品的产品包装应严密、无破损。

（6）乳粉湿法生产中的浓缩、喷雾干燥工序宜考虑，但不限于以下重要生产控制过程和因素：①浓缩乳浓度、浓缩乳温度；②喷雾压力或离心盘转速；③干燥室进风温度与进风量、干燥室排风温度与排风量。

（7）冷藏、冷冻乳制品的贮存与运输宜包括，但不限于以下重要控制过程和因素：①冷藏温度一般为 2～6℃；②奶油、无水奶油产品冷冻温度一般为–15℃以下；③运输过程中，运输工具厢体内温度应维持在产品贮存要求的温度范围内。

以超高温灭菌乳为例，列出危害分析结果，确定关键控制点，并针对每一种危害提出了预防和控制措施（表13-7和表13-8）。

表 13-7　超高温灭菌乳原料和包装材料危害分析表

加工步骤	食品安全危害	危害显著（是/否）	判断依据	预防措施	关键控制点（是/否）
接收原料乳	生物性： 病原菌：致病菌	是	1．牛乳本身含微生物 2．挤奶、贮存、运输过程微生物污染并繁殖 3．病牛挤奶导致乳中含致病菌	1．选择合格供应商现场考察奶牛场的育种、饲养、喂养，免疫等整个生产操作过程均符合规范、法规要求 2．挤奶过程符合卫生要求，牛乳贮运设施、温度、时间符合要求 3．验收原料，检验合格证 4．每车原料乳经检测合格接收、检验后迅速却至 4℃以下 5．后工序杀菌工艺杀灭病原菌	是
	化学性：抗生素，农药，硝酸盐、亚硝酸盐，重金属残留，蛋白质变性	是	1．奶牛摄入不合适的饲料及水或用药后处在药物作用周期，使乳中残留污染物 2．微生物产生的某些代谢产物对牛乳成分起化学作用造成蛋白质变性	1．选择合格的、固定的供应商 2．索取原料乳的检验合格证 3．抽样检验新鲜度、抗生素、酸度、杂质度等指标	是
	物理性： 异物：杂草、牛毛、乳块、昆虫、灰尘等污染	是	挤奶后处理不当混入异物	1．挤奶过程按标准操作，车间有防蝇防虫措施 2．净乳机过滤	否
接收包装材料	生物性：细菌	是	生产管理、运输、贮存不当	1．后工序包装材料灭菌工艺杀灭致病菌 2．选择质量稳定供应商 3．索取每批包装材料的检验合格证并接收检验	否
	化学性：异味	是	生产管理不当造成污染物残留	1．选择产品质量稳定的包装材料生产厂 2．索取检验合格证并接收检验	否
	物理性：膜的薄厚、避光性、印刷图案清晰度不符合要求	是	不合格的包装材料	1．接收检验 2．后工序车间操作工及时反馈膜的质量稳定性	否

表 13-8　超离温灭菌乳生产过程危害分析表

加工步骤	食品安全危害	危害显著（是/否）	判断依据	预防措施	关键控制点（是/否）
贮奶罐、配料缸、管道及前处理系统 CIP 清洗	生物性：细菌	是	不适当的清洗造成设备、管道中细菌残留	1．清洗用水应符合生活饮用水的规定 2．通过既定 CIP 清洗消毒控制碱液及酸液浓度、温度、压力、清洗时间 3．控制清水清洗时间、pH 值	是

续表

加工步骤	食品安全危害	危害显著（是/否）	判断依据	预防措施	关键控制点（是/否）
贮奶罐、配料缸、管道及前处理系统CIP清洗	化学性：清洗剂	是	不适当的清洗造成设备、管道中清洗剂的残留	1. 通过既定CIP清洗消毒、控制碱液及酸液浓度、温度、压力、清洗时间 2. 控制清水清洗时间、pH值	是
	物理性：无	否	—	—	否
净乳	生物性：细菌	是	不适当的清洗造成设备、管道中的细菌残留	通过既定CIP清洗消毒	否
	化学性：清洗剂等	是	不适当的清洗造成设备、管道中清洗剂的残留	通过既定CIP清洗消毒	否
	物理性：杂草、乳块、泥土等	是	不适当的工艺造成机械杂质残留	1. 过滤器过滤；离心机定时排渣 2. 抽样检验净乳效果，杂质度≤2mg/kg	否
冷却	生物性：细菌	是	1. 不适当的冷却温度、时间导致细菌繁殖 2. 不适当的清洗造成设备管道中的细菌残留	1. 控制冷却过程的时间和冷却后乳的温度 2. 通过既定CIP清洗消毒 3. 后工序杀菌工艺杀灭致病菌，使病原菌得到有效控制	否
	化学性：清洗剂等	是	不适当的清洗造成设备、管道中清洗剂的残留	通过既定CIP清洗消毒	否
	物理性：无	否	—	—	
贮存	生物性：细菌增殖、产毒	是	1. 不适当的贮存时间温度造成细菌的增殖、产毒、产酶和排泄物的污染 2. 嗜冷菌繁殖导致细菌总数增加 3. 不适当的清洗造成设备、管道中细菌残留	1. 控制冷藏贮存的时间、乳的温度以及温度变化在标准范围内 2. 通过既定CIP清洗消毒 3. 后工序杀菌工艺杀灭致病菌，使病原菌得到有效控制	否
	化学性：清洗剂	是	不适当的清洗造成设备、管道中清洗剂的残留	通过既定CIP清洗消毒	否
	物理性：环境污染物	是	贮存容器密封不合适带来环境污染物	封闭容器	否
标准化	生物性：细菌	是	1. 不适当的清洗造成设备管道中细菌残留 2. 标准化时添加物的污染 3. 配料时不规范操作造成污染	1. 通过既定CIP清洗消毒 2. 控制配料时水的温度和配料过程的时间 3. 后工序杀菌工艺杀灭致病菌	否

续表

加工步骤	食品安全危害	危害显著（是/否）	判断依据	预防措施	关键控制点（是/否）
标准化	化学性：清洗剂	是	不适当的清洗造成设备、管道中清洗剂残留	通过既定 CIP 清洗消毒	否
	物理性：杂物、质量不达标	是	1．添加物中带入、混入杂物（如纸屑、纤维等） 2．环境中带入杂质 3．配料不准确	1．根据检测结果调整鲜乳质量达标准要求 2．按工艺要求将原料乳与辅料混合	否
脱气	生物性：细菌	是	不适当的清洗造成设备、管道中的细菌残留	通过既定 CIP 清洗消毒	否
	化学性：清洗剂等	是	不适当的清洗造成设备、管道中清洗剂的残留	通过既定 CIP 清洗消毒	否
	物理性：空气	是	乳中空气含量超标	保证空气含量达到标准要求	否
巴氏消毒	生物性：细菌污染	是	1．杀菌温度、时间不符合工艺标准造成细菌残留 2．不适当的清洗造成设备、管道中细菌残留	1．严格执行标准工艺 2．通过既定 CIP 清洗消毒 3．后工序杀菌工艺杀灭致病菌	否
	化学性：清洗剂	是	不适当清洗造成清洗剂残留	1．通过既定 CIP 清洗消毒 2．设备的定期维修保养	否
	物理性：无	—	—	—	—
冷却	生物性：细菌	是	不适当的清洗造成设备、管道中的细菌残留	通过既定 CIP 清洗消毒	否
	化学性：清洗剂	是	不适当的清洗造成设备、管道中清洗剂的残留	通过既定 CIP 清洗消毒	否
	物理性：无	否	—	—	—
中贮	生物性：细菌增殖、产毒	是	1．不适当的贮存时间、温度造成细菌的增殖、产毒、产酶和排泄物的污染 2．不适当的清洗造成设备管道中细菌残留	1．控制冷藏贮存的时间，乳的温度及温度变化在标准范围内 2．通过既定 CIP 清洗消毒 3．后工序杀菌工艺杀灭致病菌	否
	化学性：清洗剂	是	不适当的清洗造成设备、管中清洗剂的残留	通过既定 CIP 清洗消毒	否
	物理性：环境污染物	是	贮存容器密封不适带来环境污染物	封闭容器	否
脱气	生物性：细菌	是	不适当的清洗造成设备、管道中细菌残留	通过既定 CIP 清洗消毒	否
	化学性：清洗剂等	是	不适当的清洗造成设备、管道中清洗剂的残留	通过既定 CIP 清洗消毒	否
	物理性：空气	是	乳中空气含量超标	保证空气含量达到标准要求	否

续表

加工步骤	食品安全危害	危害显著（是/否）	判断依据	预防措施	关键控制点（是/否）
均质	生物性：细菌	是	不适当的清洗造成细菌的残留	通过既定 CIP 清洗消毒	否
	化学性：清洗剂	是	不适当的清洗造成清洗剂的残留	通过既定 CIP 清洗消毒	否
	物理性：机油、脂肪球上浮	是	均质机泄漏造成机油混入乳中 均质压力不稳定，压力过小，均质完全不完全，发生“浮油”影响质量	1．设备定期维修保养 2．均质压力符合工艺要求	否
超高温灭菌及灌装系统 CIP 清洗	生物性：细菌	是	不适当的清洗造成设备、管道中细菌残留	1．通过既定 CIP 清洗消毒，控制碱液及酸液浓度、温度、压力、清洗时间 2．控制清水清洗时间	是
	化学性：清洗剂	是	不适当的清洗造成设备、管道中清洗剂的残留	1．通过既定清洗消毒、控制碱液及酸液浓度、温度、压力、清洗时间 2．控制清水清洗时间、pH 值	是
	物理性：无	否	—	—	—
UHT 灭菌	生物性：细菌污染	是	灭菌温度、时间不符合工艺要求使细菌存活并繁殖或导致牛乳褐变	严格执行灭菌工艺要求	是
	化学性：清洗剂	是	不适当清洗造成清洗剂残留	通过既定 CIP 清洗消毒	否
	物理性：无	否	—	—	—
冷却	生物性：细菌	是	不适当的清洗造成设备、管道中的细菌残留	通过既定 CIP 清洗消毒	否
	化学性：清洗剂	是	不适当的清洗造成设备、管道中清洗剂的残留	通过既定 CIP 清洗消毒	否
	物理性：无	否	—	—	—
包装材料灭菌	生物性：细菌	是	1．外来细菌污染 2．不适当的包装材料消毒程序造成包装材料内表面细菌残留	控制双氧水的浓度、温度、用量、接触时间	是
	化学性：双氧水	是	不适当的包装材料消毒程序造成包装材料内表面消毒剂残留	控制双氧水用量	是
	物理性：无	否	—	—	否
无菌灌装	生物性：细菌	是	1．不适当清洗造成设备、管道细菌残留 2．灌装真空度不符合要求，易使微生物入侵	1．通过既定 CIP 清洗消毒 2．监控真空度符合标准	是

续表

加工步骤	食品安全危害	危害显著（是/否）	判断依据	预防措施	关键控制点（是/否）
无菌灌装	化学性：清洗剂	是	不适当清洗造成设备、管道中清洗剂残留	通过既定 CIP 清洗消毒	是
	物理性：无	否	—	—	否
封合成型	生物性：细菌	是	牛乳袋封口不严格造成细菌二次污染	监控产品的密封性	是
	化学性：无	否	—	—	否
	物理性：无	否	—	—	否
装箱入库	生物性：细菌	是	病原菌在适宜条件下繁殖	适宜的贮存时间	否
	化学性：无	否	—	—	否
	物理性：无	否	—	—	否
合格出厂	生物性：无	否	—	—	否
	化学性：无	否	—	—	否
	物理性：无	否	—	—	否
运输销售	生物性：细菌	是	病原菌在适宜条件下繁殖	适宜的贮存时间	否
	化学性：无	否	—	—	否
	物理性：无	否	—	—	否

6. HACCP 管理体系的建立

以超高温灭菌乳为例，通过对乳制品的原料和加工过程的危害分析，确定超高温灭菌乳关键控制点为：原料验收（生物性和化学性危害）、CIP 清洗系统（贮奶罐、配料缸、管道等前处理系统及超高温灭菌及灌装系统，生物性和化学性危害）、超高温灭菌（生物性危害）、包装材料灭菌（生物性和化学性危害）、无菌罐装（生物性和化学性危害）、封合成型（生物性危害）。列出 HACCP 管理体系，确定关键限值的监控程序、纠偏措施、验证程序和记录。

7. HACCP 管理体系的确认、验证和记录

乳制品生产企业 HACCP 管理体系的确认和验证应包括，但不限于以下方面：①乳制品的保温检查、保存检验；②无菌灌装或包装系统的包装效果；③添加剂和食品营养强化剂添加符合要求的检测证据；④乳制品生产企业应按照相关法规或标准的要求，对出厂的乳制品进行检验；⑤特殊消费用途的乳制品（如婴幼儿配方奶粉），应定期对其营养等特殊成分进行验证。

乳制品生产企业应保持 HACCP 管理体系（表 13-9）等相关记录。相关检验报告应至少保存 2 年。

表 13-9　HACCP 管理体系

关键控制点（CCP）	显著危害	关键限值	监控					纠偏措施	记录	验证
			对象	内容	方法	频率	人员			
原料验收	生物性 化学性	微生物指标符合标准、抗生素反应阴性、重金属、农药、亚硝酸盐、硝酸盐残留、碱等符合国家标准，乙醇试验、掺伪试验达到标准	牛乳	微生物、抗生素、重金属、农药残留、硝酸盐、亚硝酸盐残留、碱、酸度、掺伪、口味等	微生物检验，化学试验，感官检验，索证	每批	检验员	根据偏离情况处理： 1．报废 2．另作他用	供应商提供的相关证明，原料乳接收、检验记录，纠偏记录	质量管理部门定期审查供应商提供的相关证明，定期审查原料乳接收检验记录，对纠偏处理结果检查
贮奶罐、配料缸、管道及前处理系统 CIP 清洗	生物性 化学性	清水清洗，碱液清洗（2%～2.5%，90℃以上，10min），清水清洗，酸液清洗 1.5%～2% 90℃以上 10min），清水清洗，水流量	接触乳的生产设备及管道	清洗时间、酸碱液浓度、温度、流量、压力	电导率测定记录，时间记录，温度记录，pH 值	每次	操作工	重新清洗	清洗记录，仪器校正记录	检测清洗液微生物指标，检测清洗液 pH 值，抽样检测产品微生物指标
超高温灭菌及灌装系统 CIP 清洗	生物性 化学性	清水清洗，碱液清洗（2%～2.5%，90℃以上，10min），清水清洗，酸液清洗 1.5%～2% 90℃以上 10min），清水清洗、水流量	接触乳的生产设备及管道	清洗时间、酸碱液浓度、温度、流量、压力	电导率测定记录，时间记录，温度记录，pH 值	每次	操作工	重新清洗	清洗记录，仪器校正记录	检测清洗液微生物指标，检测清洗液 pH 值，抽样检测产品微生物指标

续表

关键控制点（CCP）	显著危害	关键限值	监控					纠偏措施	记录	验证
			对象	内容	方法	频率	人员			
UHT 灭菌	生物性	灭菌温度：140℃±2℃，灭菌时间：2s	牛乳	时间，温度	观察温度，流量记录	连续	操作工	根据偏离情况处理： 1. 重新加工 2. 报废 3. 另作他用	灭菌记录，纠偏记录	抽样检测产品微生物指标，质量部定期审查灭菌记录
包装材料灭菌	生物性 化学性	双氧水浓度，温度及用量符合要求	双氧水	双氧水浓度、温度、用量，包装材料走速	观察双氧水温度记录、用量情况、包装材料走速	连续	操作工	根据偏离情况处理： 1. 重新杀菌 2. 报废 3. 调整设备到最佳状态	双氧水使用记录 纠偏记录	质量部定期检查使用记录
无菌灌装	生物性 化学性	双氧水喷雾量、喷雾时间、喷射温度符合工艺要求，包装机灭菌温度、时间符合工艺要求	双氧水，热空气	双氧水液位、喷雾时间、喷射温度、灭菌温度、时间	观察双氧水液位差、喷雾时间、温度记录、观察灭菌温度、时间	每次连续	操作工	根据偏离情况处理： 1. 重新杀菌 2. 报废 3. 调整设备到最佳状态	双氧水使用记录，灭菌记录，纠偏记录	质量部定期检查使用记录
封合成型	生物性	封口严密	包装产品	包装产品封口严密性	撕拉试验	开机检查，然后每 10min 抽取 2 个检查	操作工	根据偏离情况处理： 1. 重新杀菌 2. 报废 3. 调整设备到最佳状态	检验记录，纠偏记录	质量部定期抽测

复习巩固

1．HACCP 管理体系包括哪几个基本原理？

2．实施 HACCP 管理体系应遵循什么步骤？

实践训练

HACCP 管理体系在复合果汁饮料生产的应用

根据给出的工艺流程及条件，对桑果西番莲复合饮料生产过程进行危害分析，找出关键控制点并制定 HACCP 管理体系表。

1. 桑果、西番莲复合饮料工艺流程

桑果、西番莲复合饮料工艺流程如图 13-3 所示。

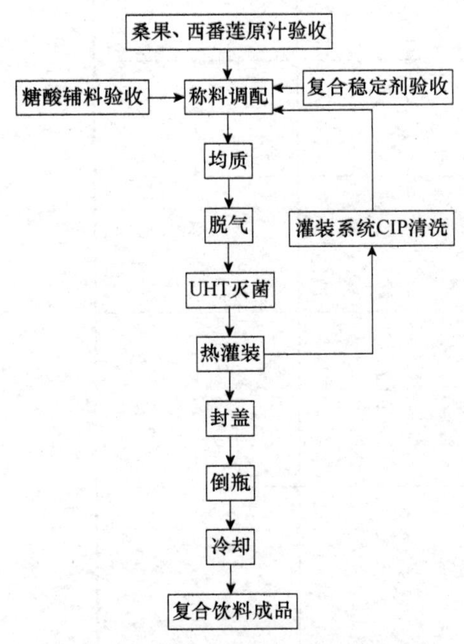

图 13-3　桑果西番莲复合饮料工艺流程

2. 工艺流程说明

（1）桑果、西番莲原汁验收：查验产地证明，按收购标准验收原料，不符合要求的原料拒收。

（2）糖酸辅料、复合稳定剂验收：选择合格供货商，供货商应提供辅料生产企业的卫生许可证、每批辅料检验合格证明，保证符合相应卫生标准。依照辅料验收标准验收合格后方可接收。

（3）称料调配：按配方称料调配，要求成品可溶性固形物含量不低于 6.5%，酸度为 0.25%～1.4%。

（4）均质：要求均质机压力为 12～20MPa。

（5）脱气：通过脱气罐排除饮料中的空气。

（6）UHT 灭菌：采用高温瞬时杀菌，灭菌温度 130℃，杀菌时间 2s，灭菌后迅速冷却至 88℃进行灌装。

（7）热灌装：灌装时物料温度不低于 83℃。

（8）封盖：封盖机进行封盖。

（9）倒瓶：封好盖的瓶装饮料倒瓶 15s。

（10）冷却：冷却至室温。

拓展资源

《危害分析与关键控制点（HACCP）体系　食品生产企业通用要求》（GB/T 27341—2009）

参 考 文 献

艾志录，2018．食品标准与法规［M］．北京：科学出版社．

国家食品药品监督管理总局，2016．食品生产许可管理办法及审查通则政策解读［M］．北京：法律出版社．

胡秋辉，王承明，石嘉怿，2020．食品标准与法规［M］．3版．北京：中国质检出版社．

联合国粮食及农业组织，世界贸易组织，2018．贸易与食品标准［M］．罗马：联合国粮食及农业组织出版管理处．

联合国粮食及农业组织，世界卫生组织，2017．食品法典委员会程序手册．［M］．25 版．罗马：联合国粮食及农业组织/世界卫生组织联合食品标准计划秘书处．

刘少伟，鲁茂林，2013．食品标准与法律法规［M］．北京：中国纺织出版社．

马丽卿，王云善，付丽，2009．食品安全法规与标准［M］．北京：化学工业出版社．

彭珊珊，朱定和，2011．食品标准与法规［M］．北京：中国轻工业出版社．

王世平，2017．食品标准与法规［M］．2版．北京：科学出版社．

吴澎，赵丽芹，2010．食品法律法规与标准［M］．北京：化学工业出版社．

吴晓彤，王尔茂，2010．食品法律法规与标准［M］．北京：科学出版社．

张建新，2013．食品标准与技术法规［M］．北京：中国农业出版社．

张水华，余以刚，2010．食品标准与法规［M］．北京：中国轻工业出版社．

周才琼，2017．食品标准与法规［M］．北京：中国农业大学出版社．